KB272015

매버릭 :
SMWS 창립자의 숨은 이야기

스카치 몰트위스키 협회

핍 힐즈 지음
모니카 리 옮김

코람데오

Maverick :
The Founder's Tale

Pip Hills

 **추천의 글**

스릴 넘치는 흥미로운 이야기

이 책은 어떻게 한 사람이, 친구들로부터 약간의 도움을 받아서 스카치위스키(Scotch Whisky) 세계에 혁신을 가져올 수 있었는지에 관한 이야기이다. 핍 힐즈(Pip Hills)는 스카치 몰트위스키 협회(SMWS, The Scotch Malt Whisky Society)를 창설함으로써 위스키를 마시는 사람들에게 양질의 몰트위스키를 접할 수 있는 기회를 제공했다. 무엇보다 그는 그 일을 매우 즐거워했다.

·················

핍 힐즈는 청년 시절에는 거의 죽을 뻔한 적도 있었을 만큼 열정적인 등반가였으며, 그 후 7년 동안 철학을 공부했다. 그리고 4년 동안 세무조사관으로 일하다가 세무회계 사무소를 경영하기도 했다. 1983년에 약간은 우발적으로 '스카치 몰트위스키 협회'를 설립하게 되었다. 현재는 스카치위스키 애호가들 사이에서 국제적인 명성을 얻고 있다.

·················

이 책은 핍과 그의 친구들이 어떻게 스코틀랜드 최고의 특산품인 위스키를 애주가들에게 소개할 수 있었는지 그 경로에 대한 이야기를 담고 있다.

애버딘셔(Aberdeenshire)의 작은 농장에서부터 시작하여, 잘 알려진 사람과 그러지 못한 사람, 좋은 사람과 나쁜 사람, 다분히 비행 기질이 있는 사람들의 도움을 받아 세계의 높은 곳(World Trade Centre)과 낮은 정글 지대, 높은 산과 거친 바다, 라곤다(Lagonda, 핍의 빈티지 자동차)를 타고 공산주의 동유럽까지의 재미있는 이야기들이 이어진다. 물론, 항상 그들 곁에는 수많은 위스키와 위스키 캐스크들이 함께 있었다.

....

1983년에 스코틀랜드 수도 에든버러에서 스카치 몰트위스키 협회가 탄생했다. 그 이후로 전 세계 30여 개국에서 수만 명의 회원들은 최고 양질의 스카치 몰트위스키를 찾고자 하는 '스릴 앤 드릴(thrill & drill)' 넘치는 일에 참여하며 절실한 마음으로 다음에 나올 싱글 몰트 캐스크의 시음을 기다리고 있다. 이것이 40년 전에 핍이 시작한 세계적인 위스키 소사이어티(협회)이다. 이 책, 『매버릭 : SMWS 창립자의 숨은 이야기(Maverick : The Founder's Tale, 2023)』는 협회 40주년을 기념하기 위해 편찬한 특별판이다.

....

위스키 소사이어티의 위스키 한 잔을 마시며 이 책을 읽으면 더욱 흥미로울 것이다.

차례 Contents

'스코티시 성향'을 잘 드러내는 책

협회가 이 책의 신판을 의뢰한 이유를 먼저 설명해야 할 것 같다. 2023년, 협회 창립 40주년이 되었을 때 레베카(Rebecca)는 이 행사를 기념하기 위해 재미있는 일을 계획하고 있었다(레베카는 우아하고 활력 넘치는 협회 마케팅 이사이다). 그녀는 내게 어떤 이벤트를 제안해 줄 것을 요청했는데, 그것은 그리 좋은 생각은 아니었던 것 같다. 왜냐하면 나는 사람들을 기쁘게 하는 것보다는 많은 사람을 괴롭게 할 수도 있는 말도 안 되는 몇 가지 계획 초안을 생각해냈기 때문이다. 하지만 그 중 한 가지 제안은 적절해 보였던 것 같다. 2019년에 출판된 이 책의 첫 버전인 *The Founder's Tale*의 사진 자료를 찾을 수만 있다면 추가하여 그 책의 업데이트 버전을 만들자는 것이었다.

그런데 여기서 문제는 나는 다른 사람의 사진을 보는 것은 좋아하지만, 찍는 것은 정말 싫어한다는 것이다. 사진을 찍기 위해 카메라를 만지작거리는 일이 그 순간의 생활에 방해가 된다고 생각하는 나름의 '투철한 삶의 신조'를 갖고 있기 때문이다. 그래서 몇 장 안 되는 인생 사진은 대부분 친구들 손에 있다. 그래도 괜찮은 것은, 내가 이 세상에서 곧 사라질 건데 왜 신경을 쓰느냐 하는 것이다. 그 대신 나는 축복이라고 할 만한 아주 우수한 기억력을 갖고 태어났으니 불평할 수 없다. 여기에 대한 나의 경험은 몇 년 전 베니스의 산 마르코 광장(St. Mark's Square)에서였다. 그때 나는 거대한 돌사자를 감상하고 있었는데, 그 감상을 방해받게 되었다. 눈에 보이는 모든 것을 탐욕스럽게 촬영하여 사진에 담기 위해 모여드는 관광객 무리(주로 동양인 여성들) 때문이었다. 그것을 지켜보고 있던 나는 그들이 '기념품 수집'을 하고 있다는 것을 깨닫게 되었다. 가이드에 의해 주어진 짧은 시간 동안, 그들은 광장에 보이는 모든 것을 영원히 간직하고자 하는 그 노력 때문에 자신들의 그 순간을 무심히 잃어가고 있다는 사실을 인식하지 못하고 있음을 깨달았던 것이다. 이런 나의 '별난 신조' 덕분에 이 책에 사진을 첨가하기로 했지만, 사진이 몇 장되지 않는다는 것을 미리 말해둔다.

협회에서 커뮤니케이션을 담당하고 있는 리처드는 내게 협회를 위한 짧은 에세이와 '바깥세상'에서 협회로 '환향'한 것에 대한 소감을 쓰는 것이 어떨지 제안해 왔었다. 하지만 내게 그 바깥세상은 그들이 생각했던 것보다 그리 황량하지마는 않았다. 그때쯤 나는 마기를 만날 수 있었고 그녀와 함께 대부분의 사람들에게는 '꿈' 같은 풍요롭고 다양한 삶을 살았기 때문이다. 나는 리처드의 제안을 받아들였고 작업을 시작했다. 하지만 불행히도 레베카의 실수로 그 에세이는 게재 예정이었던 『언필터드(Unfiltered)』 잡지에서 누락되었고, 대신에 그녀는 그것을 새 버전의 책으로 출판하자고 했다.

이 책의 마지막 장에서 저자는 40년 전에는 대수롭지 않게 여겨졌던 것들이, 시간이 지날수록 더욱 중요하게 인지되므로 그것들에 관한 관점들을 재조명하여 기록해 두기로 했다. 그런 영웅적인 일들이 쉽게 잊히는 그런 위험 소지는 없어야 한다고 생각했기 때문이다.

그것은 국가 정체성이 위조되는 과정에 관한 것, 어떻게 선이 악을 이길 수 있었는지에 관한 것이다. 이 표현이 다소 너무 거창하다는 생각이 들면 '지루함을 넘어선 삶(life over dullness)'이라고 해석하는 것이 더 편하게 받아들여질 것 같다.

'스코티시 성향(Scottishness)'과 관련하여, 저자는 수년 전에 킬트(kilts), 타탄(tartans) 그리고 위스키에 관해 에세이를 썼던 경험이 있다. 또한 작년에 같은 주제로 지역 골동품협회에서 강연 요청을 받았을 때 시간적으로 여유가 있었던 관계로 이전보다 훨씬 더 많은 정보와 자료, 멋진 사진들을 수집할 수 있었다.

새롭게 습득한 정보로 더 많은 것을 배웠다고 해서 저자의 '스코티시 성향'에 대한 견해가 결코 바뀌지는 않는다. 그 새로운 자료들은 첫 번째 책에서 누락된 부분에 사진과 디테일한 정보 등을 추가하여, 더욱 독자적인 내용이 될 수 있도록 보강했다. 이렇게 업데이트된 버전의 책 이름을 『매버릭 : SMWS 창립자의 숨은 이야기(Maverick : The Founder's Tale)』로 재명명했다. 많은 사진과 재미난 이야기와 훌륭한 인물이 더 있긴 했지만, 한정된 지면이라 일부만 언급함을 유감스럽게 생각한다.

스코티시 성향에는 단점이 있지만, 때로는 겉모습에서 보이는 재미 없음이나 지루함과 달리 결코 그렇지 않다는 것을 피력하려고 시도했다. 이 책을 통해 진정한 스코티시 성향을 보여줄 수 있다면 그것으로 충분히 만족할 것이다.

머리말
Preface

직접 겪고 본 그대로의 사실 기록과 친구들 이야기

한 친구에게서 몇 년 전 에든버러(Edinburgh) 로즈 스트리트(Rose Street)에 있는 애버츠퍼드 바(Abbotsford Bar)에서 일어난 이야기를 들었다. 세 남자가 깊은 대화를 나누며 맥주를 즐기고 있었다. 첫 번째 남자가 핍 힐즈(Pip Hills)에 대해 이야기했고, 두 번째 남자가 이렇게 물었다. "내가 계속 듣고 있는 이 핍 힐즈라는 사람은 도대체 누구요? 그 사람 유명해요?" 세 번째 남자가 대답했다. "유명? 아니, 그는 유명하지는 않아요." 하고 한참을 더 생각하더니 "그는 유명하다기보다는 전설적인 사람이라고 말하는 편이 더 맞아요. 술집에서 사람들에게 재미난 이야기를 들려주는 그런 전설적인 사람 말이에요."라고 말했다.

스코틀랜드 술집에서 술을 마시지 않고, 내가 유명하지 않다는 사실을 전혀 모르는 독자들을 위해 이 책이 무엇에 관한 것인지를 말해둔다. 이것은 술집 안에서 나도는 이야기와 꽤 많은 관련이 있다. '펍(pub, public houses)'과 다른 종류의 술집 '호스텔리(hostelries)'의 주요 차이점은, 펍은 무엇보다 사람들이 친구나 지인에 대한 이야기를 많이 하는 장소라는 것이다. 그리고 대부분의 경우 이야기의 극적인 내용은 과장되는 경향이 많기에 말에 꼬리가 달려 평범한 이야기가 전설이 되거나 영웅적인 스토리로 변신한다. 저자는 수년 동안 친구들에 대한 이야기 또는 저자 자신에 관한 이야기를 듣고, 그것이 점점 커져 가는 것을 지켜봐 왔기 때문에 이런 것들을 누구보다 잘 알고 있다. 대부분의 경우 좋은 방향으로 흘러가지만, 항상 그런 것만은 아니다. 이야기하는 사람들의 다양한 동기만큼이나 스토리는 다양하게 전개되기 마련이다.

『매버릭 : SMWS 창립자의 숨은 이야기』에는 이런 종류의 이야기가 적혀 있다. 몇 년 전에 저자가 친구들의 도움을 받아 해냈던 일들에 관한 것인데, 어떤 부분에서는 저자 스스로도 그 근원을 알 수 없을 만큼, 이야기 속에서 '자라난' 이야기들도 있다.

그래서 저자가 아직 이생에 있을 동안, 사건을 본 그대로 기록하는 것이 좋겠다 생각했다. 하지만 어떤 기억을 상기하는 것은 항상 선택적일 수 있기에, 여기서 언급된 것만이 유일한 진실이라고 고집하지는 않겠다. 이 내용은 저자가 직접 겪었고, 본 그대로의 사실을 기록했다. 그리고 이 이야기들에는 저자에 관한 것뿐만 아니라 가끔은 서로에게 전설 속의 영웅이 되어, 함께 행복했던 '친구들'에 관한 내용도 담겨 있다. 아쉽게도 더욱 재미난 몇 가지 이야기들은, 준법정신을 고려해서 생략되었다.

하지만 그런 이야기들의 주 내용은 위스키 협회의 창립과 저자의 역할에 관한 것이다. 그것은 시작할 당시에는 평범하지 않았던, 평범하지 않은 기관으로 형성되었지만, 지금은 여러 유사한 협회와 기관들이 많이 생겨나고 있기에 그다지 생소하게 들리지는 않을 것이다. 하지만 창립 당시의 그 협회처럼 이제는 회원들에게 사람을 행복하게 해주는 이야기들을 들려준다거나 보물처럼 숨어 있는 훌륭한 위스키를 찾아 마실 수 있는 곳은 없다. 그런 오리지널 협회의 배경과 성향들에 관련된 '숨겨진 이야기'들을 이 책에서 더욱 잘 알 수 있게 될 것이다. 기존 회원들은 이미 일부 이야기들은 알고 있을 것이다.

펍 힐즈(Pip Hills)
몬트로즈(Montrose)
2019년 8월

SMWS KOREA를 위한 특별 서문

'자유와 진취성', '선의와 즐거움'이 가득했던 시절 엿보기

약 30년 전, 키가 훤칠하고 아름다운 '모니카 리(Monica Lee)'라고 하는 한 한국 여성이 나를 찾아왔다. 그 당시 나는 *Scotch Whisky Directory*라는 책을 에든버러 메인스트림 출판사의 협찬을 받아 쓰고 있었다. 이 책은 현 시장에서 찾을 수 있는 모든 스카치위스키를 맛보고 그 맛을 분석하여 시각적으로 표현해내는 것이 목적이었다. 스카치위스키 연구소(Scotch Whisky Research Institute)의 풍미학 학자들과 스코틀랜드에서 가장 경험이 풍부한 네 명의 위스키 맛 감별 전문가와 협력하여, 각 위스키의 맛을 충분히 잘 표현해 그 풍미들을 제한된 수의 카테고리로 그룹핑하는 것이었다.

모니카는 그 당시 내가 하는 일에 관심이 있었다. 그녀는 최근 스카치위스키 풍미 요소들과 관련하여 박사학위를 마쳤고, 고국인 한국에서도 스카치위스키에 대한 관심이 커지고 있다는 것을 인지하고 있었다. 그녀는 위스키 제조업체들과 함께 일하며 위스키의 풍미를 '언어'로 표현하여 전달하는 기존 '스카치위스키 풍미 휠(Scotch Whisky Flavour

Wheel)'을 리뷰하여 대중성과 마케팅 목적으로 재편찬했다.

나는 모니카에게 내가 하고 있는 일들을 설명해 주었다. 스카치위스키 연구소는 친절하게도 모든 위스키 샘플을 제공했고, 나는 그 위스키들을 다시 보틀링하여 테스트 계획에 맞게 컨트롤 샘플을 포함해 모든 위스키 샘플을 블라인드로 레이블링했다.

하지만 그 책은 그런 것에 정통한 사람들에게는 성공적으로 평가되었지만, 시대를 약간 앞서 나간 책이 아닌가 싶었다. 잘 팔리지도 않았고 지금은 구하기도 어렵게 되었다. 내가 이 책을 쓸 수 있었던 것은 몇 년 전 '스카치 몰트위스키 협회(The Scotch Malt Whisky Society)'라는 회사를 설립했기 때문이다. 이 협회는 대중들이 위스키에 접근하는 방식을 완전히 바꾸어 놓았다. 그때까지만 해도 스카치나 다른 위스키에 대한 인식은 거의 없었다. 위스키는 보통 소다수 또는 다른 청량음료에 섞어서 마셨고, 시중에서 구할 수 있는 대부분의 위스키는 첨가물이 포함되지 않은 것을 찾아보기 힘들었다.

세상이 얼마나 많이 변했는지! 스카치위스키와 다른 증류주들의 세계 또한 완전히 변했다. 이것은 주로 나와 내 친구들이 오래전에 했던 일들 덕분이다. 스코틀랜드도 변했지만, 그렇다고 크게 변한 것은 아니다. 기술 발전으로 인한 온갖 변화에도 불구하고 스코틀랜드는 여전히 '예전과 같은 곳'이다. 눈이 있는 사람이라면 스코틀랜드의 역사는 그대로 드러나고, 사람들은 거의 변하지 않았음을 안다. 그들은 인구 약 500만 명의 작은 민족이지만, 지난 천 년 동안 더 크고 강력한 '이웃' 나라와 더불어 살아왔다. 아마도 이 점에서는 한국 사람들과 공통점이 있을 것이다. 스코틀랜드인이라는 것은 무엇보다도 '영국인이 아니다'라는 것을 의미하며, 대다수 사람들에게-인간의 모든 경험에서-일어날 수 있는 가장 좋은 일은 우리 팀이 축구에서 영국인을 이기는 것일 것이다(참고로 축구는 우리가 만들어 낸 게임이지만, 역사는 그렇지 않다는 의미이다).

그럼에도 불구하고 스코틀랜드인들이 영국인들을 미워한다고 말하는 것은 옳지 않다. 우리는 그저 그들이 우리의 '우월성'을 인정해 주기를 바랄 뿐이다. 하지만 그들은 축구경기에서 승리함으로써 우리의 우월성을 인정해 주지 않으려 한다. 우리의 기억력은 선택적이기 때문에 이런 역사 속의 일들을 극복한다. 우리는 게임에서 이겼던 몇 번의 순간을 기억하고 축하하지만, 졌을 때는 모두 잊어버린다. 이것은 실제 전투에서도 같은 논리로 적용된다. 칼과 창 같은 무기를 들고 말이다. 약 700년 전 우리가 승리했던 반녹번 전투(Battle of Bannockburn)를 기뻐하고, 영국군이 스코틀랜드를 휩쓸었던 끔찍한 시절은 모두 잊어버린다. 나는 우리 국민은 패배했을 때 최고의 모습을 보인다고 생각한다. 웸블리(Wembley)에서 잉글랜드와 경기를 하다가 졌을 때 킬트를 입은 스코틀랜드인들만큼 예의 바르고 친절한 런던 주정뱅이는 없을 것이다. 그리고 런던 시민들을 환영하는 마음 또한 마찬가지이다.

그런 일이 일어나면 우리는 언제나 우리의 '핵', 위스키가 앞서간다. 영국인들이 위스키를 만들지 못한다는 사실은 스코틀랜드 국민적 자부심의 상징이다. 그들이 충분히 노력했다면 위스키를 만들지 못했을 리가 없다(뉴턴과 셰익스피어를 배출해낼 수 있는 사람들은 거의 무엇이든 할 수 있으니까). 하지만 다행히 그들에게는 다른 할 일이 있었고, 우리는 그 점을 사랑한다. 북쪽에 있는 거대한 이웃 나라들도 똑같이 할 수 있을 것이라고 생각한다. 고속열차(역시 스코틀랜드에서 발명)가 요즘 유행하고 있는 것 같다. 자기부상열차를 만들 수 있는 사람들은 좋은 위스키 또한 증류할 수 있을 것이라고 생각한다. 하지만 아마도 시도하지 않는 것이 더 '분별력' 있을 것이다.

나의 동료가 협회를 먼 중국 땅까지 '데리고' 갔다고 이야기해 주었다. 그러니 한국 지부가 그곳에서 동료 회원들을 양성하지 못할 이유가 없다고 생각한다. 몇 잔의 드람(dram)이나 친선 축구경기에 초대하는 것도 좋은 방법일 것이다(선수를 선발할 유전자 풀이 14억이나 되니, 이길 가능성은 거의 없겠지만, 중요한 건 우리가 영국에게 그랬듯이 '대패'하는 것이다). 그런 다음 그들에게 협회 드람을 주고, 그들에게 아무런 해도 입히지 않는 작고 가난한 북방 국가의 이름으로 축하하면 된다. 그들은 우리가 플로든 들판(Flodden Field)에서 학살당했던 것을 잊고 용서하는 것처럼 베이징 약탈(The sack of Beijing)을 잊고 용서해야 한다(무슨 일인지 모르겠다면 검색 엔진에서 검색해 보라).

한국 회원 여러분께 안부를 전한다! 이 책을 즐겁게 읽길 바란다! 책에 묘사된 사건들 중 일부는 이해하기 어려울 수 있겠지만, 그 사건들은 사라져 가는 시대와 사회와 관련이 있다. 나는 그 사회의 일원이었고, 내가 했던 일을 할 수 있었던 것을 '행운'으로 생각한다. 한국에 있는 내 친구들, 어떤 의미에서 모든 협회의 회원들이 나의 친구이다. '자유와 진취성', '선의와 즐거움'이 가득했던 그 시절을 엿볼 수 있다면 나는 더할 나위 없이 기쁠 것이다.

필립/핍 힐즈(Phillip Hills)
2025년 8월

 # 이 책을 번역하게 된 이유

전 세계 몰트위스키 협회 회원들 모두가
알아야 할 위스키 세계의 '명작'

오늘날 협회가 자리 잡기까지의 우여곡절 많은 삶의 시간들과 위스키와 함께했던 그의 '자유와 진취성', '선의와 즐거움'이 가득했던 그 시절, 색깔은 다르지만 한때 우리의 젊은 시절이 그랬던 것처럼 지구의 또 다른 끝에서 살아낸 핍 씨의 삶의 이야기가 SMWS Korea 회원들에게 '소금'과 같은 배경 스토리가 될 수 있기를 바란다.

초기 협회는 핍 씨의 스토리텔링(storytelling)으로 '자리매김'되어 갔다. 하지만 그의 부재에도 불구하고 지구상의 다른 끝, 한국에 살고 있는 협회 회원들은 '핍 씨의 이야기'로 엮어지는 SMWS Korea의 자리매김을 기대해 본다.

'천국 시민권'을 취득하기 위해 열심히 '이민국'을 드나드는 핍 씨를 응원하며, 또한 그가 오래도록 건강해서 SMWS Korea의 성장을 지켜봐 줄 수 있기를 기원한다.

그림이나 책은 대부분 화가나 작가가 고인이 되어서야 '명작'이 된다. 왜냐하면 그들은 자신의 인생을 모두 '그 일'에 바치기 때문이다. 즉, '명작'은 누군가의 전적인 '삶의 일체'를 의미한다. 그런 면에서 핍 씨의 삶의 일체는 "The Scotch Malt Whisky Society"였다. 협회가 존재하는 한, 이 책은 어떤 언어로 번역되든 간에 전 세계 몰트위스키 협회 회원들이 모두 알아야 할 위스키 세계의 '명작'이다.

끝으로, 30년 전부터 내가 '몽상'만 해왔던 일을 이뤄낸 SMWS Korea에 감사한다.

모니카 리
델프트(Delft)
2025년 11월

매버릭 :
SMWS 창립자의 숨은 이야기

CHAPTER 1

보리밭 A Field of Barley

'스카치 몰트위스키 협회(SMWS, The Scotch Malt Whisky Society)'의 시작은 꽤 오래전으로 거슬러 올라가야 한다. 그래서인지 현실적으로 도움이 되지 않음에도 불구하고 '만일 이런저런 일들이 일어나지 않았다면 지금 협회의 이야기는 어떻게 전개되었을까?' 하는 생각이 자주 들곤 한다. 케이(K)의 할아버지가 토레스 해협(Torres Strait)에 진주 낚시를 가지 않았다면 그녀와 덩컨(Duncan)은 그 작은 농장을 매입할 자금이 없었을 것이다. 그리고 내가 그 농장을 방문하여 함께 보리를 베지도 않았을 것이고, 스탠(Stan)을 만나지 못했을 것이다. 그러면 지금쯤 나는 위스키에 대해 전혀 관심이 없었을 것이다. 이런 흐름에 관한 이야기를 해야만 한다.

덩컨은 나의 오래된 소중한 친구 중 한 명인데, 우리는 거의 60년 전에 처음 만났다. 그는 굳이 설명하지 않아도 여러 면에서 다른 사람들과 구별되는 조용한 사람이었고, 사람들은 그에 대해 일부만 알고 있을 뿐이었다. 덩컨은 지금까지 살고 있는 애버딘셔(Aberdeenshire)의 무거운 도릭식(Doric) 억양과는 매우 다른, 자신의 고향인 이스터 로스(Easter Ross)의 부드럽지만 다소 경쾌한 억양으로 말을 한다. 그는 선사

시대 연구 관련 고고학 박사학위 소지자인데, 예를 들면 굴착기로 오래전의 뼈 더미를 어떻게 발굴하는지를 설명해 줄 수 있는 아주 유용한 인물이다.

케이 또한 여러 분야에서 다양한 고급 교육을 받았지만, 두 사람 모두 학업 쪽에는 별로 흥미가 없었기 때문에 1970년대에 아카데믹 커리어보다 스코틀랜드의 토종말 개론(garron) 사육을 선호하여 학업을 스스로 중단하기로 결정한 사람들이다. 개론은 키가 작고 힘이 세서 언덕을 잘 오르기로 유명한 말인데, 천 년 전 픽트족(Picts)들이 조각한 일부 돌에서 개론의 형상을 찾아볼 수 있을 정도로 토착성이 깊다.

그들이 덴밀(Denmill) 농장을 구입한 그해 여름, 그 농장은 매우 허름했는데, 주변에는 농작물이 자라고 있는 들판이 있었고 녹슨 농기계가 엄청나게 쌓여 있는 상태였다(그런 것에 대해 모르는 사람들을 위해 농기계는 건강과 안전시대 이전의 기계 공학의 영광스러운 시절의 유물들이지만, 빠르게 움직이는 부분이 많아 자칫 잘못하면 몸의 일부를 잃을 정도로 위험하다). 그들이 농장을 소유하고 난 직후, 돕겠다는 마음보다는 '호기심'에서 농장을 방문했다. 때는 화창한 여름이었고 보리는 수확할 준비가 되어 있었다.

내가 오래된 기계를 좋아한다는 것을 알고 있는 덩컨은 농장 주변을 보여주었다. 마당에서 가장 눈에 띄는 것은 덩컨이 콤바인 수확기라 생각했던 거대하고 오래된 장비였다. 보리를 수확해 들이려면 어떤 종류의 탈곡기가 필요했고 좋은 날씨는 그리 오래가지 않을 것으로 예상되었다.

우리는 함께 기계를 점검했다. 전체적으로 보면 뭐가 뭔지 잘 이해할 수 없었지만, 자세히 살펴보면 다양한 부분들이 무엇에 사용되었을지는 어느 정도 짐작할 수 있었다. 확실한 것은 일단 한 번 시도해 보고, 그다음에 무슨 일이 일어나는지 살펴보는 것이었다.

메인 파워는 확실히 디젤 엔진이었으며, 설정이 낮고 녹이 많이 슬어 있었다. 그때부터 디젤 엔진과 나의 평생 떼어놓을 수 없는 '필연 관계'가 시작되었고, 모든 인젝터가 제 위치에 있었기 때문에 작동 가능할 수도 있겠다 생각했다. 또한 그것은 2.2리터 BMC(비엠시)였는데, 훌륭하지는 않지만 쓸 만했으며, 폐기장에서 쉽게 스페어 부품을 구할 수도 있었다. 내가 엔진을 점검하는 동안, 덩컨은 모든 연결 부분에 기름칠을 했고, 몇 시간 후에는 일을 시작할 준비가 완료되었다.

우리는 트랙터 배터리를 빌려서 작동시켰다. 배기구는 그리 깨끗하지 않았지만, 기대한 수준만큼은 부드럽게 잘 작동되었다. 드디어 덩컨이 위에 올라탔고, 나는 뒤로 멀찌감치 물러서 있었다.

그는 이런저런 바퀴와 레버를 시험해 보았고, 잠시 후 '리바이어던(Leviathan, 성경 시편 74편에 나오는 거대한 괴력을 지닌 바다의 용, 영문학 작품에 등장하는 크고 느리게 움직이는 괴물)' 같은 기계는 전체가 흔들리더니 천천히 앞으로 나아갔다. 한 레버는 커터 바를 올렸고, 다른 레버는 엘리베이터를 움직였으며, 또 다른 레버는 우레 같은 큰 소리를 내더니 이런저런 다른 내부 장비들을 가동시켰다. 그날 저녁, 덩컨은 수확기를 천천히 운전하여 대문을 지나 보리밭으로 나갔다. 또한 케이가 외양간에서 자루 더미들과 베일즈에 감겨 있는 묶음 더미를 몇 개 발견했고, 모든 장비는 가동할 준비가 완료되었다.

다음날 아침 일찍, 우리는 기계를 보리밭에 셋업해 두었다. 보리는 무르익어 바싹 말라 있었다. 일 진행이 느리고 불규칙적이긴 했지만, 나름 기계는 보리 줄기를 자르고 타작하고 키질하여 보리 낟알을 자루에 담아 나아갔다.

아침 10시가 되자 덴밀에 있는 마을 전체 사람들은, 옛 선조들에 의해 버려졌던 기계로 보리를 베고 있다는 사실을 알고 몰려왔다. 11시쯤 랜드로버와 트랙터가 도로에 주차되어 있었고 관중들은 경이에 찬 얼굴로 울타리 또는 문에 기대어 구경하고 있었다. 그 마을 사람들이 몇 년 동안 본 것 중 가장 재미난 '구경거리'였을 것이다.

사람들은 덩컨이 남긴 구불구불한 고랑 선들을 손가락질하며 가리켜 보이곤 했다. 왜냐하면 곧은 고랑 선은 그들에게는 은행에 있는 자신들의 잔고 다음으로 중요한 것으로 여겨졌기 때문이다. 그 흥겨움은 하루 종일 이어졌고 심각한 도로 정체를 빚었지만, 뒤에서 주행하며 화가 났던 자동차 운전자들이 추월할 수 없는 진짜 이유를 알게 되자 화를 풀고 아예 유쾌하게 구경에 '동참'했으므로 도로는 더욱 정체되어 버리고 말았다. 흥미로운 광경이었다.

어렴풋하게 구름이 낀 흐린 날씨에도 덩컨은 온종일 수확기 위에 높이 앉아 계속해서 들판을 오르락내리락했고, 나는 트랙터를 몰고 보릿자루들을 헛간으로 옮겨 날랐다. 저녁이 되자 그는 기계를 마당에 주차시켰다. 우리는 무겁지만 완벽하게 건조된 마지막 자루를 쌓아 올리기 위해 씨름하고 있었는데, 그 시점에서 비가 내리기 시작했다. 밤새도록, 그다음 날도 그리고 또 그다음 날도 내내 비가 내렸다. 실제로 6주 동안 비가 거의 그치지 않았으므로 채 수확하지 못한 농작물들은 땅에서 썩어가는 안타까운 상황이었다. 결국, 그 지역에서 덩컨과 케이는 유일하게 추수를 마감한 사람이 되었다. 문 너머에서 웃으며 구경하고 서 있던 많은 주민들은, 아마도 덩컨과 케이가 자신들보다 뭔가를 더 많이 잘 알고 있다는 생각이 들었는지, 관심을 보이며 이것저것 궁금해하기 시작했다.

이쯤에서 이 이야기가 도대체 협회와 어떤 관련이 있는지 의문이 생기겠지만, 이야기는 또다시 다음과 같이 전개된다. 보리밭 사건으로 인해 덩컨과 케이는 그 마을에서 눈에 띄게 유명 인사로 '자리매김'을 하게 되었다. 그들은 날씨 때문에 수확을 망쳐 사람들이 상당한 손실을 보고 있는 동안, 곳간에 수천 파운드에 달하는 양질의 보리를 보유할 수 있었기 때문이다.

이후 그들을 대하는 사람들의 태도는 확실히 달라졌으며, 심지어 어떤 사람은 일부러 교제하기 위해 찾아오기도 했다. 찾아오는 사람들 중 그들의 덴밀 농장 근처에 있는 또 다른 농장주 스탠보다 더 환영을 받는 사람은 없었다. 스탠은 경작성이 좋은 큰 농경지를 소유하고 있었고, 어떤 면으로 보아도 여지없는 '부호'였다. 그는 애버딘셔(Aberdeenshire) 농부이다. 말투나 옷차림, 언덕 옆에 있는 작은 2층 농갓집을 보면 결코 그가 부호라는 사실을 알아차리지 못하겠지만, 그가 소유한 소들을 보면 얼마나 부유한지 확실히 알 수 있다. 유달리 윤기가 흐르는 많은 무리의 헤리퍼드(Herefords) 소는 어느 한 마리도 빠짐없이 로열 하일랜드 쇼(Royal Highland Show, 스코틀랜드 최대 규모의 연례 농업박람회)에서 수상할 만큼 우수했기 때문이다.

스탠과 나는 함께 보내는 시간을 무척 즐겼는데, 아마도 모든 것에 대한 서로의 견해가 너무 달랐기 때문일 수도 있었다. 그는 내가 사랑스러운 두 딸만으로 만족하고 더 이상 자녀를 갖고 싶어 하지 않는다는 사실에 대해 어리둥절해했다. '하 아와 위' 퀸즈, 맨 앤드 브리드 어 룬('Hae awa wi' the quines, man, and breed a loon, '무슨 말을 하는 거야~.' 딸 말고 아들을 낳아야지 아들이라는 뜻으로 스코틀랜드 농민 사회에서 흔히 일컬어지는 정서적인 말)하며, 그는 아무 '남성미' 없이 무뚝뚝하게 말을 내뱉었다.

이후로 나는 일 년에 몇 번씩 방문했는데, '포도나무도 포도나무가 하는 일'을 하듯이, 스탠이 저녁에 어두운 브라운색의 액체로 가득 채워진 레모네이드 병을 들고 나타나면 우리는 몇 시간 동안 토론을 이어갔다. 정치, 경제, 철학, 사회적 문제에 있어서 우리는 아킬티뷔에(Achiltibuie, 스코틀랜드 서북 해안선에 세 개의 작은 구역으로 이루어진 길고 작은 섬마을)와 알파 센타우리(Alpha Centauri, 세 개의 계층 구조로 이루어진 광범위한 화성계)만큼이나 서로의 견해가 달랐지만, 병에 담긴 내용물에 관해서는 항시 의견이 일치했다. 스탠은 물을 타지 않고 그대로 마셨고, 나는 수돗물을 조금 타서 마셨다.

그것은 의심할 바 없이 내가 맛본 위스키 중 최고였으며(그 당시는 디젤 엔진이라면 모를까, '위스키 감정가'니 어쩌고 하는 그런 말은 존재하지도 않았음), 이전에 마셔보았던 그 어떤 위스키와도 달랐다.

나는 스코틀랜드 토박이 사람으로 자랐고, 부모님 집에는 항상 위스키 한 병이 놓여 있었다. 그것은 방문객들에게 바치는 '의식용 제물'처럼 보관되었지 '가정 소비용'은 아니었다. 왜냐하면 아버지가 마신 유일한 것은 홀랜드 진(Holland gin)뿐이었고, 30년 동안 우리 집에서 관세를 지불한 진 병은 하나도 없었던 것 같다. 이것은 또 다른 이야기이다. 우리 집의 가정용 위스키는 항상 하이그(Haig)이거나 벨스(Bells) 또는 그와 유사한 종류의 것이었다.

10대 후반 이후, 나는 그런 종류에는 전혀 관심을 두지 않기로 결심했다. 그 당시 젊은이들의 주류는 맥주였는데, 나는 맥주 또한 그다지 좋아하지 않았다. 이때는 아직 리얼 에일(Real Ale)은 등장하지도 않았을 때였기에 스탠의 위스키는 내게는 일종의 '혁신' 같은 것이었다. 맛이 훌륭했을 뿐만 아니라 저녁 즈음에는 병이 바닥나고, 다음날 아침이 되면 나는 건강한 사람이라고는 말할 수 없었다. 그저 살아 있는 것만으로도 만족했을 정도로 숙취에 시달리곤 했다.

이런 종류의 에피소드를 몇 번 겪은 후, 나는 스탠에게 위스키를 어디서 구했는지 물었다. 그는 "일 년에 한 번씩 낡은 랜드로버를 타고 카브라흐 고개(Cabrach Pass)를 넘어 스페이 계곡(Valley of the Spey)으로 내려간다. 그 강가에서 좌회전하여 계곡을 따라 발린달로크(Ballindalloch)로 가 그곳에서 글렌파클라스(Glenfarclas) 증류소의 조지 그랜트(George Grant)로부터 숙성된 위스키 1/4통을 구입한다."고 말했다. 글렌파클라스는 오랫동안 셰리 쿼터(sherry quarters) 캐스크(cask)에 소량의 맥아 증류주를 숙성시켜 단골 고객들에게 통에 담아서 판매하는 관행을 이어온다고 했다.

여기서 '단골 고객'은 매일 아침 같은 가게에 들러 신문을 사는 인맥 없는 '아무' 사람들과는 다른 개념의 고객이다. 그 위스키를 살 수 있는 사람은 주로 고객의 집안사람 중에 아버지 또는 할아버지가 그 위스키 증류소의 공급 시스템을 구축한 '특권자'들이었으므로 단순히 돈이 있다고 가질 수 있는 그런 '어떤 것'이 아니었다. 유리병이 흔하지 않을 때였으므로 위스키를 주전자에 담거나 돈이 좀 있다면 캐스크를 통째로 구입하기도 했다.

낡은 랜드로버 차의 뒷부분에 쿼터 캐스크(quarter cask, 약 50리터)가 들어가는 꼭 맞는 자리가 있었으며, 스탠은 그 통을 그의 작은 농가로 가져와서 마개를 황동 수도꼭지 마개로 바꾸고, 그 캐스크를 전용 나무 스탠드 위에 올려두었다. 그리고 난로 옆 브라운 가죽 안락의자에 앉아 한 잔의 위스키를 마시면 그는 세상에서 가장 행복한 사람이 된다.

CHAPTER 2

좋은 생각, 파티 그리고 신디케이트
A Good Idea, a Party and a Syndicate

　그 당시 나는 에든버러 주변에 많은 친구가 있었고, 그들 대부분에게 내가 경험한 그 놀라운 위스키에 대한 이야기를 들려주었다. 흔히 말들이 그렇듯이, 이야기는 입에서 입을 통해 점점 퍼져 나갔고, 친구들과 공유할 수 있도록 또다시 그런 캐스크를 가져올 수 있는지를 물어오기 시작했다. 그때까지만 해도 나는 비용이 얼마나 드는지, 구할 수 있는지 없는지, 왜 그 위스키가 그렇게 좋은지 전혀 몰랐다. 하지만 그 위스키는 그런 관심을 받을 만한 특정성을 가졌다 확신했고, 그것은 '좋은 아이디어'라고 생각했다. 그런데 모두가 그것은 충분히 좋은 아이디어라는 데는 동의했지만, 누구도 그것을 어떻게 실제로 진행할 것인가에 대한 방법론의 대책은 갖고 있지 않았다. 시도를 해본다고 해서 나쁠 것은 없다고 낙관적인 방향으로 생각하여 하우 오브 앨퍼드(Howe of Alford)로 가서 위스키 한 통을 구입할 수 있는지에 대해 문의했다.

　1970년대 후반까지 대부분의 스코틀랜드 사람들은 몰트위스키와 블렌디드 위스키의 차이점을 전혀 몰랐다는 점을 이 시점에서 언급할 필요가 있을 것이다. 위스키는 그냥 '좋은 것'으로만 인식되어 있었고, 원액 그대로 마셨으며, 가급적이면 진한 에일(ale)과 함께 마시는 것을 좋아했다.

그렇게 마시는 것이 짧은 시간에 빠르게 술에 취하는 가장 효율적인 방법이었고, 또 그것이 대부분의 스코틀랜드 사람들에게는 위스키를 마시는 목적이기도 했다. 싱글 몰트위스키는 스코틀랜드뿐만 아니라 다른 곳에서 거의 알려져 있지 않았다. 몇몇 독립 증류소에서 그들 캐스크의 일부를 싱글 몰트로 병입을 하기도 했지만, 아주 극소수였다. 다만, 대다수 업계의 관점은 그런 이들을 블렌디드 위스키 사업을 성가시게 한다거나 방해하는 귀찮은 존재로 여겼다.

나는 무지한 가운데 편안하게 덴밀 농장에 갔고 평소와 같이 스탠과 대화를 나눴다. 드라마의 효과가 너무 커지기 전에 내가 어떤 일 때문에 올라왔는지에 대해 설명했다. 그는 매우 도움이 되었다. 마지막 캐스크 구입비용이 얼마였는지, 그의 친구 그랜트(Grant)의 전화번호도 알려주었다. 무엇보다 매우 오랜 고객으로 잘 알려진 자기 이름을 언급해도 된다고 허락해 주었고, 글렌파클라스에 전화를 걸어 고급 셰리 쿼터 한 통을 구입할 수 있는지 문의했다. 나는 운이 매우 좋았다. 왜냐하면 최근에 그들의 고객 한 사람이 세상을 떠나면서 자신의 연례 캐스크를 상속받을 사람을 남겨두지 않았기 때문이다.

스탠(Stan)의 추천은 아주 영향력이 있어서 내가 로우랜드 사람(Lowlander, 이 지역은 스코틀랜드 하일랜드의 산악 지형과 대조적으로 비교적 평평하거나 완만한 구릉 지형이 특징이며, 비옥한 농경지, 역사 유적지, 도시 중심지로 인구가 많고 산업화된 에든버러나 글래스고 같은 대도시가 포함됨)임에도 불구하고 극진한 대우를 해주었다. 에든버러로 돌아와 좋은 아이디어에 동참하고 싶다 했던 친구들과 이야기를 나눴다. 때는 그해 가을이었고, 참가자들이 충분히 확보되었다. 예상대로 10년 된 위스키 캐스크를 확보할 수 있었고, 각자 약 1갤런(3.8~4.5리터, 합리적인 양처럼 보임)의 몰트위스키를 가질 수 있었다.

그때쯤에 프랜시스 고든(Frances Gordon)이 셰리 파티를 열겠다고 공지했다. 그녀는 광장 반대편에 살고 있는 우아하고 지적인 노부인이다(프랜시스와 나는 에든버러의 뉴타운이라 불리는 곳에 살았는데, 이는 1760년에 생긴 것임에도 불구하고 뉴타운이라 불려 종종 외부인들을 혼란스럽게 할 때가 많다). 그녀는 아주 멋진 18세기 마호가니 가구와 양탄자들로 가득 찬 아름다운 조지아풍(Georgian style) 아파트에 살고 있었다. 내가 이 글을 쓰고 있는 지금도 그녀의 양탄자 중 하나인 푸른 땅의 카자흐(blue-ground Kazakh)가 내 밑에 깔려 있다. 셰리 파티에서 나의 역할은 도우미로서 손님들에게 술을 따르고 그들과 환담을 나누는 것이었다.

초대받은 손님들은 대부분 나보다 훨씬 나이가 많았다. 내가 맡은 또 다른 임무는 음료를 서빙하기 전에 잔을 닦는 것이었고 그 의무를 진지하게 받아들였다. 왜냐하면 그 잔들은 나폴레옹 시대에 만들어진 오래된 캐비닛에 보관되어 있었기에 나무 벌레가 들끓고 있었기 때문이다. 모든 유리잔을 닦는 것뿐만 아니라 작은 갈색 벌레들이 붙어 있는지도 잘 살펴야 했다. 주인은 그것을 전혀 눈치 채지 못했지만, 손님들은 아마도 눈치를 챘을 거라고 생각한다. 내가 그렇게 열심히 유리잔을 닦고 점검했어도 딱정벌레 한 놈이 손님의 아몬틸라도(Amontillado)

잔에서 수영하고 있는 것을 발견했다.

내가 리치 칼더(Ritchie Calder)를 처음 만난 것은 프랜시스가 개최한 그 이전의 파티에서였다. 리치는 의심할 여지없이 선하고 훌륭한 사람 중 하나였는데, 그는 욕망이나 야망에 차서 어떤 일을 하는 것이 아니고 일을 즐기면서 아주 수월하게 잘 수행해냈다. 리치가 얼마나 대단한 사람인지 몇 마디로 설명하기는 좀 어렵지만, 그는 급진적인 언론인으로 오랜 경력을 쌓아왔다. 1941년에는 정치 전쟁 집행부로 옮겼는데, 이 조직은 MI6(Military Intelligence, Section 6, 영국 정보기관)보다 음흉하고 아마도 더 스마트했을 것이다. 그 당시 그에 대한 이야기 중에 내가 가장 좋아하는 것은, 그와 그의 동료들이 히틀러가 미신을 믿고 점성술사를 고용했다는 사실을 알고, 점성술사를 고용하여 히틀러의 사람들에게 잘못된 점성술 데이터를 제공함으로써 독일 최고 사령부의 결정에 이중적으로 비합리성을 투사했다는 사건에 관한 것이다. 내가 리치를 처음 알게 되었을 때 그는 상원의원으로 승격될 예정이었으며, 그는 영국 모든 공직자에 대해 소상하게 알고 있었다. 또한 나는 몇 년 전에 스코틀랜드 텔레비전 프랜차이즈의 현직자들을 쫓아내기 위해 잘 알려진 인물들 몇 명을 소집했다. 그때 리치를 그 중 한 사람으로 스카우트하려고 했지만, 성공하지 못했다. 하지만 우리는 정말 많은 재미있는 일들을 함께했다.

그 가을 파티에서 나는 "리치, 나한테 좋은 생각이 있어."라고 말했다. 그는 "맙소사, 지난번 것보다 비용이 덜 들었으면 좋겠는데."라고 하긴 했지만, 그의 말투는 부드러웠다. 나는 글렌파클라스 캐스크 하나를 구입할 계획을 설명했고, 그는 즉시 "좋은 생각이야." 환호하며 단번에 "그럼 나도 끼워줘."라고 말했다. 그리고 덧붙여서 "언제 캐스크를 가지러 스페이사이드로 올라갈 거야?"라고 물었다.

내가 당장은 아니라고 대답하자 그는 "최대한 빨리 해줄 수 있어?" 하고 다시 물었다. "내가 2주 전 모스크바에 있을 때 잠시 심장마비를 겪었고, 언제든지 또 일어날 가능성이 있다고 경고를 받았어. 그래서 부탁하는데, 혹시나 내게 무슨 일이 생기더라도 꼭 내 위스키 갤런을 챙겨놔 줘."

그해 말에는 궂은 날씨가 크리스마스와 새해까지 계속되었다. 스페이사이드로 가는 길은 몇 군데 높은 고개를 넘어야 했기 때문에 날씨를 반드시 먼저 살펴야 했다. 교통수단인 나의 오래된 승용차 라곤다(Lagonda, 나중에 더 자세히 설명할 것임)는 얼음이나 눈을 감당하지 못하기 때문이다. 1월 말이나 되어서야 일기예보가 좀 괜찮은 것 같기에 그 중 한 금요일 아침에 올라갈 계획을 세우고, 전날 목요일 이른 아침에 회원들에게 전화를 걸어 다음날 올라갈 예정이고, 그날 저녁에 만나 '전리품'을 나눌 거라고 일러두었다. 리치가 살고 있는 필프스톤 하우스(Philpstoun House)에 전화를 한 것은 늦은 아침이었다.

리치의 아들인 앵거스(Angus)가 전화를 받았고, "당신이 핍 씨인가요?" 하고 물었다. 놀라서 "나는 단지 인사만 했을 뿐인데, 어떻게 나인 줄 알았어요?"라고 반문했더니 "아, 당신 전화를 기다리고 있었어요. 위스키에 관한 것 아닌가요?" 했다. 나는 "예."라고 대답하고 "아버지와 통화할 수 있어요?" 하고 물었다. 순간, 약간 멈칫하더니 말했다. "안돼요. 아버지는 한 시간 전에 돌아가셨어요." 잠시 후, 앵거스가 다시 말을 이었다. "아버지는 9시쯤 제게 전화해서 글렌리벳으로 위스키 한 잔 가져다 달라고 하셨어요. 그는 그것을 한 모금 마시고는 여전히 고통스러운 얼굴로 '이제 좀 나아진 것 같아.'라고 하신 다음 '핍이라는 사람이 위스키 캐스크에 관해 곧 전화를 할 건데, 만일 내가 그때까지 못 기다리고 세상을 떠나면 너는 내 몫을 꼭 챙겨 두거라. 그리고 그것을 꼭 내 웨이크(wake)에 마셔야 한다.'고 하셨어요."

우리는 그가 말한 대로 그렇게 했다. 얼마 후, 리치의 죽음을 기리기 위해 수백 명의 사람이 모였을 때 우리는 통에 담긴 위스키를 마시며 즐거워했고, 또한 동시에 슬퍼했다. 이것이 바로 장례식을 치른 후에 웨이크(wake, 스코틀랜드와 아일랜드에서 흔히 볼 수 있는 오래된 켈트족의 관습으로 고인의 친구들이 장례식 후에 모여 파티를 열고 위스키를 마시며 고인에 대한 이야기를 나누는 시간)를 갖는 이유이다.

금요일 아침 일찍, 나는 유콘 강(The Yukon)을 여행할 것처럼 차려입고 나섰다. 왜냐하면 오래된 차 라곤다에는 히터가 형편없었기 때문이다. 글렌파클라스까지의 왕복 여행은 몇 번 멋지게 미끄러진 것 외에는 아무 일도 없었다(차는 빙판길 위에서는 상태가 아주 좋지 않아 뒤편에 100톤 중량 정도의 위스키가 실려 있는데도 도로 유지력이 향상되지 않았다). 나는 마음가짐을 편안하게 유지하려 애썼고, 그렇게 간신히 저녁때쯤 집에 도착했는데, 전체 회원들이 모여 기다리고 있었다. 무엇보다 확실한 건 그들 모두 나만큼이나 위로가 필요해 보였다는 것이다.

첫 번째 당면 과제는 차에서 높은 건물의 1층에 있는 우리 집으로 캐스크를 갖고 올라가는 방법이었다. 문 입구까지는 여섯 개의 돌계단과 플랫폼을 통과해야만 하기 때문이다. 결국에는 온갖 힘으로 씨름해 가며, 무엇보다 옮기고 말겠다는 엄청난 집념으로 캐스크를 무사히 로비로 옮겨 스탠드 위에 올려놓고, 모두 둘러앉았다. 우리는 마개(bung)를 시작했고(캐스크를 채우거나 비우는 나무 마개인데, 위스키를 비우기 위해 마개를 뽑는 것을 일컬음) 플라스틱 파이프를 사용하여 위스키를 주전자에 뽑아냈다. 나는 사방으로 술을 한 잔씩 부어 돌렸고 회원들은 처음에는 취할까 봐 다소 신경을 쓰더니 한 잔 후에는 "좋다."고 했고, 그다음에는 "아주 좋다." 그리고 그다음에는 "정말로 아주 좋다."고 했으며, 그다음에는 "확실히 좋다."고 했다. 술잔이 돌아감에 따라 최상의 극찬까지 계속 올라가면서 더러는 완전히 취한 상태가 되어 버린 사람도 몇몇 나타나기 시작했다(여기서 기억해야 할 점은, 당시 위스키 업계의 바깥사람들 중에는 위스키를 원액 알코올 농도의 스트레이트로 마셔본 경험이 없다는 점이다). 그런 뒤 우리는 전리품(위스키)을 나누기 시작했다. 각 회원당 병 한 개에 사이펀 하나씩을 사용했으며, 분배는 놀라울 정도로 정확하게 행해졌다. 파이프가 더 이상 작동하지 않게 되자 우리는 통을 뒤집어서 마지막 한 방울까지 주전자에 담았다.

회원들은 집으로 돌아갈 채비를 했는데, 문제는 그다음이었다. 액체 1갤런(약 4리터)이 든 위스키 한 병은 어른이 들고 다니기에 결코 무거운 짐은 아니다. 그러나 그 내용물이 귀하고 유리병인데다 들고 가는 당사자가 조금이 아닌 상당한 양의 위스키를 이미 마신 후라 약간의 불안감이 있었다. 지금 돌이켜보면 당연한 결정이지만, 그 당시에는 놀랄 만큼 통찰력이 있어 보이는 결정이었다고 확신하여 소형 택시를 불렀다. 신디케이트 회원들은 한 명씩 글렌파클라스 위스키 1갤런씩을 가슴에 감싸 안은 채로 택시를 타고 조심스럽게 떠나갔다.

그렇게 아침이 왔고, 그 계획이 성공했다는 안도감으로 어느 정도의 두통이 있었지만 참을 만했다. 아무 재난도 수난도 없을 것이고, 삶은 예전처럼 평범한 일상으로 흘러갈 것이다. 무엇보다 나는 이 지구상에서 가장 좋은 위스키를 1갤런이나 갖고 있다는 사실만으로도 삶의 '행복지수'가 아주 약간 상승했다. 이외에는 다른 어떤 결과가 있을 수 있다고 예상하지 못했다. 나는 처음에는 앞으로 진행될 사건이 이전 사건과 인과적으로 연관되어 있다는 사실을 빠르게 인지하지 못하는 성격이기 때문에 생각보다 과거의 일들을 그냥 평온하게 잘 받아들이는 경향이 있었다.

하지만 처음으로 내가 깨닫게 된 것은 집을 찾아오는 방문객 수가 서서히 증가하고 있다는 사실이었다. 이미 언급했지만, 나는 친구가 많았는데, 그때보다 더 많은 사람이 찾아와 지나가다 들렀다고 하거나 어떤 이는 솔직하게 "나는 당신이 훌륭한 위스키를 갖고 있다고 들었다."라고 말했다. 그러면 물론, 나는 그들을 안으로 들어오라 해서 오는 길에 모아서 함께 온 사람들(수행자 또는 추종자)까지 포함하여 모두에게 술을 대접했다. 이로 인해 자연스럽게 주전자 안의 '나의 보물'이 줄어들게 되어 그다지 탐탁지는 않았다. 하지만 환대의 철칙은 계속 준수되었고, 주전자 속의 나의 보물은 점점 줄어들고 있었다.

그다음으로는 전화 울리는 횟수가 증가되었다. 일부는 위스키 캐스크에 대해 뒤늦게 들은 친구들로 혹시 다음에 위스키 캐스크를 구입할 때 끼워줄 수 있느냐고 물어왔다. 물론, 다음 캐스크를 구입할 계획은 없었지만, 그러겠노라고 약속했다. 하지만 일부 전화는 완전히 낯선 사람에게서 온 것이었다. 어떤 사람은 "나를 모르겠지만, 나는 위스키 신디케이트 회원인 누구누구의 지인입니다. 친구와 지금 위스키를 마시고 있는데, 이렇게 좋은 위스키를 내 평생 마셔본 적이 없다는 말을 하기 위해 전화했습니다. 나도 참여가 가능한가요?"라고 물었다.

"당신의 이름과 전화번호를 알려주시면 약속할 수는 없지만, 그 일이 있게 되면 알려드리겠어요." 하고, 어떤 때는 통화시간을 줄이기 위해 건성으로 "좋아요, 그러죠."라는 말만 하고 전화를 끊기도 했다.

작고한 리치의 장례식도 그런 면에서 그다지 도움이 되지 않았다. 그는 에든버러 필름 하우스(Edinburgh Film House)의 회장이었던 관계로 그 농장 위스키는 내가 전혀 모르는 많은 사람에게 노출되었다. 그들 중 일부는 장례식에 사용된 위스키가 어디서 나왔는지 추적해내는 데 그리 오랜 시간이 걸리지 않았다.

이 모든 일은 몇 주 동안 계속되었다. 신디케이트 회원들은 내게 전화를 걸어 "위스키가 부족해요. 언제 더 가져오실 건가요?"라고 물어왔다. 나는 그럴 생각이 없다고 대답했지만, 아무도 내 말을 믿으려 하지 않는 것 같았다. 나 자신도 거절하는 데 점점 지쳐 가고 있었다. 결국, 나는 포기하고 신디케이트 회의를 소집했다. 그들 모두는 위스키를 더 필요로 했고, 친구들까지 불러서 조인하겠다는 돼지 같은 욕심꾸러기 친구들에게 상황 설명을 했다.

그들은 "좋아요. 그러면 신디케이트를 두 배로 늘립시다."라고 제안해 왔다. 그들은 내게 너무나 관대하여 내가 무슨 공중에서 위스키를 마술처럼 '짠!' 하고 갖고 나오는 것처럼 명백한 확신에 차 있었다. 위스키를 다시 구매할 수 있을지, 두 배의 분량이 가능한지를 확인해 보겠다는 것에 마지못해 동의했다.

내가 글렌파클라스에 전화했을 때는 이미 올해 사용할 캐스크를 모두 가져갔으니, 이제는 빈 통을 돌려줘야 한다고 말했다. 얼마 후, 나는 내년과 그다음 해 분량까지 위스키를 가져야만 한다고 그들을 설득하는 데 성공했다. 물론, 그들은 위스키가 아직 숙성되지 않았기 때문에 그 이상은 절대 안 된다고 덧붙였다.

여기서 이 글을 읽는 독자분들은 캐스크에서 위스키가 숙성된다는 기본적인 지식을 이미 알고 있을 것이라 가정하지만, 그렇지 않을 경우도 있을 수 있어 간략하게 설명하고 넘어가도록 하겠다.

진정한 품질의 위스키 맛은 대부분 캐스크 숙성 과정에서 형성된다. 주로 오크통에 보관되는데, 나무 속의 화학적 성질이 알코올과 접촉하면 많은 놀라운 변화가 일어나기 때문이다.

내가 여기서 증류주의 품질이라는 말을 언급할 때 증류주는 주로 위스키, 브랜디, 럼을 의미한다. 진이나 보드카와 같이 어떤 재료를 첨가하여 맛이 만들어진 술들은 충분히 정교하고 좋지만, 결코 고급 증류주의 깊이나 어우러진 맛의 복합적인 풍미와는 비교가 되지 않는다. 위스키를 캐스크에 담아두면 수년에 걸쳐 참나무 종(Quercus genus)과 증류주가 서로 반응하게 되는데, 그 숙성 속도는 여러 가지 요인에 따라 달라진다. 아마도 증류주를 채우기 전 캐스크의 상태가 가장 중요할 것이다. 스카치위스키의 최적 숙성기간은 원액의 풍미를 완벽하게 만들기 위해 일반적으로 10~12년 정도 걸린다. 하지만 나무 성분과 알코올과의 반응이 매우 활발한 캐스크는 더 일찍 양질의 위스키로 숙성시키며, 재활용하여 사용되는 캐스크의 경우에도 25년까지는 아주 괜찮은 위스키를 생산할 수 있다. 아직도 많은 애주가들이 '오래 숙성된 것이 더 좋다!'라는 잘못된 상식에서 벗어나지 못하고 있는데, 오래된 재고를 많이 가진 업계들의 입장에서 보면 위스키의 품질을 풍미가 아닌 숙성기간에 따라 구분하는 이런 무지한 생각들을 도리어 환영할 것이다.

수년 전 어느 날 오후, 나는 우연히 소호(Soho)에 위치한 한 유명한 위스키 가게에 들렀다. 그 가게 주인의 이름을 익명으로 잭(Jack)이라 하겠다. 잭은 내게 한두 종류의 위스키를 맛보겠느냐고 물었다. 그는 완벽하다고 생각하는 위스키 두어 종류를 섞어서 드라마틱한 분위기가 나는 아주 진한 술을 만들어 내보였다. "이거 어떻게 생각하세요?" 그가 물었다. 한두 번 냄새를 맡아본 후, 한 모금 마셨다. 잭이 "어때요?" 물었다. 내가 "이게 뭐야, 몇 년 산이지요?"라고 물었더니 잭이 "스프링뱅크(Springbank) 40년 산이요."라고 대답했다.

잠시 생각해 보고 다시 살펴본 후, "20년 전에는 정말 좋은 위스키였을 텐데, 아쉽게도 지금은 아닌 걸요."라고 말했더니 "나도 알아요."라고 잭이 대답했다. "그러나 일본인들은 대부분 다른 내용은 살펴보지 않은 채 연도 수만 보고, 한 병에 200파운드를 지불하곤 합니다."라고 했다. 이 이야기는 아주 오래전 일이다.

그 이후로는 상황이 많이 바뀌었다. 많은 일본 노인들은, 다른 곳의 노인들도 마찬가지였지만 오래된 위스키가 비싸기 때문에 선호하는 것이지, 실제로 맛을 알고 즐기는 것이 아니었다. 하지만 이제 일본 바텐더들의 숙성에 대한 이해 수준은 아마도 세계 최고일 것이다. 노인과 위스키에 관한 주제는 나중에 다시 다루겠다.

신디케이트 회원들의 두 번째 요청에 따라 몰트를 구하기 위해 올라가려고 하니 날씨가 따라주지 않는 것 같았다. 하지만 증류소에는 이미 통지해 두었고, 회원들은 위스키가 절실했기 때문에 오래된 나의 차 라곤다에 다시 올라탔다. 캐스크 두 개는 라곤다 부츠의 용량을 훨씬 초과했기에 작은 트레일러를 하나 빌렸다(이 차량에는 견인 바가 장착되어 있었는데, 이것은 가끔씩 클래식 자동차 애호가들을 불쾌하게 했지만, 단순히 스타일 때문에 폐기하기에는 너무 유용했다). 나는 포스(Forth)를 건너 퍼스(Perth)로 갔다가 그램피언(Grampian) 산을 넘어 스페이(Spey) 상류와 이차선 도로를 따라 글렌파클라스에 도착했다.

증류소 사람들은 내가 위스키를 사러 왔다는 사실보다 내 차에 관심이 더 있는 것 같았다. 증류소를 운영하는 사람들에게 술은 흔한 것이지만, 아주 오래되고 고급스러운 자동차를 볼 수 있는 기회는 그리 흔치 않을 것이니 그럴 수도 있겠다 싶었다.

증류소를 떠나 돌아올 때쯤은 구름이 잔뜩 낀 늦은 오후였다. 아비모어(Aviemore) 이후부터 비가 내리기 시작했고, 그램피언(Grampian) 산의 드루모흐터(Drumochter) 고개에 도착했을 때는 밤이 깊었다. 비와 어둠의 조합은 자동차 엔지니어에게는 그리 특별하게 신경 쓸 상황은 아니었다. 헤드램프는 엄청나게 컸지만, 그 빛은 노란색을 띠었고 밝지도 않았다. 전기 모터의 보우덴 케이블로 작동되는 윈스크린 와이퍼는 실제로 너무 약해서 대시보드에는 오른쪽, 왼쪽 각 와이퍼에 상응하는 두 개의 손잡이가 있다. 최악의 순간에는 그 손잡이를 손으로 돌려가며 윈스크린 와이퍼를 보조해야만 했다. 어둠 속에서 왼손으로 와이퍼 돌아가는 것을 보조하면서 오른손으로 운전하는 것은 절대 안전 또는 마음의 평화에 기여하지 않는다는 사실을 강조해 둔다.

대략 추측해도 약 5천 파운드(약 9백 30만 원) 상당의 위스키가 내 차 뒤에 있다는 사실 또한 도움이 되지 않았지만, 최소한 눈은 오지 않으니 그것만으로도 감사했다. 하지만 도로 한켠에 차를 세워 짐을 점검하고 꺼져 버린 트레일러의 조명을 연결하려고 시도했지만, 성공하지 못했다. 이런 상황에서 내가 할 수 있는 일은 거의 없었다. 그나마 라곤다의 뒤쪽 라이트는 몇 피트 앞에서도 완벽하게 잘 보였기 때문에 사소한 법을 위반하는 것을 정당화시켜 가면서 그렇게라도 운전을 계속해야 한다는 생각이 들었다. 여행은 길었지만, 아무 일도 일어나지 않았고, 에든버러에 도착했을 때는 새벽 4시쯤 되었다. 다행히 비는 그쳤고, 긴장도 조금 풀렸다. 아차, 나의 안도가 너무 앞서갔다는 것을 알았다. 크레이그리스 애비뉴(Craigleith Avenue)를 돌아서 내려가는 순간, 뒤에서 순찰차 소리가 들렸다. 그들은 나를 따라잡으며, 차를 세우라는 신호를 보냈다. 한 경찰관이 다가왔을 때 나는 창문을 내렸다.

"예, 경찰관님, 제가 경찰관님을 위해 무엇을 해야 하나요?"라고 말했다. 그 경찰관은 매우 예의 바른 사람이었다. "선생님, 트레일러 안에 있는 그 통에 무엇이 있는지 말씀해 주시겠습니까?" "아, 그래요. 알

있어요. 위스키." 하고 즉각 대답했다. "오~," 그가 말했다.

잠시 정지. 분명 로디언(Lothian) 구역 경찰관은 한밤중에 위스키를 운반하는 오래된 자동차를 탄 사람에게 익숙해 보이지 않았고, 나는 그들을 당황하게 만들 의도가 없었기에 이 위스키가 완벽하게 합법적이라는 것을, 내 스스로 그들에게 확신시켜 주어야만 했다. "이것은 제 재산이고, 이것에 대한 소비세와 VAT(영국 관세)를 지불했으며, 문서를 보여드릴 수도 있습니다. 또한 제가 아는 한 필요하다면 자기 차로 자기 위스키를 운반하면 안 된다는 법은 없습니다."라고 설명해 주었다.

그 말을 마지못해 받아들이는 것처럼 보일 때쯤, 두 번째 경찰관이 합류했다. 먼젓번 경찰관은 자기 동료에게 상황을 설명했다. 둘 다 이 사람에게 무슨 법을 적용해야 할지 몰라 망설이고 있는 것 같기에 나는 얼른 이 여행의 상황과 목적을 최대한 부드럽고 잔잔한 목소리로 설명해 주었다. 그들의 기분이 누그러진 것 같더니, 첫 번째 경찰관이 이렇게 말했다. "그리고 트레일러 라이트가 작동하지 않는 걸 알고 계시나요?" 나는 "예, 알고 있어요."라고 대답했다.

두 사람 모두 안도한 듯 보였고, 한 경찰관이 주머니에서 노트와 연필을 꺼내면서 "그게 잘못됐다는 것을 시인하시죠?"라고 말했다.

나는 다시 말했다. "하지만 저의 불법을 기록하기 전에 제가 치안판사에게 하게 될 말들을 들어보세요. 저는 드루모흐터(Drumochter) 고개 꼭대기의 칠흑 같은 어둠 속에서 차의 트레일러 라이트가 작동하지 않는다는 것을 알고 내려서 확인한 후, 그 상황을 제가 어떻게 판단하고, 차를 계속해서 운전해 오기로 결정했는지를 알려드리겠습니다. 저는 교통법을 준수하기 위해 약 5천 파운드 상당의 위스키를 그 도로에 방치해 두고 올 수도 있었지만, 그렇게 한다면 이 많은 양의 위스키가 어떤 잘못된 영혼(사람)에게 넘어가므로 더 큰 중범죄를 저지르게 되는 결과가 초래될 것이라고 생각했습니다.” “그래요, 무슨 말인지 알겠습니다.” 그는 노트를 치우며 말했다. “어디로 가세요?” 나는 그에게 얼른 말했다. “여기서 아주 가까워요.”

“그러면 여기서부터는 우리가 아무도 당신을 방해하지 못하도록 뒤에서 호위해 가겠습니다.”

나는 그에게 감사하다 말했고 그는 캐스크를 힐끗 쳐다보더니 “제 생각인데, 당신은 오늘밤에 저 캐스크를 오픈하지는 않으시겠죠?” 하고 아쉬움이 묻어나는 목소리로 말했다.

CHAPTER 3

나이 든 등반가
Some Old Mountaineers

다음날 새로운 신디케이트 회원들을 포함하여 우리는 캐스크를 열었고, 모두 매우 만족했다. 첫 번째 가져왔던 캐스크와는 약간 맛이 달랐지만, 의심할 여지없이 훌륭했다. 회원들 중 어느 누구도 자신을 '위스키 감정가'라고 말하는 사람이 없다는 것을 인지해야 했는데, 내가 아는 한 당시에는 와인과 미술 등의 감정가는 있었지만 '위스키 감정가'라는 타이틀을 가진 사람은 존재하지 않았다.

스카치위스키 회사들은 대중들이 위스키를 쉽게 식별할 수 있는 종류의 '마실 거리'로 생각하는 것을 원하지 않았기 때문에 위스키의 실체는 그들 사이에서만 알려져 있었다. 위스키는 소비자가 브랜드 자체로 존중되도록 유도 광고되었기 때문에 제품의 맛과는 전혀 상관없는 것이었다. 시중에 나와 있는 거의 모든 위스키는 블렌디드된 제품들로 블렌더(Blender)들의 작업은 일반 소비자들에게는 완전히 미스터리이며, 설명할 필요조차 없는 것으로 인지되어 있었다. 위스키 맛을 분석하고 소비자들의 이해를 위해 설명하는 것이 '가능할 수도 있겠다.'

라는 것 자체를 생각하는 사람이 아무도 없었다.

아마도 이것은 50세 이하의 세대들에게는 말도 안 되는, 믿기 어려운 말로 들리겠지만, 그것이 그 당시 위스키에 관한 대중적인 현실 상황이었다. 그런 의미에서 나와 신디케이트 회원들이 하는 일은 매버릭(maverick, 틀에 얽매이지 않는 자유로운 정신의 소유자)적인 행위였고, 하여 이 책 이름을 그렇게 명명했다.

신디케이트 회의가 끝나고 얼마 지나지 않아 몰트위스키에 대한 문의는 다시 시작되었고, 마음의 평화를 위해 뭔가 조치를 취해야 한다는 생각이 들었다. 두 가지 가능성을 떠올렸다. 신디케이트를 종료하거나 재조직해야 한다는 것이었다. 나는 펍(pub)에서 여러 친구들과 함께 이 문제에 대해 매우 진지하게 토론하면서 많은 시간을 보냈으며, 곧 아무도 발견하지 못한 노다지를 발견했다는 사실을 인지하게 되었다. 왜냐하면 주위를 둘러보며 조언을 구했지만, 그것에 대해 아는 바가 없어 의논하거나 자문을 구할 사람이 없었기 때문이다. 하지만 전혀 예상치 못한 곳에서 조언을 받을 수 있었다.

첫 번째 신디케이트가 재편성되기 얼마 전에 나는 존 퍼거슨(John Ferguson)이라는 사람을 알게 되었다. 존은 이 이야기에서 중요한 역할을 하기 때문에 나는 그를 먼저 설명하려 한다.

그는 신장뿐 아니라 체격도 컸다. 하지만 상냥한 사람이었고, 듬성듬성 난 그의 머리카락은 몸의 덩치나 근육으로 충분히 무마되었다. 훌륭한 기타리스트이지만, 노래하는 가수라고 하는 편이 더 낫다. 그는 가벼운 저녁 운동으로 3마일 정도 되는 벤더로크(Benderloch)에서 리스모어(Lismore)까지 왕복으로 수영을 했다.

존의 직업은 사회학자였으며 스트래스클라이드(Strathclyde) 대학과 툴리알란(Tulliallan) 경찰 대학에서 범죄학 강의를 했다. 존이 범죄학에 대한 자격을 갖춘 배경에는 그가 어린 시절에 범죄와 관련된 많은 일을 겪었다는 다소 어두운 소문이 돌았지만, 나는 이런 추문에 관한 이야기를 함부로 말하고 싶지는 않다. 단지, 내가 확실히 증명할 수 있는 것은 그는 연어와 사슴을 잡는 뛰어난 밀렵꾼이었다는 것이다(그는 더 이상 이 세상에 있지 않으니, 이 말을 해도 무방하리라 생각한다). 또한 그는 천재적인 이야기꾼이었다. 일부의 스토리가 현실성이 없어 보이면 그는 그것을 예술적으로 구사해 가는 천재적인 능력이 있었다. 예를 들면, 란노크 무어(Rannoch Moor) 북쪽 끝에 있는 어떤 별장에서 침대에 누워서 창문 너머에 있는 사슴을 쏘았다는 이야기를 했는데, 나는 그것을 당시에는 무시했으나 존이 죽고 나서 몇 년 후에 우연히 그것이 사실이었다는 것을 알게 되었다.

두 번째 신디케이트 당시 세무사인 나는 자영업자였고 다양한 많은 고객이 있었는데, 대부분은 예술 분야와 대학에서 프리랜서로 일하는 사람들이었다. 나의 사업 파트너인 페니(Penny)는 국세청과 약간의 문제가 있어 그것을 해결하기 위해 스트래스클라이드 대학의 한 친구와 미팅을 잡았고, 거기에 그 친구도 있었다. 우리는 약속 당일 미팅 장소에 정시에 도착하여 요구 사항들을 모두 잘 처리했다.

그 후, 커피를 마시며 앉았을 때 존이 "당신이 핍으로 알려져 있는 사람인지요?”라고 물었다. 공식 석상에서는 전체 이름(full name)을 사용했기에 그는 확인 차 내게 물었던 것이다. “그리고 혹시 젊었을 때 등반가이셨나요?” “예, 맞아요. 근데 왜요?”라고 나는 물었다.

존은 잠시 머뭇거리더니 “그렇다면 우리는 이전에 만난 적이 있고, 우리의 마지막 만남은 당신이 나를 죽이겠다고 위협했을 때입니다.”라고 했다. 나는 언제나 매우 평온한 성정의 사람이었기 때문에 그 말은 내게 충격 그 자체였다 해도 과언이 아니었다. 나는 믿을 수 없다는 투로 “당신은 아마도 나를 어떤 사람과 착각하고 있는 것이 틀림없어요.”라고 말했지만, 존은 단호히 “나는 절대로 그렇게 생각하지 않아요.”라고 하면서 내게 다음 이야기를 상기시켜 주었다.

몇 년 전, 내가 젊고 어리석기 짝이 없었을 때 글렌코(Glencoe)의 어느 비 오는 일요일이었다. 글렌코의 비 내리는 일요일은 정말 침울하며, 아마도 캄차카(Kamchatka, 서쪽으로 오호츠크해, 동쪽으로 베링해 사이에 있는 러시아 극동의 동부에 위치하고 있는 반도)만큼 나쁠 것이다. 그날 친구 더걸(Dougal)과 나는 딱히 할 일도 없고 해서 글렌코 주변을 배회하면서 펍에 가봤자 등산객들로 가득 차 있을 것 같아 오토바이를 타고 북쪽으로 향했다. 우리는 단단한 암벽을 오르기 위해 에든버러에서 먼 길을 왔는데, 그날은 비가 왔고, 빗속에서 암벽을 오르는 것은 마음 약한 사람들은 절대 할 일이 아니다. 젖은 바위에서는 미끄러지기 매우 쉬울 뿐만 아니라 건조한 상태에서는 쉽게 오를 수 있는 직선 경로도 젖으면 죽음의 덫이 되기 때문이다. 다시 말하면 아무리 잘 알고 있는 암벽이라 할지라도 실패할 가능성이 매우 높다. 비 오는 날에 오르다 실패하면 우리의 명성에 타격이 될 뿐, 아무도 그 바위가 젖었다는 사실을 감안해 주지 않을 테니 어쩔까 하는 고민 끝에, 결국 우리는 모든 산악인이 실패하는 아오나크 더브(Aonach Dubh, 스코틀랜드 동북쪽, 글렌코에 위치한 다양한 지질층으로 구성되어 있어 오르기가 거의 불가능하다고 소문난 산)의 북쪽을 가로질러 도전하기로 했다.

그것은 위험하고 실패할 확률이 높으며, 많은 훌륭한 등반가들이 이곳을 오르려 했지만 성공하지 못했다. 설령 우리가 실패한다 해도 최소한 우리보다 더 훌륭한 등반가들의 대열에 끼게 될 것이다. 즉, 그들처럼 '죽을 수도 있다.'라는 말이다.

아오나크 더브는 정말 끔찍한 곳이다. 계곡 위로 어렴풋이 보이는 거대하고 딱정벌레 같은 북쪽 절벽은 대부분 수직이고, 수직이 아닌 곳은 돌출되어 있다. 등반가에게는 깎아지른 듯 돌출된 바위가 어려움을 안겨주기는 하지만, 그 문제는 객관적인 힘, 민첩성 및 순간의 지혜로 해결될 수 있는 부분들이다. 그러나 아오나크 더브의 표면은 돌들이 느슨하게 놓여 있고, 돌출부는 대부분 풀로 덮여 있어서 이런 두 가지 양상 때문에 불안해하는 등반가들은 접근 방식을 결정하기가 어렵다.

그 산에 대해 한 가지 말할 수 있는 것은 계곡 전체를 잘 볼 수 있다는 것이다. 더걸이 정면을 향해 돌진하고 있는 동안, 나는 시간이 좀 걸리긴 했지만 그를 따라잡을 수 있었다. 젖은 상태였지만, 예상보다 그리 나쁘지 않았고, 아래를 내려다보니 두 명의 등반가가 암벽 아래 길을 따라 올라가는 것도 볼 수 있었다. 그들은 손을 흔들었고, 빌레이(belay)가 좁았음에도 불구하고 나도 최선을 다해 손을 흔들어 화답했다. 그리고 몇 시간이 지나고 더 많은 시간이 흐른 후, 우리는 아래위나 좌우 모두 뚜렷한 '길'이라고는 없는, 얕은 홈에 매달려 붙어 있다거나 바위에 '붙잡혀' 있다는 것이 더 나을 듯이 있는 자신들을 발견하게 되었다. 뿐만 아니라 나 포함 두 사람이 발을 붙이고 서 있던 곳은 내려앉을 곳을 찾는 참새라도 곤란했을 정도로 협소한 '어떤' 자리였다. 결코 유쾌한 시간이라 말할 수는 없었다. 상황은 악화되어 위쪽 어디에선가 비명 소리가 들리고 뒤이어 틀림없는 바위 사태의 우르릉거리는 소리가 들려왔다. 의심할 틈도 없이 우리는 속히 협곡에서 빠져나왔다. 정신을 차리고 보니 우리는 몇 분 전에 우리가 조사한 바에 의하면 '인간의 생명을 품을 수 없는 곳'이라고 판단했던 한 돌출부 아래에 몸을 숨기고 있었다. 값비싼 장비들을 끌고, 바위들이 홈 아래로 으르렁거리며 무너져 내렸다.

그날에 관한 다른 기억들은 잘 나지 않는다. 산에서의 힘든 6시간 후, 결국에는 모두 산을 벗어났고 밤이 되었다.

그런데 어둠이 내리기 전에 그 문제를 야기한 두 젊은이가 내 앞에 나타났다. 그때까지도 나는 고통 속에 있었기 때문에 내 앞에 다시 나타나면 그때는 살려두지 않을 거라고 위협적으로 악담을 퍼부었다고 한다. 그러니까 그 두 젊은이 중 한 사람이 존이었다는 것이다. 그들이 그 후로 내 앞에 나타나지 않은 것은 전적으로 나의 잘못이었다.

그래서인지 약 2주 후에 나는 네메시스(Nemesis, 이길 수 없는 상대 또는 라이벌, 그리스 신화의 신성한 보복의 여신)와 운명적으로 맞닥뜨리고 말았다. 이번에는 바위가 단단하고 건조했는데도, 아마도 그래서 더 힘들었을 수도 있었지만, 나는 그만 약 50미터 아래로 추락하고 말았다. 간신히 산기슭에서 자라는 커다란 주니퍼(juniper, 향나무) 덤불 덕분에 살아남을 수 있었다.

그날 이후, 나는 주니퍼베리(juniper berry)로 만들어지는 진(gin)을 아주 사랑하게 되었다. 그날 내 친구 아서(Arthur)는 의심할 바 없이 내 생명을 구해 주었고, 우리는 계속해서 흥미로운 경력을 쌓아나갔다. 그는 모리셔스(Mauritius, 인도양의 작은 섬)에서 바람직하지 않은 사람으로 쫓겨난 후, 파리의 멤피스 슬림(Memphis Slim) 재즈 밴드의 하모니카 연주자가 되었다. 폴커크(Falkirk, 스코틀랜드의 한 지역) 출신으로는 세계적 수준의 재즈 하모니카 연주자가 된 유일한 사람이다. 더 많은 일화들이 있지만, 그것은 또 다른 이야기이므로 기회가 되면 들려주겠다.

죽음의 고비를 함께 넘긴 존과 나는 그 후에 서로가 살아 있는 동안, 긴밀한 우정을 지속적으로 쌓아나갔다. 우리는 보트와 위스키, 스코틀랜드의 서해안을 두루 다니며 즐겁고 유쾌한 삶을 함께 나누는 '애주가 엔터프라이즈', '하이 징크(High Jinks)'로 주변 사람들에게 알려졌다.

존은 신디케이트의 창립 회원이 되었고, 그가 글래스고(Glasgow)에서 일했기 때문에 우리는 도심에 있는 오래된 '호스 슈 바(Horse Shoe Bar)'에서 자주 만났다. 어느 날 점심시간에 맥주를 마시면서 존에게 스카치위스키 산업에 대한 조언이 필요하다고 말하자 그는 즉시 "그런 사람을 알고 있어. 러셀 샤프(Russell Sharp)!" 하고 하이 톤으로 말했다.

러셀 샤프는, 나보다 좀 늦은 시기의, 활동적인 또 다른 산악인이었고, 양조업자로 시바스 그룹(Chivas Group)의 수석 화학자였다. 궁극적으로 스카치위스키의 품질을 책임지고 있는 최고 인물이었다. 러셀은 바에서 맛있는 파이와 좋은 맥주에 대해 설명해 주면서 신디케이트 위스키 품질의 우수성을 두 가지로 귀결시켜 주었다.

첫째, 위스키의 향미 성분 중 약 80퍼센트는 캐스크의 숙성에서 파생되며, 캐스크에 따라 풍미는 성분이 다양해지기 때문에 위스키의 풍미에는 캐스크가 매우 중요하다는 사실이었다. 우리는 운이 좋았다. 왜냐하면 위스키를 제공해 주는 글렌파클라스 증류소는 숙성을 위해 수년간 아주 질 좋고 값비싼 캐스크를 구입해 왔기 때문이다.

둘째, 우리 신디케이트는 냉각 여과 과정을 거치기 전의 '여과되지 않은 원액의 풍미(unfiltered full flavour)'를 모두 맛볼 수 있다는 장점이 있었다. 통상적으로 업체는 공정 과정에서 캐스크의 알코올 강도를 약 60퍼센트에서 40퍼센트까지 희석하게 된다. 이는 차가운 온도에 저장하게 되면 침전물이 생기므로 이를 방지하기 위해 냉각 여과 과정을 거치게 되는데, 이 과정에서 위스키의 결정적인 맛의 일부들이 제거되기 때문에 소비자들은 공정된 위스키의 알코올, 즉 40퍼센트에서 갖는 '여과된 부분적 풍미(filtered partial flavour)'만 접하게 된다는 것이다.

러셀은 신디케이트 위스키를 상업화할 생각을 하고 있다면 그것은 절대 이루어질 수 없으니 꿈도 꾸지 말라고 조언 또한 덧붙였다. 왜냐하면 스카치위스키 산업단체들은 오래전부터 자신의 씨족(clan)이 아닌 사람들은 어떤 수단으로든 배제하기 때문이라고 했다.

만일 우리가 라벨에 증류소 이름을 사용하게 되면 상표 침해 및 기타 다양한 법적 조치로 소송 책임을 지게 될 것이란다. 우리가 상대해야 할 사람들은 돈이 많고, 확실히 월급 값을 하는 똑똑한 변호사 또한 고용하고 있기에 싸우기가 불가할 것이라 했다. 러셀은 이런 여러 가지 소화불량을 겪을 만한 불가능한 이야기를 계속 해댔지만, 결론은 "그래도 좋은 생각이에요. 방법을 찾는다면 기꺼이 나도 참여하겠어요." 라고 말했다. 그 말은 상황을 불가능에서 가능으로 완전히 역전시켜 주었을 뿐만 아니라 우리는 최소한 위스키의 품질 관리에 관해서는 걱정하지 않아도 될 업계 최고의 기술전문가 한 명을 회원으로 둘 수 있게 되었다는 의미이다.

러셀은 직업상 알고 있는, 하지만 대중들에게는 잘 알려지지 않은 정보를 우리에게 알려주었다. 그렇다고 비밀은 아니었다. 그것은 위스키 업계에는 글렌파클라스 캐스크보다 더 훌륭하고 독특한 몰트위스키가 재고로 많이 방치되어 있다는 것이었다. 왜냐하면 아무도 그것을 마케팅할 아이디어가 없었기 때문이다. 잘 접근한다면 업계와 중개업자들은 그리 큰돈이 아닐지라도 기꺼이 처분해 버리고 싶어 할 것이라고 알려주었다. 더불어 러셀은 우리에게 새로운 장을 열 수 있는 두 가지 사항을 설명해 주었다.

스카치위스키는 브랜드 정체성을 바탕으로 판매되며, 이에 따라 모든 병의 위스키 맛은 동일성이 요구되기 때문에 블렌딩하는 사람들은 맛이 좀 특별난 캐스크의 위스키는 절대 사용하지 않는다고 말했다. 빙고! 우리에게 기회의 창이 열리는 것이 보였다.

CHAPTER 4

리스, 더 볼츠, 앤 다나
Leith, The Vaults, Anne Dana

위스키에 대해 이런 지식을 갖고 신디케이트 전체 회원 회의를 소집하고, 발견한 사실들을 설명한 다음 몰트위스키를 더 널리 알리기 위한 회사 설립을 제안했다. 나는 돈을 많이 벌기 위해 영리한 '씩씩거림'으로 그것을 제안하지 않았다. "여기에 스코틀랜드 최고의 것이 있는데, 우리 동족인 스코틀랜드인들에게 외면당하고 있고, 이로 인해 소수의 사람, 특히 외국인들은 많은 돈을 벌고 있습니다. 이것은 분명 잘못된 일이며 이런 것을 바로잡는 것은 우리 의무입니다. 그 의무를 수행하고, 회원들은 쉽게 접할 수 없는 최고 품질의 위스키를 마시면서 행복할 수 있다면 누가 그것에 대해 불평할 수 있겠습니까?"라고 했다.

계획은 매우 간단했다. 개인 유한 회사를 설립하고 위스키 캐스크를 몇 개 사서 그 내용물을 병에 담아 판매용으로 광고하는 것이었다. 신디케이트에 대한 소식이 산불처럼 퍼져 나갈 것이고, 업계에 쌓여 있는 재고를 처리해 주는 것은 문제없을 것이다. 나는 '예비 투자자'들에게 분명히 방해물 또는 장애물이 나타날 것이지만, 우리는 분명 극복해낼 수 있는 방법론 또한 찾을 수 있음을 확신시켜 주었다. 대다수의 열정적인 신디케이트 회원들은 그런 벤처에는 두 손 들고 기꺼이 현금을 기부하겠다고 말했다.

하지만 우리 중 누구도 큰 부자가 아니었기에 현금 기부 금액이 크지 않을 것을 예상하고 있었다. 단지, 몇 사람만이 무슨 이유에서인지 이의를 제기했는데, 그것은 나중에 밝혀졌지만, 회사 이름에 관한 것 때문이었다. 우리는 논의했다. 넴 컴(nem com, 아무도 반대하지 않음)으로 동의된 'The Scotch Malt Whisky Society'로 명명했는데, 변호사가 이 이름을 탐탁지 않게 생각했다. 왜냐하면 정당한 이유 없이 국가적 중요성을 내포하는 회사 이름은 등록 허가가 나지 않을 것이기 때문이라고 했다. 예측대로, 상공회의소 등록원은 회사 이름을 그리 거창하게 지어야 하는 이유에 대해 물었다. "실제로 이 회사 미래의 주주는 스카치 몰트위스키 협회가 될 것이고, 내가 아는 한 다른 이름은 없다."고 설명했다. 그는 충분하다고 수긍하며 흔쾌히 그 이름을 허락해 주었다.

타이밍은 아주 완벽했다. 적절한 시기에 꼭 맞는 일을 해낸 것이다. 몰트위스키에 대한 관심은 지난 20년 동안 커졌다. 국경 너머 어디에도 그런 기미가 없었고 주로 스코틀랜드에만 국한되었다.

글렌피딕(Glenfiddich)은 싱글 몰트 병입으로 선두를 달리고 있긴 했지만, 블렌디드를 마시는 소비자들의 관심을 끄는 데 더 노력했기 때문에 선두라 말할 수는 없었다. 맥캘란(Macallan)은 1970년대부터 셰리 캐스크 숙성 정책에 심혈을 기울이고 있었기 때문에 이를 맛본 사람들은 정교한 캐스크에서 이루어진 위스키 숙성의 이점에 대해 설명할 필요가 없었다. 글렌파클라스(Glenfarclas) 역시 오랫동안 좋은 캐스크를 구입해 왔다. 그리고 다른 소수의 증류소들도 그랬지만, 그렇다고 아무나 최고급 위스키를 만들 수 있는 것은 아니었다.

스카치위스키에 관한 책이 많이 있지만, 대부분은 스코틀랜드의 낭만적인 이미지, 즉 하일랜드 글렌(glens)-타탄(tartans)-파이퍼(pipers)-해리 로더(Harry Lauder)와 위스키를 동일시해 묘사하여 너덜너덜한 누더기같이 편집되었다. 그런 책들은 위스키 책이라 할 것이 못 된다. 하지만 한 권의 책이 변화를 가져왔다. 1969년에 출판된 데이브 다이체스(David Daiches)의 *Scotch Whisky, Its Past and Present*(스카치위스키의 과거와 현재)이다. 그는 대부분의 작가들과 달리 조국인 스코틀랜드와 그 역사와 사람들에게 깊은 애정과 이해를 지닌 진지한 학자였다. 이 책은 감상적이지 않고 서정적이며, 1935년에 출간된 닐 건(Neil Gunn)의 *Whisky and Scotland*(위스키와 스코틀랜드) 이후, 처음으로 위스키 기업의 관행을 객관적으로 살펴본 깊이 있는 책이었다.

실제로 1980년대 몰트위스키가 표면상으로 떠오르게 된 계기는 1950년대 초부터 스코틀랜드에서 소리 없이 성장해 오고 있던 문화혁명에 의해서이다. 이는 스코틀랜드인의 이미지가 품격 없는 뮤직홀 같은 곳에서 웃음거리를 파는 대상으로 표현되어 오던 것과 달리 그들이 진정한 스코틀랜드인으로서의 자부심과 정체성을 재발견하는 과정이었다. 이 르네상스의 주된 요인은 민요운동이었는데, 그 중 하나가 이 이야기의 뒷부분에 등장한다.

메시지는 매우 간단했다. 실제 스코틀랜드는 지금까지 사람들이 인지하고 있는 스코틀랜드보다 그냥 둘러보기만 해도 쉽게 알 수 있을 정도로 훨씬 우월하다. 몰트위스키, 특히 원액의 싱글 캐스크 버전에 관한 이야기는 완벽하게 스코틀랜드인(Scottish)들에게 뿐만 아니라 영국인(English)들에게도 어필된 것 같았다.

그것이 옳다는 것은 다른 이유로도 설명할 수 있다. 스카치위스키 산업은 전 세계적으로 판매량이 감소해 가는 경기 침체에 빠져 있었고, 업계를 운영하는 사람들 역시 이 난제를 어떻게 풀어나가야 할지 아무도 알지 못했던 반면, 아이러니하게도 그 업계에 종사하는 고용인들은 세상에서 가장 풍미 있는 양질의 (몰트)위스키를 마시며 재고정리에 다소 기여하고 있었다. 이것은 우리에게 아주 좋은 기회였고, 우리는 그것을 놓치지 않았다.

더욱이 이런 상황은 매우 효과적인 마케팅 도구가 되었다. 최고급 몰트위스키가 이렇게 '사장' 되어 있다는 사실은 큰 이야깃거리가 되었으며, 언론에 이런 사실이 게재될 때마다 업계 대형 마케팅 부서가 시기할 만큼 우리는 엄청난 홍보 효과를 얻을 수 있었다. 그것은 우리 협회의 이야기이고, 무엇보다 사실이기도 했다. 우리는 이 이야기를 상기시키며 계속해서 위스키 업계에 홍보하고 있었고, 점진적으로 위스키 업계는 우리가 무엇을 하고 있는지 깨닫게 되기까지 거의 10년이라는 시간이 걸렸다. 그러는 동안, 스코틀랜드의 가장 큰 비즈니스 아이템이었던 위스키 판매량이 계속 하락세를 보이고 있었던 것은 결코 우연이 아니었다. 위스키는 스코틀랜드의 가장 큰 산업이다!

그 시점에 몰트위스키를 보유할 수 있게 되었고(비록 공급에 대한 확실한 보장은 없었지만), 수익으로 약간의 현금도 만질 수 있게 되었다.

분명 회사를 위해서는 건물이 필요했다. 당시 나는 사무실, 숍, 병입 라인으로 사용할 수 있는 장소를 염두에 두었기에 규모가 적당해야 하고, 대부분의 신디케이트 회원이 에든버러에 살고 있었기 때문에 그 주변에 있는 장소라야 했다. 당시에도 도시 중심부는 부동산 가격 때문에 실용적이지 않았기에 그런 장소를 찾기는 쉽지 않았다. 길 아래에는 도시 확장으로 인해 환경적으로는 복잡했지만, 도덕적으로 다소 고립된 채로 존재하는 오래된 항구 도시인 리스(Leith)가 있었다. 여기서 초창기부터 오래 살았던 본토박이들(Leithers)은 그들 나름의 자부심을 갖고 있었다. 북쪽 편의 바운더리 바(Boundary Bar)는 그곳 사람들을 사회적으로 낮은 계층으로 여기는 경향이 있었지만, 리스 사람들은 그런 것 따위에는 전혀 신경 쓰지 않았다.

그 당시 리스는 다른 곳과 매우 달랐다. 높은 연립 건물 벽들은 여러 세대에 걸쳐 흙과 연기로 인해 얼룩져 있었고, 리스의 중앙 도로인 리스 워크(Leith Walk)는 도시 중심부에서 자갈이 1마일 아래 항구까지 깔려 있었다. 이 길의 대명사는 술집과 창녀들이었다. 그래서 당시 그곳에 고급 레스토랑이 거의 없었다는 사실은 그리 놀랄 일이 아니다. 아니, 사실은 딱 한 곳이 있었는데, 내 친구 이언 루스벤(Ian Ruthven)과 헬렌 루스벤(Helen Ruthven)이 오래된 셰틀랜드 페리(Shetland ferry) 터미널 근처의 어두운 구석에서 스키퍼(Skippers, 생선과 감자튀김(fish&chip)을 파는 작은 가게)를 운영하고 있었다. 최소한 그들은 리스의 이미지가 잘못 인식되어 있던 그 시절에, 선구적인 도시 복원가 역할을 했다. 오늘날까지도 여전히 리스 마을의 선두적인 호스텔리(hostelries, 음식과 숙박을 제공하는 술집이나 소규모 호텔) 중 하나로 워터프런트 와인 바(Waterfront Wine Bar)를 경영하며 굳건히 자리하고 있다.

워터프런트는 말 그대로 물 앞에 있는 부두이다. 한때는 셰틀랜드로 가는 보트의 터미널이었던 자리에 위치하고 있다. 이언(Ian)과 나는 장어를 좋아하는데, 공급 업체를 확보할 수가 없어서 말 대가리(horse's head, moonfish, 매우 납작한 몸체를 가진 여러 은빛 바닷물고기 중 하나) 미끼를 구해 부두에 내려놓기로 작전을 세웠다. 이틀 후쯤, 시간 맞춰 점심시간에 미끼를 들어 올리면 살아 있는 장어들이 함께 올라왔다. 이언이 요리하여 고객들에게 기쁘게 서빙하곤 했다.

'리스의 물(망각의 물인 the water of Leth와 혼동하지 말 것)'은 마을을 통과하여 옛 항구까지 그리고 그 너머 부두와 포스(Forth) 강 어귀까지 흐르는 작은 강이다. 구 시가지에는 술집과 세입자 그리고 많은 창고, 특히 위스키 창고들이 있었다. 대부분의 창고가 정말 오래되었지만, 일부는 여전히 괜찮은 것도 있었다. 그 중 가장 훌륭한 건물은 높은 둘레와 대문 뒤에 윈스턴 잔해 벽이 있는 4층 건물이었다. 그것은 단순한 아치형 방이 있는 항구의 오래된 다른 볼츠 건축물과 달라서 그 독특함을 나타낼 수 있는 이름에 정관사를 붙이므로 고유명사, '더 볼츠(The Vaults)'라고 불렸다.

나는 오랫동안 그것을 감탄하며 관망해 왔지만, 사실 벽 뒤에서 무슨 일이 일어나고 있는지 전혀 알지 못했다. 어느 날, 용기를 내어 모든 것이 내가 구상한 대로 잘될 것이라 생각하고 문으로 들어가서 외벽을 따라 1층으로 연결되는 돌계단을 올라갔다.

한 접수원이 내게 누구인지 물었고, 내 질문에 대한 대답으로 "여기는 스코틀랜드에서 가장 오래된 와인 상인 제이 지 톰슨 회사(J. G. Thomson&Co.) 건물입니다."라고 말했다. 나는 담당자가 누구이며, 만날 수 있는지를 정중하게 물었다. 그녀가 책상의 버튼을 누르자 검은 양복을 입은 대머리 중년 남성이 나타났고, 나는 간단하게 그 건물에 대한 관심을 설명하고 혹시 이 건물을 매입할 수 있을지 물었다. 그도 간략하게 회사가 한 달 안에 새로운 건물로 이전할 예정이며, 회사에서는 합리적인 제안을 호의적으로 받아들일 것임을 확신한다고 말했다. 그 말을 듣는 순간, 어떤 뭔가에 의해 상황이 컨트롤되고 있는 것 같은 '자이트가이스트(zeitgeist, 시대정신 : 당시의 아이디어나 믿음을 통해 드러나는 특정 순간이나 시기를 정의하는 정신이나 분위기)'가 생각나며 목 뒤가 뻣뻣해지는 짜릿하고 미묘한 감정을 느꼈다.

그는 건물 내부를 보여주겠다고 했다. 건물은 실제로 안뜰에서 계단을 통해 들어가는 4개의 고대 볼츠(vaults, 둥근 천장) 위에 서 있었다. 계단은 수 세기 동안 사용되었기에 계단 중간 부분이 낡아서 움푹 들어가 있는 상태였다. 축축하고 어두운 터널과 연결되는 4개의 방이 있었고, 방에는 보르도(Bordeaux)에서 가져온 와인 캐스크들이 검은 곰팡이가 핀 채로 낮은 천장에 걸려 있었다. 그라운드층 위에는 또 다른 4개의 방이 있었는데, 그 중 3개의 방에는 스톤 베이들(stone bays)이 늘어서 있고, 일부는 아직도 와인 병이 비스듬히 옆으로 기울어진 상태로 놓여 있었다. 네 번째 방은 놀라웠다. 흰색으로 칠해진 방에는 두 개의 창문이 있고, 그 사이 벽에는 벽토 가리비 껍질로 치장된 반침(alcove, 움푹 들어간 벽의 부분)이 있었다. 벽난로와 벽에는 정교한 회반죽 치장들이 많이 있었는데, 무척 오래되어 보였다.

톰슨 씨의 사무실은 1층 계단을 올라가 있었다. 그 중 두 곳은 아주 인상적이었다. 계단 왼쪽에 있는 공간은 두 개의 큰 창문이 있는 멋진 방이었다. 그 사이에는 마호가니 캐비닛이 비치되어 있었고, 문을 열면 수도꼭지가 있는 싱크대 하나와 와인 잔을 거꾸로 걸어둘 수 있는 선반이 있었다. 분명히 와인 시음가의 방이었다. 그리고 작은 로비가 있고, 그 오른쪽에는 똑같이 또 다른 놀라운 방이 있었다. 건물 끝 전체를 차지하는 넓은 방 천장 높이는 위층까지 올라가고 있었다. 벽난로 두 개와 높은 창문들, 책상과 의자가 가득해 마치 사무실처럼 보였다. 그 건물의 위층은 반쯤 비어 있었지만, 몇 세대 동안 병과 주전자에 담긴 와인을 보관하는 창고로 사용되었던 잔해들이 남아 있었다.

나중에 확인된 결과, 약 14세기경부터 이 건물이 여기에 자리하고 있었다는 것을 알았다. 문서상으로 확실한 기록은 거의 없지만, 최고 영주, 레스탈리그(Restalrig)의 '봉건 임기식(Feudal tenure, 중세 유럽의 토지 소유 제도로써 영주는 봉건 영주에게 군 복무나 충성을 대가로 토지를 하사하므로 토지 소유와 의무에 있어 위계적 구조를 형성했는데, 왕이 정점에 있고 그 아래에는 하위 영주와 봉건 영주들이 있었으며, 모두 상호 의무를 가졌음)' 개최를 위해 뉴배틀 수도원(Newbattle Abbey)의 수도사들이 사용한 것으로 보인다고 했다. 수도사들, 더 정확하게 말하면 영주의 '농노'는 척박한 미드로디언(Midlothian) 땅에서 석탄을 캐서 수레에 싣고, 더 볼츠 건물 아래에 있는 강둑으로 끌고 가서 그곳에서 프랑스에서 들어오는 포도주를 받고, 대신 석탄을 배에 실어주는 물물교환을 했던 것이다. 이 지역은 오늘날까지도 여전히 '콜힐(Coalhill)'이라고 불리지만, 그 이유를 아는 사람은 거의 없다. 종교 개혁 이후, 건물은 당시 중세 공예 길드(guilds) 중 한 사람의 손에 넘어가서 리스 부두의 와인 상업단체였던 '빈트너 길드(Vintners' Guild of the Port of Leith)'에 의해 통제되었던 것으로 보였다.

화려한 벽토 치장이 있었던 방은 길드의 의장이 프랑스에서 들여온 포도주를 경매하던 곳이었으며, 그래서 오늘날 이 방을 아직도 빈트너스 룸(Vintners' Room)이라고 부르고 있다. 존 톰슨은 1705년에 지하에 둥근 천장이 있는 단층으로 구성된 이 건물을 매입했다. 1785년에 그의 후손들이 리투아니아(Lithuania)에서 배로 거대한 목재 들보를 들여와서 현재의 4층 건물을 세웠는데, 그 회사는 여전히 건재했고, 내게 그런 그의 건물을 팔겠다고 제안하고 있다! 그 건물이 600~700년 동안 주류 거래에 사용되었고, 우리가 그곳에 회사를 설립함으로써 스코틀랜드 전통을 계승해 나갈 수 있다는 사실이 내게 엄청난 열정으로 다가왔다. '전통성', 이것은 내가 끊임없이 주장해 왔던 삶의 신조 중 하나였고, 이곳에서 그 전통성 고수 하나만은 확실하게 실현시킬 수 있다는 놀라운 사실이 나를 무척 가슴 벅차게 했다!

건물 복원에 대해서는 자세히 다루지 않겠다. 우리 다섯 명은 건물을 사기 위해 현금을 내놓았다. 우리 회원 중 한 명인 벤 틴달(Ben Tindall)이 건축가 역할을 맡았다. 그는 끔찍할 정도로 어려운 프로젝트를 훌륭하게 해냈다. 나는 모자라는 자금지원을 위해 정부 보조금을 받을 수 있는 계획을 고안했다. 하지만 건물 구조가 측량사가 처음에 예측

했던 것보다 훨씬 더 문제가 많은 것으로 밝혀져 재정적인 문제 때문에 결국 우리는 회사를 청산해야 했고, 우리 다섯 명은 모두 돈을 잃었다. 이런 일이 있었지만, 우리가 건물의 일부 중 가장 중요한 부분을 재매입 하게 되어 협회 일은 지장 없이 계속해 나갈 수 있었다. 재정적으로 다소 가난해지기는 했지만, 그렇게 하는 것이 현명한 일이라 믿었다.

건축 프로젝트를 막 시작하면서부터 나는 대부분의 시간을 리스에 서 보냈으며 너무 이런저런 할 일들이 많이 생겼기 때문에 비서를 구하 는 광고를 냈다. 나는 그 일에 적합한 사람을 찾긴 했지만, 또 다른 유망 한 지원자 한 명을 더 인터뷰하기로 했다. 그녀가 도착했을 때 즉시 나 는 그녀의 분명한 통찰력, 직설적인 말투, 훌륭한 스코티시 억양에 깊 은 인상을 받았다. 나는 상황을 설명하면서 이것은 곧 아주 투자성 있 는 사업이 될 것이라고 말해주었다. 그리고 그에 따른 계획들을 설명해 주었다. 그녀는 꽤 관심이 많았다. 그래서 앤 다나(Anne Dana)는 현재 협 회, 더 볼츠 사무실의 매니저가 되었다. 지금 그녀는 회사의 총책임자 전무이사로서 입소문과 품질 높은 위스키로 인해 협회가 급격히 성장 함에 따라 협회의 총체적인 운영책임자가 될 예정이다.

당시 장소는 건축 현장이었으므로 협회 사무실 바닥에 구멍이 나 서 아래층 작업장에서 먼지가 올라오는 상황에도 불구하고 그녀는 보 조직원과 함께 회원과 브로커들을 효율과 매력으로 다루어 나가는 타 고난 소질을 보여주었다.

CHAPTER 5

시음위원회와 돼지족발
The Tasting Committee and Some Pigs' Trotters

목마른 애주가들에게 협회 위스키를 더 많이 접할 수 있도록 신디케이트를 회사로 전환하는 것에 관하여 위스키 사업에 대해 조금이라도 알고 있는 사람들에게 아이디어를 자문해 보았다. 반응은 일반적으로 열성적이었지만, 회피하는 쪽도 있었다. "좋은 아이디어이다. 그러나…"였다. '그러나' 다음에는 타당한 이유들이 나왔는데, 그 중 내게 가장 설득력 있는 사항은 제품의 레이블링에 관한 것이었다. 다른 모든 장애물을 극복할 수 있다 해도 위스키를 생산한 증류소의 이름은 표기할 수 없다는 것이었다(각 증류소 이름은 소유권을 가진 '상표'로 등록되어 있으며, 해당 이름을 사용할 경우 법적 조치를 받을 수 있기에 불가하다는 결론이다).

중요하지 않은 작은 일로 좋은 생각들이 무산되는 것에 약간 짜증이 났다. 우리는 모든 장애물을 극복할 수 있는 방안들을 생각해냈는데, 왜 이 문제는 해결되지 않을까? 대답은 간단했다. '이름'이 없었기 때문이다. 나는 대학 시절에 복잡한 언어 철학을 몇 년 공부했었는데, 그것은 결코 헛되지 않았다. 뭔가의 정체성을 구분하기 위한 것이 반드시 이름이어야만 할 이유는 없다는 사실을 깨닫게 되었다.

그래서 우리는 특정 위스키의 이름을 번호로 식별, 명명했다. 각 라벨의 첫 번째 숫자는 원산지 증류소를 나타내고(그 숫자는 항상 해당 증류소를 표기), 다음 숫자는 각각의 캐스크를 식별한다. 나는 협회 위스키를 찾을 만큼 적극성이 있는 사람이라면 이런 방법은 문제가 되지 않을 것이라는 확신이 왔다. 오히려 이 방법은 이미 시작된 협회의 '몰트위스키 음모'에 가담한다는 느낌을 더욱 강화할 수 있다고 생각했다. 왜냐하면 사람의 심리는 감춰진 비밀에 가담한다는 것에 대해 본능적으로 쾌감을 가질 수 있기 때문에 그런 위스키를 마시는 것은 한층 즐거울 것이라 생각했다. 뿐만 아니라 어떤 이가 넘버링된 병 안에 어떤 위스키가 담겨 있는지 물어왔을 때 그 위스키의 이름을 알려준다고 해서 법적으로 제지를 받는 것은 아니기 때문이다.

이제 스카치 몰트위스키 협회가 설립될 단계에 이르렀지만, 상황이 어떻게 전개될지 아무도 알지 못했기 때문에 우리가 원하는 방향으로 생각을 전개시켜 나갔다. 놀랍도록 훌륭한 위스키를 어디서, 어떻게 구할 수 있는지 꾸준하게 문의가 들어왔다. 거의 모두 신디케이트 회원의 친구 또는 그 친구의 친구의 친구였다. 입소문이 가장 좋은 방법이었고, 실제로 그랬기 때문에 우리가 입을 닫고 소극적으로 가만히 앉아 있을 이유는 없었다.

콘래드 윌슨(Conrad Wilson)은 나의 오랜 사업 파트너인 페니(Penny)의 친구였다. 저널리스트인 그는 좋은 음식, 와인, 음악을 사랑하는 사람이며, 신문사 스코츠맨(The Scotsman)에서 레스토랑, 와인 및 음악 관런 평론을 담당하고 있는, 선망할 만한 사회적 지위를 갖고 있었다. 그는 또한 독자들에게 즐거움과 새로운 정보를 제공하는 진취적인 사람이었으며, 이를 위해 신문사 동료들에게 와인 시음회를 개최하곤 했다(대부분의 저널리스트들은 술을 많이 마시는 사람들이었기 때문에 어려운 문제는 아니다). 그 와인 시음 팀은 매달 한 번씩 토요일 신문에 기사를 게재했는데, 12개 정도의 와인을 맛본 뒤 서술하고 각 와인을 백 점 만점으로 등급을 매겼다. 그 모임이 단순히 좋은 와인을 마시기 위한 핑계가 아니었음을 알 수 있는 것은, 자신들이 하는 일에 매우 진지했기 때문이다. 그리고 모든 와인을 블라인드로 시음한 후, 받은 점수를 대조하고 평균을 냈다. 그들은 전체적으로 꽤 일관성이 있어서 일반 와인 시음을 본업으로 하는 사람의 수준 이상이라 말할 만큼 격이 높고 우수했다.

어느 날 저녁, 콘래드는 페니와 저녁을 함께했는데, 요즘 핍이 무엇을 하고 있는지 물었다고 한다. 그리고 들은 이야기에 관심이 있었는지, 다음날 아침에 내게 전화를 했다. 그는 협회 프로젝트에 대해 들었고, 초창기의 협회 이야기도 약간은 들어 알고 있다고 했다. 그는 협회를 방문했고 나는 기대에 부풀어 그에게 주변을 보여주었다. 위스키 한 잔을 맛본 후, 그는 그 맛에 완전히 매료되고 말았다. 그가 우리가 하고 있는 일에 흥미를 느끼도록 나는 더욱 힘써 어필했고, 두서너 잔을 마신 후에는 자기 신문사 스코츠맨 와인 시음 팀에게 우리 위스키를 맛보게 하겠다 했으며, 위스키 또한 와인처럼 당연히 시음되어야 한다고 조언해 주었다. 내가 기억하는 한 누군가가 위스키 또한 와인처럼 진지하게 시음 및 분석되어야 한다고 제안한 것은 그가 처음이었다.

약속한 날에 앤 다나는 미래의 회원실이 될 공간에 시음할 수 있도록 세팅을 하고, 첫 세션에 4종류의 위스키를 시음 잔에 담아냈다. 신문사의 시음 멤버들(자국의 음료에 대한 오랜 경험이 있고 그것을 사랑하는 스코틀랜드인들이었음)은 거의 황홀 지경으로 경이로워 했다. 수년 동안 와인을 시음, 분석하면서도 내가 기억하기로는 샤토 탈보(Chateau Talbot)에 최고 점수인 83점을 주었고, 그 이상의 점수로 기록된 적이 없었다. 여기서 가장 큰 관심사는 그들의 우수성 척도에서 우리의 위스키는 과연 얼마의 점수를 받게 될 것인가였다. 100점은 이 지상에서 실현될 수 없는 것이므로 배제하고, 그들은 4번의 하일랜드 파크(Highland Park)에 99점을 주었고, 나머지 3잔 또한 약간 낮긴 했지만 근사치에 가까웠다.

콘래드는 토요일 「스코츠맨」 신문 평론에 그 내용을 게재했고, 나머지 이야기는 위스키의 소우주(작은 세상)에서 역사적 전환점이 되었다.

스코츠맨 시음 팀이 맛본 위스키의 코멘트를 서술했으며 사용한 용어가 다소 비정통적이긴 했지만, 적어도 대중의 마음에 두 가지 사실을 심어주었다. 위스키 또한 와인처럼 시음, 분석될 수 있다는 사실과 품질 측면에서 대중의 예상을 완전히 벗어날 만큼 우수했다는 것이다. 그 결과, 협회 회원 가입 문의가 즉각적으로 쇄도했다. 대부분 그 신문 독자층은 로우랜드 스코틀랜드(Lowland Scotland)였는데, 영국(England)과 기타 지역에서도 기대 이상으로 많은 문의가 들어왔다.

콘래드의 글 덕분에 우리는 회원들이 와인처럼 위스키의 풍미를 표현해낼 수 있는 '구사어(descriptors, attributes)'를 만들어야겠다는 생각을 하게 되었다. 당시 위스키 애주가들은 대부분의 와인 용어들이 과시하고 싶어 하는 사람들을 위한 것들이 많다고 생각하고 있었다. 그러나 와인을 묘사하는 데 사용되는 추상적이고 불명확한 구사 어휘를 위스키처럼 의심할 여지없이 남성적이고 독단적인 맛의 성향에 적용할 것인지는 또 다른 문제였다.

나는 와인에 대한 책을 읽었고, 순전히 와인 설명만을 보기 위해 주간 신문들을 사서 읽었다. 일부 용어는 병행될 수 있겠지만, 위스키에는 대부분의 와인에서 발견할 수 없는 더 많은 풍미가 있기 때문에 다양한 용어를 고안해야 한다는 것은 분명했다. 그리고 위스키의 맛을 몇몇 사람이 적당하게 구사해내는 것이 아니라 공동으로 만들어 내야 한다고 생각했기에 나는 곧 위스키 시음위원회를 구성하기로 결정했다. 문제는 '누가 그 일에 참여하는가? 어떤 부류의 사람들이어야 하는가? 누가 시음 멤버들을 선택할 것인가?' 하는 것이었다.

나는 마지막 하나에 대해서만은 매우 분명했다. 내 인생에서 얻어진 무한한 자신감으로, 절대적으로 나도 참여해야 한다고 마음먹었다. 그리고 나는 러셀 외에 우리 협회 회원 중에는 누구도 적합한 사람이 없다는 것을 잘 알고 있었다. 의심할 바 없이 협회 회원들은 멍청하게 새로운 아이디어 없이도 충분히 할 수 있다고 생각하고 있었다. 왜냐하면 나는 협회 회원들이 내가 하던 일을 그냥 계속하도록 내버려 두는 경향이 있다는 것을 잘 알기 때문이다. 그래서 위스키를 마셔본 경험이 있고, 능숙한 언어 구사력을 가진 사람들을 찾아보았다.

책이나 주간 신문에 게재되는 와인 구사어 대부분은 직유나 은유 형태로 구성되어 있었다. 그러므로 우리의 위스키 시음자는 언어 지식을 잘 활용하여 러셀의 건조한 산문적 표현을 시적 요소로 잘 풀어낼 수 있는 사람들이어야 한다고 결론지었다. 그래서 나는 친구 몇 명을 초대하여 식탁 앞에 앉히고 술을 마시게 했다. 유일한 조건은 그들이 마시고 있는 위스키를 구사어로 풀어내야 한다는 것이었다. 이미 협회에서 위스키와 관련된 어떤 일들이 벌어지고 있다는 것이 소문으로 돌고 있었기 때문에 자원봉사자를 찾는 것은 어렵지 않았다.

러셀과 나 그리고 테이블 반대편에는 나의 가장 오래되고 소중한 친구 이언 더필드(Ian Duffield)가 있었다. 그는 원래 버밍엄(Birmingham) 출신으로 브럼마젬(Brummagem)을 말할 수 있을 뿐만 아니라 에티오피아의 고대 언어인 암하라어(Amharic) 또한 읽을 수 있었다. 그는 원래 신디케이트 일원이었으며, 역사가이자 최고의 활기찬 연설가였다. 당시 에든버러 대학의 켈트학 교수였던 윌리 길리스(Willie Gillies)도 합석했다. 영어와 게일어 모두를 구사하는 시인인 윌리는 훌륭한 새로운 어휘를 만들어 내는 데 능숙할 것이라고 확신했다. 내 생각에는 버나드 크릭(Bernard Crick)도 우리 중 한 명이었던 것 같은데, 그에 대해서는 나중에 설명하겠다. 그리고 하미시(Hamish)가 있었다. 그는 르네상스인이었으며, 군인, 학자, 민속학자였다. 그는 스코틀랜드뿐만 아니라 미국, 이탈리아, 독일 등지에서 전설과 민속을 주제로 글을 쓰는 시인이었다. 그는 대부분의 저녁시간을 샌디 벨(Sandy Bell) 바에서 보냈으며, 항상 그의 애완견 샌디(Sandy, 바 이름인 샌디와는 연관 없음)가 옆에 있었고, 그의 손에는 잔이 들려 있었다. 그의 「Freedom Come-All-Ye」는 스코틀랜드 사상계의 찬가가 되어 가고 있었다. 거기에 또 누가 있었는지 내가 잊었다고 해서 그리 실망할 일은 전혀 아니다. 왜냐하면 우리 무리 중에는 '반짝' 하고 빛날 사람이 거의 없었기 때문이다.

우리는 각각 시음해야 할 6종류의 위스키와 시음 잔과 물을 앞에 놓고, 내가 원하는 것이 무엇인지 엄중하게 설명했다. 그들은 먼저 위스키를 외관상으로 잘 살펴보고, 그다음 냄새를 맡고 그리고 물을 타서 다시 냄새를 맡은 후, 맛을 보는 순서로 지침을 받았다. 각 단계별로 위스키 안에서 인지된 냄새나 맛을 가능한 한 정확하게 구사해야 하는 미션이 주어졌다.

직유나 은유는 엄격하게 정확한 범위 내에서만 허용되었다. 모두가 엄숙하게 고개를 끄덕이고 첫 번째 위스키에 대해 이야기했다. 그 엄숙함은 오래가지 않았고, 윌리는 킬킬 웃음(a giggle)이라고 밖에 설명할 수 없다고 말했다. 박식한 켈트학 교수님에게서 합리적인 많은 것은 기대할 수 없어도 최소한 킬킬 웃음은 아닐 것이라고 생각했는데, 여지없이 킬킬 웃음이었다. 그리고 더 많은 것들이 있었지만, 사람의 언어라고 표현하기에는 역부족이었다 할 수 있다. 러셀은 분명히 사용 가능한 몇 가지 형용사를 내놓았고, 이언은 기대했던 대로 그의 재치와 통찰력을 보여주었다. 그러나 지금까지 내가 잔뜩 기대하고 있었던 하미시에게서는 아무것도 얻을 수 없었다. 그는 코를 잔에 대고 냄새를 맡거나 아예 코를 잔 위에 올려놓고, 조용히 아주 조용히 줄곧 위스키를 음미하기만 했다.

"자, 하미시~, 이제 네 차례야. 말해 봐. 어떻게 생각해?"라고 나는 물었다. 그는 마지못해 공상에서 빠져나오는 것 같았고, 나는 부처님께 턴닙(turnip, 서양의 무 종류)에 대해 이야기해 달라고 졸라대는 것과 같은 기분이 들었다. "아~" 하고, 드디어 그가 입을 열었다. "정말 좋은 위스키네요." 잠시 멈춘 후, 다시 "이거 말도 안 되게 진짜로 좋은 위스키예요."라고 말했다. 그것이 우리가 그에게서 얻은 전부였다. 축복받은 저녁이었다. 그가 감히 다음과 같이 말한 경우를 제외하고는. "이렇게 아름다운 위스키를 단순한 한마디 말로 표현하는 것은 부끄러운 일이에요. 아마 피브록(pibroch, 스코틀랜드의 대표 음악기구인 백파이프로 연주되는 음악 가락)이라면 모를까." 그것으로써 그날 저녁, 함께 모인 우리는 더 이상 우리가 모여 그 일을 하고 있는 이유에 대해 '어떤 용어'로 규명지어야 하거나 말로 표현해내야 한다는 강박감에서 벗어나 자유로운 영혼들이 되었다.

첫 번째 시음위원회의 실패를 인정해야 했다. 주로 러셀의 구사어를 바탕으로 내가 직접 시음 노트를 작성하게 되었고, 시음위원회는 이후에 개편되었다. 그렇게 큰 기대를 품지 않았더라면 우리는 그래도 뭔가 가치 있는 것을 만들어 냈다고 믿고 싶다. 첫 번째 뉴스레터를 회원들에게 보냈을 때(조심스럽고 우회적인 방법으로) 시음 노트와 함께 병에 어떤 맛의 위스키가 담겨 있는지를 알게 되므로 그들도 그 노트에 표기된 구사어에 동의하게 되었다. 오늘날 전 세계에서 찾아볼 수 있는 협회 위스키의 병 라벨이 그 증거로써 우리는 그때 전체 스카치위스키 산업이 본받아야 할 가치 있는 일을 해냈다.

우리는 가능한 사람에 따라 시음위원회를 수시로 개편했고, 거기에는 꽤 똑똑한 사람들도 있었다. 데이브 다이체스, 데릭 쿠퍼(Derek Cooper) 및 데이브 마멧(David Mamet)이다. 그들은 모두 자원봉사자로 즐기면서 재미있게 이 일을 수년 동안 해냈고, 가장 일관된 멤버는 러셀과 이언이다. 독자들을 위해 이언에 대해 몇 마디 언급하고 싶다.

이언 더필드(Ian Duffield)는 반세기 동안, 나의 가장 가까운 친구 중 한 명이었다. 친한 친구들이 그러하듯, 서로의 삶을 드나들며 살았지만, 언제나 술을 통해 항상 다시 만나곤 했다. 내가 그가 하는 모든 행동을 인정했는지는 확실하지 않지만, 그건 그리 중요하지 않다. 왜냐하면 그 또한 내 행동을 모두 인정했을 거라는 확신이 없기 때문이다. 그러나 서로 간의 우정은 결코 사그라지지 않았다. 확실히 내 편에서는 그랬고, 그도 그랬다고 확신한다. 그렇긴 하지만, 내가 이 글을 쓰기 두 주 전에 그가 죽었기 때문에 그의 최근 공적을 치하해야만 한다. 여러분은 이 책을 계속 읽으면서 여기에 등장하는 상당수의 사람이 이미 고인이 되었다는 사실을 눈치 챘을 것이다. 그들은 그것을 '나이가 들었다.'라는 말로 표현할 뿐, 본인들과는 무관한 것으로 여긴다. 무서운 치매에 걸리기 전에는 이언 또한 나이가 중요하다고 생각하지 않았을 것이다. 왜냐하면 나이가 들어감에도 불구하고 그때까지 그의 지성, 활력, 풍부한 재치가 전혀 줄어들지 않았기 때문이다.

처음 만났을 때부터 받아들여지는 사람이 있는가 하면, 반대로 시간이 갈수록 장점이 점차 뚜렷해지는 사람도 있다. 이언은 둘 다 아니었다. 나는 첫 만남에서는 그를 싫어했다. 그와 나의 상황은 더 좋아질 것밖에 없었기 때문에 차라리 더 좋은 시작이었다고 말할 수 있다.

우리는 아주 어렸고, 나와 결혼했던 레슬리(Leslie)가 고등학교 교사로 일하면서 우리를 지원하는 동안, 나는 독일 이상주의 철학들을 공부하며 휴일에는 트럭 운전사로 일했다.

어느 날, 레슬리는 같은 학교 동료 질 더필드(Jill Duffield)라는 친구가 근처에 산다고 했다. 질은 레슬리를 파티에 초대했는데, 추측컨대 아마도 나를 초대하기 위함이 아니었을까 싶다. 그들은 뉴타운의 더블린 스트리트(Dublin Street)의 꼭대기 아파트에 살았다. 그 부근의 주택은 높이가 5~6층이고 아파트는 각각 거리로 이어지는 공용 계단을 통해 들어가게 되어 있었다. 거리 문 옆에는 도어 벨 기능으로 당김줄 장치들이 여럿 있었는데, 각 당김줄 장치들은 전선과 도르래를 통해 소속된 아파트로 연결되어 있었다.

우리가 도착했을 때는 어두워졌고 질의 아파트 벨이라고 판단되는 줄을 당겼다. 그리고 기다렸다. 그 당시는 벨소리 외에는 다른 의사소통이 없었기 때문에 기다리는 것이 당연하게 받아들여졌다. 하지만 지금은 기억이 잘 안 나지만 무슨 이유 때문인지 나는 괜히 짜증이 올라왔다. 잠시 후, 계단에서 발소리가 들리더니 문이 열리며 놀라운 광경이 펼쳐졌다. 그는 붉은 곱슬머리, 붉은 수염, 붉은 코를 가졌고 상당히 키가 컸다. 그의 머리에는 일종의 반짝이는 장식이 달린 거꾸로 된 파이 모양의 노란색 모자가 올려져 있었다. 몸 전체는 피부색과 동일한 누런빛을 띠고 머리띠와 반짝이로 수놓은 긴 옷, 옷감이라는 표현이 더 적당할 듯한 것으로 가려져 있었다. 그는 발가락이 접힌 노란색 샌들을 신고 있었고, 자신이 가진 모든 치아를 온통 드러내고 환하게 웃으며, 우리를 안으로 안내했다.

당시 나는 멋진 것을 중시했기 때문에 다소 '유령' 같아 보이는 것들을 싫어했던 것도 당연했다. 내가 개인적으로 중요하다고 본인 스스로가 각인시켜 둔 멋진 행동거지들과 정반대 상황들이 벌어지고 있었다. 긴 계단을 오르는 동안, 이언은 계속 이야기를 했다. 그가 무슨 말을 했는지는 기억나지 않지만, 그 이후 반세기 동안 그와 나눈 대화를 생각해 보면 그때의 나의 심술궂은 마음이라도 인정했을 만큼 우리는 서로 놀라운 즐거움을 나눴다.

꼭대기 층에 도착했을 때 파티는 한창 시끄럽게 진행 중이었고, 파티에 참석한 다른 사람들은 호스트만큼 괴상한 옷을 입지는 않았지만, 그 호스트와 아주 잘 어울리는 부류의 차림들을 하고 있었다. 그 당시 에든버러에서는 보기 드문 흑색과 갈색의 얼굴이 제법 보였고, 모두가 동시에 말을 해대는 것처럼 들렸다. 그런데 그것은 매우 유쾌하여 나의 심술궂었던 마음도 서서히 사라지기 시작했다.

나는 많은 사람이 나와 이야기를 나누고 싶어 한다는 것을 알았다. 그들 중 누구도 독일 이상주의 철학에 대해서는 알고 싶어 하지 않았지만, 트럭 운전에 대해 이야기하는 것은 듣고 싶어 했다. 적어도 그것에 대해 내가 이야기를 한다는 것은, 내가 다니는 그 회사와 우호적인 관계로 잘하고 있다는 사실을 인정하는 것이기 때문이다. 그러나 나의 그런 대화를 완성한 것은 뷔페였다. 이언과 질은 지난 몇 년을 에티오피아에서 보냈고, 역사가로서 이언은 아프리카 역사에 전문적인 관심을 갖고 있었다. 아프리카 요리 과정을 수료한 뛰어난 요리사이기도 했지만, 나는 당시에는 그 사실을 몰랐다. 스프레드 메뉴(The Spread, 가볍고 고전적인 이탈리아 요리의 비밀 메뉴로 통상적으로 카운터에서 확인하고 주문함)에는 오늘날에도 이국적이라 생각되는 많은 별미요리가 진열되어 있었으며, 중앙의 큰 접시에는 돼지족발이 담겨 있었다.

　중국 요리가 대부분의 다른 문화와 다른 점 중 하나는 '쫄깃한' 질감을 즐긴다는 것이다. 오리발이 주는 영양소 때문에 오리발을 먹는 사람은 없지만, 대부분의 사람이 매운 껍질이 뼈에서 벗겨지는 그 느낌을 즐기기 위해 오리발을 먹는 것과 같이 해삼과 같은 혐오 동물을 먹는 것과 삶은 돼지족발도 같은 기준으로 이해될 수 있다. 스코틀랜드 동부 해안에 오랫동안 '콧물이 많은 소라(snottery buckie)'로 알려졌던 고둥도 마찬가지이다. 나는 그런 것은 자주 먹어서 '알아가는 맛(acquired taste)'이라고 생각하는데, 운 좋은 소수에게는 그 맛은 타고난 본연의 맛이다. 나 역시도 그랬고 이언(Ian)도 그 중 하나였다. 예상치 못한 그런 공통점으로 우리의 우정은 반세기가 넘도록 지속적으로 더욱더 견고해져 갔다.

　내가 처음으로 위스키 캐스크를 사겠다는 좋은 아이디어가 생각났을 때 나는 그것을 이언에게 먼저 이야기했다. 그의 성격상, 자신의 삶의 접근 방식과 맞았기 때문에 그는 그것에 대단히 관심이 많았다. 뿐만 아니라 그는 그것을 붙들고 즐기며 주어진 것에 최선을 다하고, 제공하는 자에게 불평하지 않았으며, 독창성과 근면성으로 우리 모두가 겪는 한계를 우회하려고 함께 노력했다. 그런 것들에 대해 이야기하는 동안, 우리는 서로 즐거운 시간을 함께 나눴다. 이언은 에든버러 대학에서 오랫동안 교수로 일하면서 현재 전 세계에 흩어져 전통을 이어가는 역사가 세대들에게 앞서간 동료들이 했던 일들의 모범이 잊히지 않도록 노력하는 그의 직업을 소중히 여겼으며, 다음 세대들에게 많은 영감을 주었다. 하늘은 우리에게 이언과 같은 그런 사람이 꼭 필요하다는 것을 알았던 것 같다!

추신 : 내 벽에는 이언이 몇 년 전에 내게 준 만화 그림이 아직 걸려 있다. 그는 에티오피아에서 그것을 얻었을 것이다. 여기에는 솔로몬 왕과 시바 여왕의 이야기가 44개의 프레임에 담겨 있는데, 각 프레임 아래에는 그가 암하라어(Amharic)라고 했던 '구불구불한 선'들이 있다. 그는 언젠가 그 말을 번역해 주겠다고 말했었다. "이것은 오래된 성경에 나오는 이야기인데, 좀 더 자세하게 설명되어 있어."라고 했다. 디테일은 놀랍다. 물론, 흑인인 시바 여왕은 솔로몬 왕의 영접을 화려하게 받았다. 그런 후, 왕은 그녀가 머물고 있는 몇 달 동안 그녀에게 함께 잠자리를 하자고 요청했지만, 그녀는 계속해서 거절한다. 그러던 어느 날 저녁, 그는 궁전에서 마실 수 있는 유일한 물을 미리 그의 침상 옆에만 준비해 두고, 그녀에게 매우 짠 저녁 식사를 차려 먹이도록 했다. 극심한 갈증으로 잠에서 깨어난 시바 여왕은 결국 물을 찾아 왕의 침실을 찾아들게 되고, 그 결과로 에티오피아의 첫 황제, 메넬렉(Menelek)을 갖게 되었다는 이야기이다.

내가 다녔던 주일학교에서는 그런 것을 가르쳐 주지 않았지만, 이런 종류의 이야기들은 이언이 잘 알고 있는 것들이다. 그의 학생들이 왜 그가 '훌륭한' 교수님이라고 생각했는지 알 수도 있을 것 같다. 나는 이언에게 진즉에 그 디테일을 번역하게 했으면 좋았을 것이라고 생각했다. 왜냐하면 나는 더 이상 암하라어를 읽을 수 있는 사람을 알지 못하기 때문이다.

CHAPTER 6

「선데이 타임스」, 앨비온 트럭 그리고 알에이치에스
「The Sunday Times」, an Albion Van and the RHS

「스코츠맨」 신문에 실린 콘래드의 기사 덕분에 협회 일이 사업으로 실행될 수 있는 가능성을 보게 되었다. 진행 중인 협회 건물 복원 문제를 제외하면 협회의 간접비는 그리 높지 않았다.

앤 다나와 주니어들이 보수 공사가 진행 중이긴 하지만 시음 세션을 진행하고, 위스키 가격을 상점 판매가격보다 조금 낮춘다면 판매가 잘 될 것으로 예상했다. 소매가격을 결정하는 주요소는 알코올 함량에 따라 매겨지는 세금(Excise Duty)이 적지 않은데, 물품 가격에 따라 부가가치세가 추가되므로 다소 불공정해 보였다.

나는 한때 위스키를 마시는 사람들을 대표하여 협회를 통해 모든 향정신성 물질(psychotropic substances)의 합법화를 위해 캠페인을 벌이려는 계획을 세웠다. 모든 기분전환용 약물 또한 위스키처럼 무거운 세금을 부과시켜 결과적으로 위스키에 대한 세금이 다소 줄어들 것이라는 영리한 계산이 성립된다면 위스키 애주가들에게 작은 행복을 주지 않을까 하는 생각 때문이었다. 물론, 두말할 필요 없이 동료들에 의해 나의 이 '작은 행복 선물 주기' 아이디어는 억지라는 생각으로 치부되어 버리고 말았다.

한 가지 확실한 것은 협회가 가진 위스키는 아주 우수하다는 사실이다. 이미 언급했듯이, 때는 1980년대 중반이었으며, 스카치위스키 산업은 하강 상태였다. 맛이 특별한 양질의 위스키는 블렌디드로 사용될 수 없기 때문에 단기간에 소비될 가능성이 없어서 창고에 재고가 즐비하던 때였다. 그렇다고 그런 것들을 아무나 막무가내로 원한다고 살수 있는 것 또한 아니었다. 대부분의 위스키 회사는 보수성향이 강하고, 마음이 그리 곱지 않아 모르는 사람에게 판매하는 것을 꺼렸다. 업계의 대부분은 이미 '스카치 몰트위스키 협회'에 대해 알고 있었지만, 그 사실을 그리 탐탁하게 여기지 않았다. 물론, 실제로 우리는 위스키의 원산지 증류소를 라벨에 표기하지 않았기 때문에 그것을 상표권 침해로 기소할 수도 없었다. 그런 협회의 '혁신적인 창의력'으로 인해 우리에게 위스키 팔기를 거부하는 것은, 협회를 막을 대안이 못 된다는 것을 알았기 때문에 그들은 더더욱 못마땅해했다.

다행스럽게도 협회에게 두 가지 큰 장점이 있었다. 첫째는 당시 기업들은 지금처럼 그리 획일적이지 않았고, 대기업에 거의 관심을 기울이지 않는, 소규모 기업들이 많이 있었다. 둘째는 우리 전무이사 앤 다나였다. 그녀의 매력과 설득력은 어떤 마초 경영진이라 하더라도 거부하기 힘들 만큼 능숙했다. 또한 우리는 많은 재미난 이벤트들을 만들어 즐겼고, 신문에 무료 광고도 많이 게재했다.

콘래드의 기사가 미치는 영향을 보고, 나는 시야를 넓혀 전국 언론계를 통해 어떤 일을 할 수 있을지 생각해 보았다. 사람들은 위스키를 좋아하는 것만큼이나 우리가 하고 있는 일에 대해 많은 관심을 갖고 있다는 것은 분명했다. 가장 중요한 핵심은 알려지지 않은 몇 사람이 들어와서 그것도 자기들 코앞에서 국가 최대 산업 중 하나인 스카치위스키 업계의 최상의 양질 제품을 시장에 출시할 수 있는 절대적인 방안을 모색했다는 것이다. 그것은 아주 좋은 이야기였다. 이런 일이 대기업에서 발생하면 마케팅 담당 직원이 임원이 될 수도 있었을 텐데, 정작 마케팅 담당 직원이나 임원들조차도 이를 알아챈 사람은 없었다. 하지만 그 이면에는 더 많은 이야기가 숨겨져 있다.

나는 지난 몇 년간 스코틀랜드 역사를 많이 읽으면서 에든버러 대학에서 스코틀랜드 역사 명예교수를 맡고 있는 제프리 배로(Geoffrey Barrow)와 자주 만나 시간을 보냈다. 제프리는 우리가 지금 하고 있는 일이, 지난 수십 년 동안 하미시 헨더슨(Hamish Henderson)이 진행해 오고 있는 운동의 일부라고 지적했다. 그 운동에 관해 간단히 설명하겠다. 이에 관해서는 이미 1991년 *Scots on Scotch*(스코츠 온 스카치)라는 책이 출판되었기에 '간단히'라고 말한다.

스카치위스키는 당시 '스코티시(Scottish)'가 아니라 '스카치(Scotch)'라는 명칭을 사용하고 있는 몇몇 제품들 중 하나였다. 스카치를 사용하는 것을 사람들이 점점 더 거부하게 된 이유는, 이런 명명은 스코틀랜드의 품위를 떨어뜨리는 뮤직홀(music-hall) 버전과 밀접하게 연관되어 있다고 생각했기 때문이다.

내가 여기서 언급하고자 하는 것은-아직도 그렇고-19세기 후반부터 스코틀랜드인의 대중 이미지는 술에 취해 킬트를 입은 우스꽝스러운 모습으로 표현되기 시작했는데, 이는 특히 위스키와 관련된 이미지일 때 더욱 그랬다. 그래서 일반적으로 자국민들은 이에 동의하거나 그렇지 않은 부류로 나뉘어 있다. 나의 첫 책 *Scots on Scotch*에서 이에 대해 언급했다. 흥미롭게도 어떤 저널리스트는 스코틀랜드가 아직도 영국제국의 식민지로 인지되어 있다고 말했다.

실제 스코틀랜드는 여행사가 관광객에게 제공하는 그런 잘못된 뮤직홀 대용 버전보다 훨씬 더 훌륭하고 진지한 정치체제를 갖춘 한 '국가'이다. 이런 대용 버전 이미지는 위스키와 연관되어 있다는 것을 쉽게 알 수 있다. 그 당시 대부분의 스카치위스키는 블렌디드 위스키였는데, 대부분 품질이 좋지 않았다. 그리고 모든 제품은 냉장 여과되어 맛의 일부가 필터링된 상태였다. 병에 담긴 몇 안 되는 몰트위스키는 일반적으로 질이 조금 나았지만, 쉽게 구할 수 없었다. 이들 중 거의 모두는 블렌디드와 구별된 라벨 인포 없이 알코올 도수 40퍼센트로 출시되고 있었다. 그럼에도 불구하고 몰트위스키에 대한 대중의 관심은 일부 진취적인 몰트 업계와 데이브 다이체스 및 데릭 쿠퍼의 위스키 서적 출판으로 인해 점진적으로 인지되어 지난 10년 동안 꾸준히 증가해 왔다.

단지, 내가 한 일은, 이 두 가지 요소를 하나로 묶는 역사적인 운동에 스카치 몰트위스키 협회를 한 요소로 등장시킨 것이었다. 스코틀랜드와 다른 곳에서도 시음회는 좋은 결과를 얻었다. 나는 청중들에게 짧은 킬트(kilts)와 클란(clan), 타탄(tartans)과 같은 스코틀랜드 아이콘들의 좋은 역사적 증거를 제시해 가며 왜곡된 가짜임을 입증했고, 진짜가 비교할 수 없을 정도로 더 훌륭하고 우수할 뿐만 아니라 얼마나 흥미로웠는지도 이야기해 주었다. 그런 다음 스카치위스키로 돌아가서 일반 블렌디드를 마셨던 사람들을 초대하여 탁월한 맛의 몰트위스키를 마셔 보도록 권장했다. 그것은 그들에게 선물이었고 광고주들의 꿈이었으며 결코 실패하지 않는 판매 홍보였다. 청중이 아무리 회의적일지라도 적어도 위스키에 관해서만은 내가 제안하는 그 진실성을 받아들일 수밖에 없었다. 그것은 바로 옳은 것을 사실대로 인식시키고자 하는 순수하고 단순한 열정에서 비롯된 것이었다.

이런 열정으로 무장하고 판매 홍보용으로 특별히 뛰어난 풍미를 가진 위스키를 언론 보도에 실을 만한 신문사들을 살펴보았다. 의심할 여지없이 「선데이 타임스」 신문의 구독자들은 주중보다 일요일에 신문을 읽기 때문에 가장 적절한 신문이라고 생각했다. 부유층과 중산층 독자들의 사회 경제적 범주뿐만 아니라 주요 와인 평론의 성격 측면에서도 광고는 「선데이 타임스」 신문에 게재해야 했다. 그곳에 와인 평론에 관련해서는 유럽 전역뿐만 아니라 세계적인 와인 제조업자들을 공포에 떨게 하는, 신랄하기로 유명하여 아무도 쉽게 상대할 수 없는 여성인 얀시스 로빈슨(Jancis Robinson)이 있었다.

나는 당연히 직접 접근하는 것이 가장 성공할 것이라 생각했고, 그녀의 개인 전화번호를 알아낸 뒤 전화를 걸었다. 리셉션은 정중했지만, 서리가 내릴 만큼 차갑게 전화를 받았다. 나는 30초 정도의 시간이 주어졌다 생각하고 사전 준비 없이 내가 누구인지, 무엇 때문에 전화했는지, 왜 그녀가 내 말을 들어야 하는지 말했다. 당시에 내가 무슨 말을 했는지 정확히 기억조차 나지 않지만, 내가 한 말이 약간 무게가 있었던지 예상외로 전화가 끊어지지 않았다. 그녀는 내게 우리 위스키에 대해 여섯 단어로 설명해 달라고 요청했다. 나는 우리 위스키는 "단연코 이 지구상에서 존재하는 최고의 증류주(the best distilled liquor on the planet, bar none)"라고 대답했다. 여섯 단어보다 두 단어를 넘긴 했지만, 그녀는 그 정의를 받아들인 것 같았고 "이 진실성을 증명하기 위해 직접 방문해 줄 수 있는지요?"라며 나의 제안에 응해 주었다.

머칠 후, 나는 협회 위스키 6병과 시음 잔 몇 개를 들고 히스로(Heathrow)행 비행기에 탑승했다(나는 잔은 필요하지 않을 것이라 확신했지만, 예비 차원에서 갖고 간다고 해서 해가 될 것은 없다고 생각하여 챙겼다).

그 결과, 사진과 함께 「선데이 타임스」에 기사가 실렸다. 그것은 놀랍도록 칭찬이 자자했으며, 작가의 명성에도 엄청난 영향력을 미쳤다. 그 후, 협회 회원 가입 신청 전화가 몇 주 동안 계속 폭주했다. 협회를 사소한 호기심에서 잠재적으로 진지한 플레이어로 끌어올린 한 가지 사건을 지적하라고 한다면, 그것은 바로 이 「선데이 타임스」 기사였다. 두말할 필요 없이 이런 결과는 아이러니하게도 나와 협회가 위스키 업계들로부터 사랑받지 못하게 되는 결정적인 요인이 되었다.

그 무렵에 여름이 다가오고 있었다. 협회 위스키를 로열 하일랜드 쇼(RHS, Royal Highland Show)에 가져가 보는 것이 아주 재미있을 거라는 생각이 들었다. 모르는 독자들을 위해 알려드리자면 RHS는 스코틀랜드 최대의 농업박람회 중 단연 최대 규모로 매년 6월 에든버러 외곽에서 열린다. 이 행사는 스코틀랜드 농업계의 사람들이 자신이 키우는 멋진 가축들을 자랑하기 위해 참여하는 품평회 성격을 띠고 있다. 이곳은 농부들과 일반 서민들이 만날 수 있는 가장 완벽한 장소이다. 주로 농작물이나 가축에 대한 이야기를 하고, 많은 양의 스카치위스키가 소비되는 행사이다.

덴밀에 살고 있는 내 친구들은 오래전부터 농장 가축들이 수 세기에 걸쳐 어떻게 진화하고 발전해 왔는지를 연구하여 튼튼하고 짧은 다리, 둥근 몸을 가진 토종말인 사역용 조랑말 개론의 품종을 개발하고 있었다. 온화한 성품과 열심히 일하도록 자란 개론은 당신이나 내가 손과 무릎으로 기어 올라가야 할 정도의 급격한 경사면도 쉽게 오를 수 있다. 이것이 바로 사슴 사냥꾼들이 크게 선호하는 이유로 개론은 빅토리아 시대의 사진에서도 찾아볼 수 있을 뿐만 아니라 그보다 더 이른 시기에 픽트족 기수(Pictish rider)들이 개론 위에 타고 있는 그림들이 무덤 석판에 새겨져 있는 것을 볼 수 있다.

그해 덩컨과 케이는 그들의 조랑말 맥네르(McNair)를 아직 어리지만 선보이기로 결정했다. 그들은 말상자(말을 태워 나르는 차 뒤에 달린 큰 캐빈)에 맥네르를 싣고 내려와 전시자들에게 제공되는 숙박 시설의 아파트에 자리를 잡았다. 이 '아파트'는 말 장비를 점검하기 위한 시설과 말 주인에게 최소한의 생활필수품을 제공하기 위해 임시로 세운 나무 판잣집들이 줄지어 있는 아파트형 구조물이다. 그 샬레(chalets, 부정확하긴 하지만 그렇게 불렸음)에서 대단한 유쾌함과 '영웅적'이리만큼 대량의 위스키가 소비되는 현장을 목격할 수 있다.

이제 알런 로스(Allan Ross)를 소개할 시간이다. 그는 내가 아는 가장 능력 있고, 모든 분야에 능통했으며, 못하는 일이 없는 '출중한 장인'이었다. 알런은 거의 모든 것에 능한 손을 갖고 있어서 그의 건축도면은 전문가들을 부끄럽게 만들었고, 그의 목공 기술은 절묘하면서도 장인적이었다. 1~2년 전에 알런은 브록스번(Broxburn)에서 거의 고철 더미가 된 제빵 회사의 밴(van)을 얻었다. 이 고철 더미는 스코틀랜드의 가장 오래된 자동차 제조업체인 앨비온 모터(Albion Motors)가 파산 직전인 1920년대에 제작한 것이었다.

'앨비온'은 개론과 전통성의 측면에서 보면 거의 동등한 위치를 차지한다고 할 만한 자동차였다. 알런은 대형 밴을 재정비하고 그 메커니즘을 재생시켰다. 녹이 잔뜩 쌓여 있었던 엔진을 분해하여 새것이었을 때와 별 차이가 없을 정도로 사랑과 친절로 살려 놓았다. 하지만 그것의 작동에 관해서는 아직 미지수였다. 막대한 양의 휘발유를 소비한다는 점과 최대 시속 약 20마일까지만 운행이 가능했다. 그럼에도 불구하고 밴은 작동되었고 느리지만 움직였다. 우연하게도 밴은 짙은 녹색으로 페인팅되었다.

앨비온 모터의 재생 작업을 마친 후, 알런은 현실적인 문제에 직면하게 되었다. 이것을 어디에 어떤 용도로 사용해야 할지, 합법적이긴 하지만 누가 이것을 도로 위에서 무슨 용도로 주행할 것인지 알 수가 없었다. 왜냐하면 시속 20마일 이하로 주행하는 차는 아무리 그 당시라 하더라도 그다지 수요가 있을 것 같아 보이지 않았기 때문이다.

내가 하일랜드 쇼의 출품자들의 분위기를 파악하고, 어떻게 그들을 협회에 끌어들일 수 있을지 고민하고 있는 동안, 알런은 내게 그 차에 대한 고민을 호소하며, 내게 어떤 아이디어가 있는지 물었다. 그것은 내가 또 다른 놀라운 시대정신(zeitgeist)을 경험하는 순간이었다. 나는 밴을 잘 세팅하여 로열 하일랜드 쇼 기간에 협회 활동을 보조하는 일에 사용하는 것이 어떻겠느냐고 제안했다. 이어서 "우리의 위스키를 맛보고 즉석에서 협회에 가입하겠다는 농부들에게 위스키를 그 밴으로 배달해 주는 것에 사용하면 어떨까?"라고 덧붙였다.

그리고 우리는 정말 그렇게 했다. 알런은 견목 패널을 사용하여 바로 내부를 장식하고, 밴(우연히 이미 협회의 상징인 짙은 녹색으로 칠해져 있었음)에 협회 로고를 표기했다. 우리는 필요한 모든 허가를 신청했고, 위스키를 판매할 수 있는 임시 주류 면허 또한 받아두었다. 우리는 '밴 바(van bar)'에서 서빙할 협회 직원과 도우미들을 몇 명 모집하여 사람들에게 협회 광고 전단지를 나눠주도록 했다.

지정된 날에 나는 시속 20마일의 속도로 리스에서 잉글리스턴(Ingliston)까지 밴을 운전해 갔다. 정식 개막을 하루 앞둔 날이었는데, 교통량이 너무 많아서 혹시 고장 나서 큰 방해가 될까 봐 불안했다. 물론, 알런이 완전한 도구 키트를 갖고 그의 밴으로 따라오고 있다는 사실에 약간 위안이 되긴 했지만, 아무 일도 일어나지 않았다. 그곳에 도착하여 밴을 설치한 다음 덩컨과 케이가 묵고 있는 샬레로 위스키 두 병을 가져갔다. 그들의 친구도 거기에 많이 있었다. 친구들은 협회 위스키의 우수성에 대한 나의 설명을 잘 받아들였으며, 마셔보기를 주저하지 않았다. 마치 배고픈 사람들에게 스테이크를 파는 것과 같았다.

쇼 전야행사가 아무리 늦게 끝났더라도 하일랜드 쇼는 아침 일찍부터 시작된다. 왜냐하면 가축들은 심사받을 준비를 해야 하고, 특히 선호되는 동물의 경우에는 링 쇼를 준비해야 하기 때문이다. 우리 중 누구도 그날 아침에 정신이 맑았다고 할 수 없었지만, 모두 활기찼고 전날 저녁에 만난 사람 몇 명이 전화를 걸어 와서 위스키에 대한 감사를 표했다. 무엇보다 그들은 숙취가 기존 마시던 위스키보다 훨씬 가볍다는 사실에 놀랐다고 했다.

하일랜드 조랑말들은 일찍 검사를 받았으며 맥네르는 그 쇼에서 확실히 스타였다. 나는 사람들에게 우리 위스키가 얼마나 훌륭한지를 알리면서 마셔보라고 설득하느라 너무 바빴기 때문에 다음 며칠 동안 내 친구들을 많이 만나지 못했다. 설득은 그다지 어렵지 않았지만, "위스키는 그저 위스키일 뿐이고 모두 훌륭하다."라고 말하는 일반적인 견해에 맞서 싸워야 했다. 도대체 내가 누구길래 무슨 자격으로 애버딘셔(Aberdeenshire, 하일랜드에서 중요한 대표 도시 구역) 농부에게 위스키에 대해 말을 한단 말인가? 비결은 그들에게 일단 마셔보게 하는 것이었다. 그다음에는 모든 것이 순조롭게 잘 흘러갔다. 쇼가 진행된 3일 동안, 이것이 자신이 맛본 것 중 최고였다고 말하지 않은 농부나 사냥터 관리인은 한 명도 없었던 것 같다. 몇몇 길 잃은 관광객들이 찾아왔고, 그들 중 한두 명은 의구심을 표했지만, 그들은 아마도 라키(raki, 몰트 보리가 아닌 다른 잡곡류들로 만든 증류주)를 마시고도 분명히 좋아했을 무지한 농부들이었음에 틀림없다.

둘째 날이 끝날 무렵, 심사가 끝나고 로제트(rosettes)가 나눠졌을 때 나는 맥네르가 같은 등급에서 최고의 금메달을 획득한 것을 기뻐하는 친구들을 찾으러 돌아갔다. 기뻐한 것은 친구들뿐만 아니라 맥네르도 마찬가지였다. 그는 무척 기분이 좋아 보였다. 덩컨은 맥네르가 참가하게 될 최종 심사 단계에 대해 내게 말해주었다. 로열 하일랜드 협회는 전체 쇼에서 가장 훌륭한 가축으로 평가된 한 마리에게 특별상을 수여했다. 한두 시간 후, 덩컨은 전형적인 애버딘셔 농부의 성격으로 좀처럼 감정을 표현하거나 흥분하지 않지만, 그는 내가 여태까지 본 것 중에서 가장 흥분되어 있었다. 맥네르는 최고의 챔피언십에서 우승했으며 전시장의 메인 링에서 승리 투어에 참가할 예정이었기 때문이다.

수상을 대비해서 덩컨은 가장 좋은 킬트를 가져왔고, 그것과 저지 재킷을 입고 군중의 환호와 박수를 받으며 맥네르를 링으로 끌고 나갔다. 그래블리(Gravely)는 맥네르의 고삐를 잡고 거의 전체 링을 한 바퀴 돌고 난 후, 드디어 심사위원과 로열 하일랜드 및 농경업 쇼의 매우 중요한 인물이 있는 스탠드 앞에 멈췄다. 대법원장 '아무개' 경은 적절한 연설을 한 다음 덩컨에게 은잔을 수여했다. 그는 많은 박수를 받은 다음 맥네르에게 가서 가장 멋진 종마라고 말해주면서 고삐에 금색 장미를 꽂아 주었다.

맥네르는 지금이 그에게 아주 중요한 순간이라는 것을 완벽하게 잘 알고 있었는지, 약 1야드 길이의 '분홍빛이 빛나는 발기'를 만들어 내며 훌륭하게 반응했다. 내가 앉은 자리 근처에서 나이 든 두 사람이 제스처를 하면서 무슨 말을 하는 것을 볼 수 있었는데, 확실하게 들리지는 않았지만 "이 녀석이 진짜 맥코이(this chap was the real McCoy)가 분명해."라는 말을 했음이 틀림없다.

CHAPTER 7

서해안 바다에서
On Western Seas

그해 여름은 일찍 찾아왔다. 봄철 바람에 취해서 존 퍼거슨과 나는 서해안 섬들을 돌면서 몇 가지 신나는 모험을 계획했다. 우리는 벤더로크(Benderloch)에 있는 그의 별장에서 만난 다음 위스키, 약간의 음식들, 작은 소총, 다량의 연어 그물을 싣고 내 배를 타고 축복의 섬(Isles of the Blest)으로 향하기로 했다. 이 별장은 인간이 상상할 수 있는 높은 경지의 아름다움을 자랑하는 장소 중 한 곳인 론 만(Firth of Lorne) 해안의 리스모어 섬(Isle of Lismore) 바로 맞은편에 위치하고 있다. 게일어(Gaelic)로 '리스모어'는 '대정원'이라는 의미인데, 주변 지경들의 땅보다 훨씬 비옥하다. 스코틀랜드를 가로지르는 동해안의 세인트 사이러스(St. Cyrus)에서 서해안의 모번(Morvern)까지 이어지는 석회암 지반 위에 있기 때문이다.

작은 능선이 이 별장과 바다를 분리하고 있으며, 그 위에서 벤 크루어챈(Ben Cruachan)을 등지고 서면 리스모어 너머로 언덕을 볼 수 있다. 모번과 아드거(Ardgour)의 거친 경계에는 라일락이 보라색에서부터 가장 깊은 임페리얼 보라까지 수백 가지 색조들을 띠며, 북쪽에는 글렌코

(Glencoe), 남쪽에는 케레라(Kerrera), 그 너머에는 사운드 오브 멀(Sound of Mull) 입구가 있다. 맑은 날에는 세인트 콜룸바(St. Columba)의 추종자들이 헐거운 돌로 만든 그들의 거처가 거의 1,500년 이상이 지난 지금도 그라벨라흐(Gravellachs) 절벽 난간에 작은 벌집 같은 모양으로 자리하고 있음을 희미하게 볼 수 있다.

놀랍게도 리스모어에는 세인트 몰루아그(St. Moluag) 소속 사람들이 아직도 있다. 몰루아그는 평화와 사랑의 메시지에 저항하기로 악명 높은 픽트족에 대한 초기 기독교 선교단체 중 하나였다(콜룸바의 선교는 몰루아그보다 더 성공적이었다. 왜냐하면 콜룸바는 젊었을 때 성공적인 아일랜드 군벌이었고, 픽트족은 그런 그를 아주 냉혹한 사람으로 여겼기 때문이다. 그래서 그의 학살에 대한 배경 이야기는 신의 자비에 대한 메시지보다 더 큰 비중으로 픽트족의 마음을 차지했다). 몰루아그는 그의 공로를 인정받아 주교에 선임되었고, 그에게 금박으로 조각되고 장식된 크로지어(crozier, 주교나 수도원장이 들고 다니는 의례용 지팡이)가 주어졌다고 한다. 이것은 여전히 리스모어에 있어서 내 친구의 아버지가 바출 남작(Baron of Bachull)이라는 칭호를 받으면서 그것을 그의 캐비닛에 넣어 아직 보관중이라 한다.

나는 이 이야기를 처음 들었을 때 약간 회의적이었다. 어느 날 점심시간에 나는 위의 이야기를 제프리 배로(Geoffrey Barrow)에게 "이것이 진짜인가요? 아니면 또 다른 스코틀랜드의 가짜 전통 중 하나인가요?"라고 물었다.

그는 "아니요, 그렇지 않아요. 이것은 정말 진짜예요."라고 대답했다. 그것은 스코틀랜드 문장학에서 가장 호기심을 끄는 이야기 중 하나로 직함은 몰루아그 직원의 세습 관리인이 보유하고 있고, 그 업무는 리빙스턴(Livingstones) 씨족이 약 500년 동안 해오고 있다. 그들은 이전에는 매케이(Mackays) 씨족이라 불렸다고 하는데, 어떻게 리빙스턴 씨족으로 바뀌게 되었는지, 그것을 얻기 위해 그들이 무엇을 했는지 그 과정은 모호하다고 한다.

날씨가 좋을 때는 지역 전체에서 고대의 평화로움을 느낄 수 있다. 남쪽에서 강풍이 불거나 '밋지(midge, 너무 작아서 잘 보이지도 않는 스코틀랜드의 악명 높은 모기로 청바지 속까지 들어감)'가 내려올 때는 또 다른 문제로 그저 평범하던 것들이 방해물이 되기도 한다.

그 금요일 오후에 나는 몇 종류의 가방과 위스키 한 상자를 들고 에든버러 집 계단을 내려왔다. 짐을 라곤다에 싣고 있는데, 옆집에서 두 명의 여자가 배낭을 메고 나타났다. 그 중 한 명은 내가 아는 메리(Mary)였다. 나는 그녀를 보고 깜짝 놀랐다. 왜냐하면 메리는 대학에서 러시아어를 가르쳤기 때문에 여름방학 때는 통상적으로 모스크바에 있는 소련 문서 보관소에서 지냈기 때문이다(러시아에서 공산주의가 무너진 후, 새로운 러시아 정부는 역사가들에게 일부 기록 보관소를 조사하는 것을 허용한 반면에 외국인이 기록 보관소에 접근하는 것에 대해서는 매우 민감해했다. 하지만 메리에게는 그다지 큰 위험이 되지 않았다). 그녀가 소개한 동반자는 키가 큰 미국인이었다. 두 사람 모두 하일랜드를 여행해 본 적이 없어서 아비모어(Aviemore)로 가는 것부터 시작할 예정이라고 했다. 왜 아비모어를 가느냐고 묻자 하일랜드에 있다는 것을 들어본 적이 있어서 그렇다는 것이다. 나는 그들에게 아비모어가 어떤 곳인지, 왜 그곳을 좋아하지 않을

지에 대해 알려주는 것이 내 의무라고 느껴져서 설명을 해주었더니, 그러면 다른 곳을 추천해 달라고 했다.

나는 그렇게 했고, 그러다가 결국 두 사람은 배낭과 함께 나의 차에 올라탔다. 우리 세 명은 벤더로크(Benderloch)로 향하는 먼 길을 부르릉거리면 달려갔다. 다섯 시간이 걸려 어둠 속에서 해변 길을 돌아 작은 별장에 이르렀다. 나는 문 옆에 숨겨둔 열쇠를 찾아서 너도밤나무 통나무로 불을 지폈다. 그들은 불이 지펴진 방에서 느긋한 기분으로 멋진 밤을 보냈다.

아침은 웨스트 하일랜드(West Highland)에서만 볼 수 있는 더없이 행복한 아침이었고, 벤 스규리아드(Ben Sguliard) 위에는 하얀 안개가 걸려 있었다. 존이 도착했을 때 그는 큰 10대 소년을 학교에서 데리고 왔는데, 에일 호수(Loch Eil) 옆까지 데려다주겠다고 약속했다고 한다. 소년 조지(George)는 타고난 성격은 별로 밝지 않다고 했지만, 매우 쾌활한 성격의 소유자였다. 그 집은 항상 예약 없는 방문과 모임에 익숙한 장소였기 때문에 존은 내가 동반자가 있다는 사실에 전혀 놀라지 않았다. 나의 여성 동반자들은 스스럼없는 환대를 받고 매우 감사하게 생각했으며, 다섯 명은 주변을 항해하며 며칠을 함께 보내기로 했다. 오랜 시간이 지난 후에야 메리는 헤키(Hecky)가 도착했을 때 자기가 동화 속으로 빠졌는지, 아니면 팬터마임 속으로 빠져든 것인지 의아했다고 내게 말해주었다.

헤키는 캠퍼 밴을 타고 왔는데, 마침 바닷물이 빠지는 때라 만을 곧장 가로질러 운전해 왔다고 말했다. 그는 글래스고 사람으로 작고 강인했다. 그의 수염은 너저분한 머리카락과 동일한 회색을 띠고 있었고, 얼굴에는 주근깨가 많았다.

하지만 대부분 그런 첫인상보다 그의 휘파람 소리에 더 집중되는 경향이 있다. 외과 의사가 헤키가 숨을 잘 쉴 수 있도록 그의 목에 금속 튜브를 삽입해 주었고, 그는 그 작은 원형 구멍을 통해 휘파람을 불었다. 그가 말을 할 때마다 입과 원통 구멍이 모두 사용되었기 때문에 말소리와 휘파람 소리가 섞인 그의 말을 약간 시간이 걸리기는 하지만 우리는 익숙해져서 이해할 수 있었다.

존의 설명에 따르면 헤키는 몇 년 전에 진행성 식도암 진단을 받았고, 여러 번 외과 수술을 받았지만 퇴원하기 전에 시한부 선고를 받았다. 헤키는 그 사실을 받아들이지 못했고 낙관적인 태도와 체념을 동시에 느끼며 모든 소유물을 팔고 캠퍼 밴을 구입한 후, 나머지 돈은 연금에 투자해 버렸다. 보험 회사는 당황했다. 왜냐하면 그의 의사들(모두 헤키를 좋아했음)이 그가 죽음의 문턱에 가까이 가 있다는 것을 기꺼이 증명해 주었는데, 죽을 날이 얼마 남지 않은 사람이 모든 자산을 연금에 투자해 버리는 일이 이렇게 급하게 처리된 사례를 경험한 적이 없었기 때문이다. 그 결과, 헤키는 남은 생애 동안 상당한 수입을 보장받았다. 그런 중에 그는 캠퍼 밴을 타고 스코틀랜드를 여행하며 여름을 보냈고, 친구들에게 전화를 걸었다(존도 그 중 한 명). 때때로 놀랍도록 존경받는 여성들 또한 휘파람 소리를 '참아가며' 그의 밴에 기꺼이 합류했다.

우리 여섯 명은 여름 바다를 항해하는 행복한 사람들이 되었다. 해변에서 조개류를 주워 일부는 먹었고, 일부는 미끼로 사용했으며, 일부는 아일리언 더브(Eilean Dubh)의 신석기 주민들이 남겨둔 은둔지에 있는 조개껍질과 비교하기도 했다.

나의 배, 가넷(Gannet)은 잘 운행되었지만, 가끔씩 엔진이 원하는 것과 반대로 작동했기 때문에 그리 사랑받을 만한 기계라고는 할 수 없었다. 그래도 가벼운 바람이 살랑살랑 잘 불어주어 우리가 가려던 곳에 다시 데려다주었다. 가넷 호는 갈고리 장치가 달려 있어서 바람을 거슬러 항해하는 데는 적합하지 않았다.

어느 날 오후, 아일리언 나 클로이셰(Eilean na Cloiche)에 정박하여 대구, 숭어 각각 한 마리와 작은 상어 여섯 마리를 잡았다. 작은 상어 숫자에 대해서는 틀렸을 수도 있다. 왜냐하면 그 생선은 먹으면 좋지 않다고 알려져 있어서 바다로 돌려보냈는데, 존은 우리가 마지막으로 잡은 작은 상어가 몇 분 전에 바다로 돌려보낸 것과 같은 '놈'이라고 주장했기 때문이다. 그의 끈기를 인정해서라도 그놈의 머리를 자르고 토마토소스에 넣어 요리를 했다. 당시 우리가 마시고 있던 글렌리벳 위스키와는 다소 어울리지 않았지만, 맛은 완벽하게 좋았다.

거의 일주일 동안의 행복한 빈둥거림이 지났다. 작은 구름이 완벽한 지평선 위로 맴돌고 있었다. 우리에게는 위스키가 부족했고, 조지는 곧 에일 호수에 도착할 예정이었다. 첫 번째 방법은 협회에 전화할 공중전화 박스를 찾기 위해 마을로 내려가는 것이었다. 나는 그렇게 했고, 앤 다나는 며칠 안에 내가 픽업할 수 있도록 케이스를 오반(Oban) 열차에 싣도록 친절하게 주선해 두었다. 두 번째는 조지를 에일 호수까지 데려다주는 것인데, 그때쯤 헤키의 말에 익숙해진 여성들은 그가 어떤 사람과 이야기해야 할 경우가 생길 때를 대비해서 통역으로 함께 가겠다고 제안했다. 그것은 아주 멋지고 친절한 생각이었다.

어느 화창한 아침, 축복받은 우리 일행은 각자의 길로 떠났다. 캠퍼밴이 만을 가로질러 이 바위에서 저 바위로 뒤뚱거리는 동안에 나는 가넷을 타고 더욱 진지한 항해를 떠날 채비를 했다. 이 배는 길이가 약 30피트에 달하는, 대형 선박은 아니었지만 미얀마산 최고급 티크(teak)로 제작되었으며 아마도 오래전에 폐기 처리된 여객선의 구명정으로 사용되었을 것이다. 딕 모턴(Dick Morton)이 파푸아뉴기니 대학의 생물학 학과장으로 이직하기 전에 케치 리그(ketch rig, 앞뒤로 크고 작은 두 개의 돛대가 장착된 범선)로 개조되었다. 나는 이 변환이 완벽하지 않았다는 것을 언급하지 않을 수 없음을 매우 유감스럽게 생각한다. 왜냐하면 딕(Dick)은 훌륭한 유전학자였지만, 손으로 하는 일에는 다소 어설픈 목수였기 때문이다.

그러나 그는 정말 관대한 사람이었다. 어느 날 내게 전화를 걸어 그의 새 직장에 대해 이야기한 후, 가넷을 갖고 싶은지 물었다. "그러려면 내가 무엇을 해야 하나? 운명에게 길을 비켜 가라고 말해야 할까?(이 이야기가 스카치 몰트위스키 협회와 어떤 관련이 있는지 궁금하다면 인내심이 필요하다. 적어도 내 인생에서 일어난 모든 크고 작은 사건들은 위스키와 관련되어 있다. 그리고 존 퍼거슨과 나만큼 협회의 중심에서 일한 사람은 없다고 해도 결코 과언은 아니다. 그것은 아름다운 관계였고 더 오래 지속되기를 바랄 뿐이었는데, 그 아름다운 관계의 종말은 내 잘못이 아니라 전적으로 무심코 덜컥 죽어버린 그의 잘못이었다.)"

우리는 다음날 아침, 오반으로 항해하여 어선에 배를 묶었다. 철도 사무소에서 위스키를 픽업해서 트롤선을 개조하여 만든 킬레반 (Kylebban)에 들렀다. 그곳에서 케이트 매키넌(Kate MacKinnon)은 우리 에게 맛있는 커피와 스콘을 제공했다(케이트에 대해서는 나중에 더 자세히 설명하겠다). 관광객들에게 케이트의 스콘이 있는 킬레반의 조타실은 여름 아침에 머물기에 적당한 장소였다. 사운드 오브 멀(Sound of Mull)도 마찬가지였다. 미풍이 불기 전, 왼편에는 멀(Mull)이 있고 오른편에는 모번 (Morvern)이 있는 넓은 수로를 하루 종일 항해했다. 북쪽의 긴 저녁이 다가오자 바람은 어쩔 수 없이 남쪽으로 바뀌었다. 순풍을 낭비할 생각도 없고, 엔진 성능도 좋지 않았기 때문에 토버모리(Tobermory)에 도착하면 즐기게 될 신나는 놀이들을 포기하고, 북쪽으로 방향을 돌렸다. 로크 나 드로마 부이데(Loch na Droma Buidhe), 윌리가 기발한 창의력으로 번역한 '아름다운 어깨의 호수'라는 곳으로 향했다.

사운드 오브 멀이 수나트 호수(Loch Sunart)와 만나는 모번의 먼 끝에는 깊은 만이 있고, 그 어귀를 가로지르는 섬은 양쪽 끝에 좁은 입구가 있어 작은 보트로만 접근이 가능한 자연 항구를 형성하고 있다. 육지에서부터 보도로는 거친 27마일이기 때문에 관광객들이 접근할 수 없다. 만을 마주하고 있는 2층짜리 관리인의 오두막이 하나 있고, 그 뒤에는 맑은 물이 가파른 절벽 아래로 떨어지는 곳, 하루를 완벽하게 마무리하기에는 최적의 장소였다.

우리는 집 굴뚝에서 피어오르는 나무 연기 냄새를 맡을 수 있었기에 "캠벨(Campbell)이 지금 여기 있는 것 같은데, 아마도 우리는 오늘 저녁을 못 먹게 될지도 모르겠군." 하고 존이 중얼거렸다. 캠벨은 존의 오랜 친구로서 스코틀랜드의 여기저기에 흩어져 있는 많은 친구들 중 하나였다. 우리는 작은 배를 옆에 대고 하일랜드 파크 위스키 한 병을 들고 위로 올라갔다.

존은 우리를 잔디 또는 마카이르(machair, 스코틀랜드 서부 고원지대의 모래와 풀이 많고 석회가 풍부한 땅으로 야생 동물의 방목지나 경작지)의 해변으로 노를 저어 데리고 갔다. 거기는 터무니없는 사람이라면 골프를 치겠다고 우겨댈 만큼 충분히 완벽한 천국 같은 잔디밭이 펼쳐져 있었다.

오두막에서 우리는 캠벨과 그의 아내 진(Jean), 어떤 두 친구, 글래스고 대학 수의학과 교수인 오즈(Oz)와 그의 아내 그리고 불특정의 많은 아이를 만났는데, 모두 우리를 만나서 기뻐했다. 우리는 호평을 기대하며, 자신감 있게 하일랜드 파크(콘래드의 점수 99점, 기억하세요!)를 선보였고, 기대를 어긋나게 하지 않았다. 이 집의 숙박 가능성은 항상 있기 때문에 우리가 원한다면 저녁 식사 후 묵어갈 수도 있었다.

나는 그 나머지 저녁시간에 대해서는 많이 기억하지 못하지만, 다음날 있었던 일은 선명하게 기억한다. 일찍 일어난다고 일어났지만, 아이들보다 일찍은 아니었다. 그들 일부는 이미 마카이르 위의 햇빛 아래서 놀고 있었다. 좁은 계단을 내려가는데, 나이가 좀 든 소년 두 명이 큰 자전거와 비슷하지만 뒤쪽에 바퀴가 두 개 달린 삼륜모터바이크를 들여다보고 있었다. 시동이 잘 걸리지 않고 있었고, 모터에 대한 경험이 있는 나는 그것을 작동시키는 데 성공했다. 소년들은 교대로 그 위에 올라타 부르릉거리고 다녀 고요한 아침의 평화를 깨뜨렸다. 어느 시점에서 그들 중 한 명이 내게 타보고 싶은지 물었고, 나는 아무 생각 없이 주저하지 않고 올라탔다. 삼륜모터바이크를 타본 적은 없지만, 어렸을 때 큰 자전거를 탔었기 때문에 삼륜모터바이크를 어떻게 다루는지에 대한 조언들을 한 귀로 듣고 흘려버렸다. 아~, 그것은 얼마나 큰 불행이었던가. 내가 1분만이라도 멈춰 그 사실을 고려할 수 있었다면 내 인생은 얼마나 달라졌을까.

하지만 아니었다. 삼륜모터바이크의 파워는 대단했고, 조종하는 데 큰 확신이 없다고 느껴진 순간, 그것은 이미 부르릉거리며 작동 개시가 되어 버렸다. 삼륜모터바이크는 나를 태우고 베이 옆 선로 끝, 작은 부두가 있는 곳을 향해 나아갔다. 나는 마치 오토바이를 운행할 때처럼 한쪽으로 몸을 기울여 방향을 바꾸려고 했으나 그런 스킬이 삼륜모터바이크에는 소용없다는 것을 깨달았다. 그리고 삼륜모터바이크가 바위에 부딪히면서 나를 부두 벽 위로 날려버렸고, 나는 그곳에서 튕겨나와 또 다른 바위에 심하게 부딪혔다. 바이크는 내 몸 위에 떨어졌고, 내 몸 위로 휘발유가 흘러내리고 있었다.

어떻게 하든지 이곳을 빠져나가야 한다는 생각을 잠시 했던 기억이 났고, 그 뒤 모든 것이 고요해졌다. 몇 년 전, 나는 화상 환자들로 가득 찬 병동에서 몇 달 동안 성형 수술을 받은 적이 있었기 때문에 나 자신은 결코 화상 환자가 되고 싶지 않다는 강한 의지로 밑에서 다리를 꺼내려고 노력했다. 그러나 왼쪽 다리는 이런 뇌의 명령을 따르기를 거부함으로써 고통이 시작되었다. 그것은 살면서 자주 겪는 오래된 치통이나 치질과는 비교할 수 없는, 어떤 고통보다 더 큰 것이었다.

이 모든 것이 일어나는 시간이 정말 길게 느껴졌는데, 실제로는 몇 분도 채 걸리지 않았다. 소년들은 내가 튕겨 나가는 것을 보고 아침 식사를 하고 있는 부모님이 있는 집으로 달려갔다. 캠벨과 오즈는 단숨에 달려와 나를 끌어내 풀밭에 길게 눕혔고, 캠벨은 내 다리를 검사하려 했다. 그러나 그 당시에는 고통이 너무 심해서 나는 그의 손길을 반사적으로 밀쳐냈다. 그는 내게 무엇을 해줄까를 물었고, 나는 잠시 혼자 있게 해달라고 했다. "좋아. 내가 보기에 죽지는 않겠으니, 내가 너라면 절대 일어나려고 애쓰지는 않겠어." 그의 무뚝뚝한 조언은 그 순간, 내게 최대의 위안이 되었다. 왜냐하면 캠벨은 글래스고 할리 스트리트(Harley Street)에서 개업을 한 유능한 정형외과 의사였고, 내 다리에 대해 이보다 더 확실하고 권위 있는 진단은 전국 어디서도 찾아볼 수 없을 것이기 때문이었다. 그 말을 한 뒤 그들은 모두 아침 식사를 하기 위해 정말 무심하게 돌아가 버렸다.

나는 그때의 그 잔디가 가장 기억에 남는다. 그것은 밝은 햇빛을 받고 있는 아주 긴 황록색 풀밭이었다. 작은 벌레 한 마리가 줄기 위로 올라오고 있는 것이 내 눈에 들어왔다. 그는 꽤 잘 오르는 듯하더니, 정상에 오를 때마다 줄기를 움켜쥐지 못하고 다시 떨어지곤 했다. 내가 그때 붙들고 있는 정신으로 판단하건대 이 벌레의 끈질긴 노력은 2, 30초 간격으로 반복 진행되었다. 그때 나는 메뚜기의 추락 타이밍과 나의 밀려오는 고통의 주기가 느슨하게 '뭔가'를 통해 연결되어 있는 것 같다는 착각을 하기 시작했다.

이렇게 규칙적인 일정한 통증에 더하여 주파수가 완전히 다른 또 다른 날카로운 통증이 겹쳐서 느껴져 왔다. 그 '뭔가'는 그 벌레가 극심한 고통으로 인해 완전히 나가떨어질 시간을 조절하고 있는 것처럼 보였는데, 내가 어떻게 그런 연계성을 생각해냈는지에 대해 한동안 곰곰이 생각하고 있었다. 친구들이 들것을 갖고 도착했으므로 나의 이런 생각에 방해가 되어서 나는 약간 짜증이 났다.

그들은 나를 집으로 들여 돌바닥에 눕혔고, 그곳에서 캠벨은 가위로 나의 청바지와 속옷을 잘라냈다. 이로 인해 나는 다시 그의 손길을 제지했고, 어떤 조치도 거부할 정도의 고통을 겪었다. 시간이 잠시 지났고, 나는 스스로를 고통이 덜 느껴지도록 설득해야만 했다. 고통이 조금씩 덜해졌다. 그러자 오즈가 손에 커다란 주사기처럼 보이는 뭔가를 들고 들어와 그것으로 매우 부드럽게 내 사타구니를 찌르기 시작했다. 이런 상황에서도 아무래도 이건 좀 이상한 진행처럼 보였기에 고통을 참으며 조심스럽게, 내가 할 수 있는 한 최대한 이성적으로 "캠벨, 네가 내게 무엇을 하고 있는지 말해줄 수 있겠니? 그리고 오즈가 가져온 것이 뭐지?" 하고 물었다.

내 생각에 캠벨은 휴가를 갈 때는 베드사이드 매너(bedside manner, 의사가 환자를 치료하는 친절하고 이해심 있는 행동)를 버리는 것 같았다. 왜냐하면 그의 돈 많은 환자 중 어느 누구도 그의 그런 태도를 인정하지 않았을 것이기 때문이다. "입 닫고 가만히 있어 봐."라고 그는 내게 말했다. "대퇴 신경을 찾는 중이야." 나는 학생이었을 때의 경험으로 그곳이 어디인지 알고 있었다. 그리고 그는 환자에게 위로가 될 수도 있고, 그렇지 않을 수도 있는 어조로 덧붙였다. "이것은 말들에게 사용하는 페티딘(pethidine, 모르핀성 진통제) 주사제인데, 오즈가 말하기를 이것이 네게도 효과가 있을 거라고 했어."라고 말했다.

그런 다음 어딘가에는 또 다른 고통이 밀려오고 있었고, 페티딘의 효과 때문에 북동쪽 어느 높은 곳에는 또 다른 평화의 안도감이 밀려오는 것을 느낄 수 있었다. 검사를 마치고, 캠벨은 잠시 후에 진단을 내렸다. "엑스레이 없이는 확신할 수 없지만, 내가 보기에는 대퇴골이 부러졌고, 무릎 관절도 심하게 손상된 것 같아."라고 했다.

그의 말은 진지했고, 나는 차가운 돌바닥에 꼿꼿이 누워서 동의할 수밖에 없었다. 대퇴골은 몸에서 가장 큰 뼈이다. 그는 계속해서 "골절을 치료하는 것이 쉽지 않으니, 평생 목발을 짚지 않으려면 그런 수술을 할 수 있는 큰 병원으로 데려가야 하는데, 문제는 어떻게 데려가지?"라고 말했다. 페티딘은 곧 바닥이 날 것이며, 그렇게 되면 통증이 다시 시작될 것이고, 이제는 더 심해질 수도 있다. 나는 후자, 즉 더 심해질 수도를 인정하지 않았다. 왜냐하면 여태껏 겪었던 통증보다 더 심해질 수는 없다고 생각했기 때문에. 하지만 그런 나의 생각은 희망 사항일 뿐이었다.

캠벨은 "내게 맡겨 봐. 뭔가 다른 방안을 찾아볼게."라고 했다. 그 다른 방안이라는 것이 무엇이었는지는 잠시 후에 오즈가 '폴리필라(Polyfilla)'라고 표시된 큰 상자를 갖고 들어왔을 때 알게 되었다. 그런 다음 캠벨이 어깨에 침대 시트 몇 장을 걸치고 양동이를 들고 도착했다. 폴리필라는 물과 섞였고, 찢어진 시트는 그 안에 담겼다. 한 시간 만에 내 왼쪽 다리는 엉덩이부터 발목까지 우아한 석고 모형으로 몰딩이 되었다. 그들은 나를 밖으로 데리고 나가서 햇볕이 잘 드는 갑판 의자에 얌전히 내려놓았다. 캠벨은 내게 텀블러를 줬고, 배에서 돌아온 존은 협회의 글렌파클라스 위스키 한 병을 내놓았다. 내가 기억하는 바로는, ABV 61퍼센트(알코올 농도 61도)로 표기되어 있었다.

캠벨은 움직일 수 있을 정도로 석고가 단단해질 때까지 누워 있어야 한다고 알려주었고, 더 단단해지려면 하루 종일 걸릴 것이라 했다. 진통제가 고갈되면 곧 통증은 더욱 심하게 다시 올 것이고 그러면 위스키에 의존할 수밖에 없다고 했다. 그러나 오즈는 계속해서 "그렇다고 과음하지는 말게. 네가 알코올 중독으로 사망해 버리면 나는 네 다리를 구할 수 없게 될 테니까."라고 했다.

의료계에서는 알코올의 마취력을 폄하하는 경향이 있다. 동의하지만, 모르핀 정도의 수준은 아니지만 적절한 양을 복용하면 효과가 있다.

가장 완벽한 웨스트 하일랜드 여름날 중 하루, 나는 햇빛 아래 누워 두 가지 통증을 참아가며, 내 몸이 외부의 어떤 물체인 것처럼 생각하고 그 고통을 시각화해 가면서 정신을 놓지 않으려 노력했다. 두 통증 중 큰 것은 개울가에, 또 다른 하나는 많은 좋은 사람들의 친절과 함께 발린달로크(Ballindalloch)의 수나트 호수(Loch Sunart) 어디쯤에 던져두었다.

다음날 어선이 약속대로 만에 들어왔고 존은 바닷물이 허리에 닿을 때까지 나를 팔에 안고 갑판 위에 조심스럽게 눕혔다. 유리처럼 잔잔한 호수를 지나 살렌(Salen)까지, 진(Jean)의 꽃가게 뒤를 돌아 언덕을 넘어 코란(Corran)까지, 페리로 린네 호수(Loch Linnhe)를 건너고, 레슬리(Leslie)의 볼보(Volvo) 사유지 뒤편으로 하여 수석 의사 존의 부인인 앤(Anne)이 기다리고 있는 에든버러 서부 병원에 드디어 도달하게 되었다.

소름 끼치는 그 뒤의 이야기에 대해서는 다루지 않겠다. 다만, 내 왼쪽 다리가 이제 엑스레이에서 놀라울 정도로 큰 머리 나무 나사로 고정되어 있다는 사실이다. 나는 그것이 부분적으로는 철과 고급 합금으로 만들어졌을 것이라 추측한다. 이 때문에 지난 30여 년 동안, 나는 공항 탐지기와 갈등을 겪어 왔다. 초창기에는 내가 문을 통과할 때마다 알람 경종이 울리곤 했지만, 몇 년 후에 기계는 식별력이 더욱 높아져서 언젠가부터 조용해졌다. 그러다가 2001년 9.11 사건 이후에는 다시 민감해지더니 이제 다시 또 조용해졌다.

아마도 그 결과, 언급할 가치가 있는 한 가지는, 내가 병원에서 기계에 묶여 있는 동안-나는 산 지미냐노(San Gimigniano)교도소(중세시대에 형을 선고받은 수감자들을 위한 공공 또는 민간 시설)에서 나온 선량한 기독교인 같아 보였고-통증은 디아모르핀(diamorphine)으로 조절되었고 그것에 전적으로 의존하고 있었다. 퇴원할 때 그들은 몇 주 동안의 물리 치료를 견뎌낼 수 있도록 덜 하지만 여전히 강력한 진통제를 주었고, 물리 치료는 필수적인 부분이라고 강조했다. 무릎을 구부렸다 펴는 물리 치료였는데, 많이 고통스러웠다. 그리고 한 번 할 때 몇 시간 동안 이런저런 어려운 자세들을 반복해서 취하게 했으므로 결국 이것은 고통의 문제가 아니라 지루함의 문제가 되었다. 그로 인해 나는 프랜시스 고든의 지겨움을 이기는 방법을 떠올려보기도 했다.

앞서 언급했던 프랜시스를 기억할 것이다. 그녀가 주선했던 파티들은 협회의 신디케이트를 구성하는 데 중요한 역할을 해냈다. 그녀가 70세가 되자 정신적으로나 육체적으로 나태해질 위험이 있다고 생각해서 그녀는 여행을 통해 육체적인 나태를 챙겼다. 에든버러에서 런던까지 그리고 런던에서 파리까지 기차표를 구입했다. 파리에서 그녀는

기차를 타고 모스크바까지 갔다가 시베리아 횡단 열차를 타고 블라디
보스토크로 갔다(이것은 1970년대의 소련 상황이었다). 그녀는 배를 타고 일
본으로 갔다가 그곳에서 또 배를 타고 미국 서해안으로 갔다. 그리고
대서양에서 비행기를 타고 집으로 돌아왔다. 그녀는 작고 백발이었으
며 분명히 노쇠했지만, 여행 내내 어떤 종류의 문제도 겪지 않았다. 그
러나 내가 관심을 보인 것은 정신적 피폐를 극복하는 그녀의 기술이었
다. 여행하는 동안, 그녀는 셰익스피어의 소네트(Shakespeare's sonnets,
소네트라는 용어는 고정된 운문, 시적 형식을 지칭하며, 전통적으로 14행으로 구성
되며 각 행은 일정한 운율 체계임)를 모두 외웠다. 나는 그런 그녀를 떠올리
며, 그렇게 해보았다. 덕분에 물리 치료의 지루함도 견딜 수 있었고, 보
트의 약상자에 넣어둘 모르핀 진통제류도 조금 남겨둘 수 있었다. 나는
이해하지 못하는 부분이 많았기 때문에 소네트를 모두 섭렵하지는 못
했지만, 그것을 정독하는 것이 시간을 보내는 유용하고 지속적인 방법
이라고 생각했다.

버스를 기다려야 하는 경우 소네트를 정신적으로 복습하고 재검토
하면 버스가 더 빨리 오는 것처럼 느껴진다. Shall I compare thee to a
summer's day…(이것은 윌리엄 셰익스피어의 소네트 중 하나에서 인용된 것인데,
정말 매우 단순하지만, 그것의 아름다움은 그 '단순함'에 있다). 그 외에 몇 가지도
더할 수 있다.

샴페인, 담배 그리고 칸나비스
Champagne, Tobacco and Cannabis

그 이후, 나의 대퇴골은 완벽하게 치유되었을 뿐만 아니라 원래 보다 더 나은 것 같기에 모두에게 무한한 감사의 마음을 가진다. 이것 때문에 몇 달 동안 나의 외부 활동이 다소 제한되었기 때문에 협회 내부에서 일어나고 있는 일들을 더 자세히 살펴볼 시간적 여유가 있었다. 협회는 훌륭하게 발전해 가고, 사람들이 친구들에게 위스키를 주고 이야기 나누는 것을 좋아했기 때문에 회원 수가 계속 증가하고 있었다. 그들은 우리를 찾는 것만으로도 스스로 뭔가 현명한 일을 했다고 여겼고, 얀시스 로빈슨의 신문 기사는 널리 퍼져 나갔다.

그 무렵에는 영국 전역으로 위스키를 들고 그들을 만나러 나갈 만큼 충분한 회원이 있었기에 재미있고 흥미로운 일로 위스키 시음회 일정을 잡기 시작했다. 일반적으로 멋진 장소를 빌리고 뉴스레터를 통해 시음회를 홍보했다. 충분한 수의 회원이 등록하면 팀 중 몇 명이 위스키와 시음 잔을 갖고 가고 나 또는 회원 중 한 사람이 협회와 그 위스키에 관해 강의하는 것으로 구성했다. 사실 전문적인 관점으로는 그리 진지한 시음회는 아니었다(위스키를 일단 삼켰을 때 발생하는 강한 뒷맛이 전반적인 맛 평가에 실질적으로 영향을 미친다는 사실을 잘 알고 있었음에도 불구하고). 위스키를 입에 넣은 후, 삼키지 말고 뱉어내라고 요청하지 않았을 뿐만 아니라 대부분의 사람들이 평소에 마시던 위스키보다 알코올 함량이 많이 높았기 때문에 시음회는 매우 재미나고 즐거운 분위기로 진행될 수밖에 없었다. 그래서 시음회는 회원들 사이에서 더욱 인기가 높아졌다.

런던 시음회, 아테네움(Athenaeum) 호텔. 세션 중에 젊은 기자 루시(Lucy)가 내게 와서 자기는 「선데이 텔레그래프(Sunday Telegraph)」에 글을 쓰는 사람인데, 협회에 대한 내용을 다루고 싶다고 말했다. 이 신문은 인구통계학적 분포도에서는 「선데이 타임스」와 거의 동급이므로 이는 분명 고무적인 일이었다. 나중에 만나서 가능한 기사에 대해 논의했다. 그녀는 증류소 방문을 제안했고, 나는 그것을 주선하겠다고 했다. 우리와 스카치위스키 기업들과의 관계는 여전히 냉랭했지만, 그때쯤에는 상당수가 협회를 우호적으로 받아들였기 때문에 「선데이 텔레그래프」에 언급되는 대가로 기꺼이 방문에 협력하려는 증류소가 많았다. 그리고 지나가던 중에 루시는 내게 런던에서 열리는 샴페인 시음회에 동행할 의사가 있는지 물었다. 주로 와인 평론가나 구매자들과 같은 전문가를 위한 고품질 샴페인 시음회라고 설명해 주었다. 나는 샴페인에 대해 거의 아는 것이 없었기 때문에 기회가 생겨서 기뻤다.

그 장소는 특별할 것은 없었지만, 20종류 이상의 매우 값비싼 샴페인, 플루트(flutes, 손잡이가 긴 샴페인 잔)와 침 뱉는 컵(spittoons) 등이 잘 갖춰져 있었다. 절차는 다음 시음으로 넘어가기 전에 와인(여기서는 샴페인을 의미함. 샴페인은 와인에서 만들어지기 때문에 종종 통칭하여 와인이라고도 구사됨)을 뱉어내는 것을 제외하고는 모두가 유사하여 익숙했다. 나는 많은 사람을 소개받았는데, 그 중 대부분은 즉시 잊어버렸지만 일부는 내게도 이름들이 익숙한 와인계의 거물들이었다.

내가 일부 비평가들과 와인에 대해 말하고 있을 때 루시가 내게 새 잔을 건네주며 냄새를 맡아보고 그 맛을 설명해 달라고 요청했다. 이것은 약간 불공평해 보였고, 나는 쉽게 망신을 당할 수 있는 상황에 놓이게 되었다. 이런 상황을 인지하고 나는 거품 아래서 최선을 다해 냄새를 맡았다. 또한 내가 잘못한다면 나와 협회 신뢰도에 훼손이 있을 수 있다는 점을 의식했다. 왜냐하면 이 사람들은 모두 신문에 글을 썼고, 기꺼이 갑작스레 등장한 신인의 허세를 깰 수 있기 때문이다. 하지만 나는 적어도 맛에 대한 설명에는 의심할 여지가 없었다. 재료에서 확실히 비스킷 냄새를 맡을 수 있었기 때문이다. 그냥 오래된 비스킷이 아니라 엄마와 친구들이 차 마실 때 먹었던 노란색 크림이 샌드위치로 곁들여진, 내가 아주 싫어했던 작은 바닐라 비스킷 향이 났다. 그래서 혹여 비웃음받을 각오를 하고 "비스킷 냄새가 납니다."라고 말했고, 심지어 그 비스킷을 구입할 수 있는 브랜드 이름과 매장까지 알려주었다. 그것이 정답인 것 같았고, 대부분의 좋은 샴페인에서는 비스킷 냄새가 난다고 했다. 모든 시음자가 나의 특이성에 동의한 것은 아니었지만, 와인 무역 분야에 관한 한 나는 오케이(OK)로 통과되었다. 그 후, 저녁 식사를 하면서 나는 루시의 관점에서 모든 일이 잘 진행되었기를 바라며, 와인 거래와 관련하여 나 때문에 동료들 사이에서 그녀의 명예가

훼손되지 않았기를 바란다고 말해주었다.

그녀는 '그 반대'라고 하면서 "그들은 모두 깊은 인상을 받았어요."라고 말했다. 나는 '대체로 말하지 않고 가만히 있었는데, 내가 어떻게 그들에게 깊은 인상을 주었지?'라는 의구심이 약간 들었다. 그래서 내가 비스킷에 대해 언급했더니, 루시가 "아니, 그게 아니고 비스킷은 이 말과는 상관없고 사람들은 당신의 와인 뱉는 동작에 깊은 인상을 받았다는 말이었어요."라고 했다. 이에 관련해서는 반드시 다음과 같이 약간의 정리가 필요하다.

앞서 언급했듯이, 시음실에는 침을 뱉는 데 사용하는 은색 양동이 같은 통이 갖춰져 있었는데, 나는 시음하는 사람들이 모두 그 위로 구부정하게 서서 침을 흘려내듯이 마신 술을 뱉는 것을 보고 다소 놀랐다. 나는 와인 맛을 본 사람들이 제대로 뱉을 것을 기대했기 때문에 별생각 없이 평소 하던 대로 침을 뱉었다. 나는 루시에게 일부(특히 남성들)에게는 침을 뱉는 행위가 선의의 표시로 여겨지는 사회적인 관례를 가진 배경 출신이라고 설명해 주었다.

아버지는 돌돌 만 흑담배를 파이프에 넣어 피우셨고, 할아버지는 그 담배 재료들을 그냥 씹으셨다. 그래서 자주 가래(객담)를 뱉어내야 해서 아버지와 할아버지는 이 일에는 전문가이시다. 그것이 내게는 전혀 이상하게 생각되지 않는 아주 자연스러운 행위였다. 시간이 갈수록 담배를 씹는 행위는 점점 줄어들었지만, 지금도 여전히 아버지는 파이프 담배를 피우신다. 그러므로 그런 행위는 우리 사회의 일부가 되어 나 역시 비록 담배의 자극 때문만이 아니더라도 자라면서 이 행위가 아주 자연스럽게 몸에 배어 있었다. 던다스(Dundas) 공립학교에서 제일은 아니었지만, 학생들 중에서 나는 침을 잘 뱉는 사람으로 꽤 알려졌다(스코틀랜드인이 아닌 사람들은 이 '공립학교'라는 표현이 국경 북쪽 스코틀랜드에서는 상당히 다르다는 점을 알아야 한다. 나의 모교 학생들은 키가 크고 비쩍 마르고 험악했으며, 학생의 일부는 거의 누더기 꼴이었다).

루시(Lucy)가 스코틀랜드를 방문하기로 했고, 우리는 그녀가 보고 싶어 하는 몇 군데의 증류소를 보여주기로 했다. 스코틀랜드의 증류소 중에서 가장 접근하기 어려운 곳은 스프링뱅크(Springbank)였으며 당시에는 방문객이 거의 없었다. 스프링뱅크는 멀 오브 킨타이어(Mull of Kintyre)의 남쪽 끝인 캠벨타운(Campbeltown)에 위치하고 있다. 이곳은 까마귀가 날아다니고 있고 문명에서 그다지 멀지 않은, 대서양으로부터 클라이드 만(Firth of Clyde)을 보호하는 긴 반도이다. 그러나 내가 이 글을 쓰고 있을 당시에는 바다를 통한 정기적인 연결편이 없었고, 대도시가 아니어서 타버트(Tarbert)에서 파인 호수(Loch Fyne)까지 비행하기 위해 헬리콥터를 빌리기조차도 어려웠다. 도로는 모두 단일 노선이었고, 길 가운데로 긴 잔디가 자라고 있었다. 「선데이 텔레그래프」 신문의 무료 광고에 기뻐하고 있는 스프링뱅크 직원에게 전화를 걸어 방문 날짜를 정했다. 루시는 비행기를 타고 글래스고에 오후 3시쯤 도착할 예정이었고, 공항에서 그녀를 픽업해서 증류소로 이동하면 밤이 되기 전에 도시권을 벗어날 것이다. 그러면 다음날 캠벨타운까지의 스케줄에 문제가 없다.

그 금요일, 나의 승용차 라곤다는 항상 그렇듯이 예상치 못한 일이 생길 우려를 계산하여 일찍 출발해서 오후 1시쯤 글래스고에 도착했다. 그리고 공항은 한 걸음 거리에 있고, 라곤다도 문제없이 잘 달려주었기에 내 집처럼 편안하게 드나드는 지인의 집에 들렀다. 그는 이름과는 터무니없이 다른, 자의식이 강한 바비티 보스터(Babbity Bowster)이다(왜 이름이 그러냐고 이유는 묻지 마라. 알고 싶으면 찾아보거나 거기로 가는 것이 더 좋다. 왜냐하면 그는 아직 거기에 살고 있고, 앞으로도 변화는 거의 없을 것임을 확신한다). 이곳 일부는 펍이고, 일부는 레스토랑이며, 일부는 저널리스트들의 휴양지 같은 곳으로 특히나 금요일 점심시간 때는 대부분의 친구들을 모두 볼 수 있다.

예상했던 대로 친구 몇 명이 있었지만, 운전 때문에 더 즐거운 시간을 가질 수는 없었다. 존 링클래터(John Linklater)의 멋진 모습, 즉 검은색 재킷과 핀스트라이프(pinstripe)를 격식 있게 갖춰 입은 한 키 큰 남자가 그룹에 합류했을 때 대화가 원활하게 진행되었다. 내가 알기로 스코틀랜드에서 근무일에 그런 옷을 입는 유일한 사람들은 변호사, 즉 스코틀랜드 배리스터에 해당하는 사람과 장의사뿐이다. 이 사람은 모든 내 친구들에게 잘 알려진 조크(Jock, '농담'이라는 말과 같은 발음)로 그는 법정에서 방어 불가한 건을 방어해내고 곧장 여기로 왔다.

얼마 전에 영국 해리스 해안에서 어선 한 척이 영국 해군에 의해 나포된 것으로 보인다. 제때에 모든 화물을 버릴 수 없었기 때문에 탑승팀이 어선에 도착했을 때 그들은 1톤이 조금 넘는 대마초 수지를 발견할 수 있었다. 이것은 피를 흘리지 않고 얻은 현장 체포였기 때문에 그들이 체포되어 해군 선박에 탑승하게 되었을 때 수갑이 채워졌고, 오반

(Oban) 감옥으로 호송되었다. 날씨가 맑았고 항해는 별일 없이 무사히 끝났다. 다만, 오반 항구에 들어서자 트롤선이 오반을 서쪽 바다로부터 보호하는 섬인 케레라(Kerrera) 북쪽 끝에서 좌초되고 말았다. 이것은 조크가 방어할 수 있는 유일한 방법이었으며, 그는 다음과 같이 주장했다. "케레라는 오반 만의 입구를 가로질러 남북으로 이어지는 긴 섬입니다. 북쪽과 남쪽 끝에 수로가 있는 관계로 케레라에서는 절대로 아무도 좌초되지 않습니다."

거대한 맥브레인즈(MacBraynes) 페리가 매일 이 해협을 통과하는데, 케레라는 피해 가기가 아주 쉽다. 해협은 좋은 상태였고, 저녁 날씨도 좋았으며, 시야도 트여 있었다. 모두가 침대에 누워 있었다고 해도 배는 케레라에 부딪히지 않고 정박할 수 있었을 것이다. 그렇다면 이런 상황에서 어떻게 의심할 여지도 없는 유죄인 사람들을 변호할 수 있겠는가? 조크는 가능한 유일한 길, 즉 오반 항구의 입구만큼이나 명백한 길을 택했다. 그는 증거의 진실성에 대해 비난을 퍼부었다. 그는 분리형 삼단논법을 능숙하게 사용하여 사람들이 수년 동안 그 어선보다 훨씬 큰 배를 북쪽 입구의 오반 항구로 들여왔다는 점을 지적했다. 그들은 낮이든 밤이든, 겨울이든 여름이든, 술에 취했든 술에 취하지 않았든 관계없이 잘 정박했고, 그 누구도 케레라에 부딪힌 적이 없었다. 그렇다면 해군 수상 선원들이 탄 작은 어선에 어떻게 그런 일이 일어났을까? 그는 두 가지 가능성이 있다고 말했다. 중위 선장을 지휘관으로 둔 그 사건으로 공적을 세운 해군승무원들이 완전히 무능했거나 또는 대마초를 샘플링하다가 모두 취하게 된 경우이다. 분명히 후자는 생각할 수 없는 것이므로 전자가 사실임에 틀림없었다.

그는 변론을 종결지었다. 그는 그것이 그다지 설득력이 있는 것은 아니라고 인정했지만, 그 사건은 어떤 식으로든 그럴듯한 케이스를 만들기는 어려웠을 것이라 했다. 그러나 법원은 그의 스타일과 주장에 동의했으며, 판사는 흔쾌히 결말을 지었고, 조크는 당당히 그의 수임료를 받았다. 그 자리에서 유일하게 그의 주장을 흔쾌히 받아들일 수 없었던 사람들은 해군이었다. 조크의 고객은 몇 년 동안 추방되었고, 정의는 확실히 실현되었다.

내가 글래스고 공항에 루시를 픽업하러 갔을 때 그녀는 나의 차를 보고 조금 놀랐지만, 나는 그녀가 춥지 않도록 양탄자와 여행용 곰 가죽을 많이 가져왔다. 우리는 그날 밤, 로몬드 호수(Loch Lomond) 쪽 어딘가에 머물렀고, 아침에는 캠벨타운까지 장시간 운전해 갔다. 스프링뱅크 사람들에게 말할 나위 없는 환영을 받았으며, 그들은 그들의 '보물' 중 일부를 우리에게 보여줄 수 있다는 사실에 기뻐했다.

그 보물들은 약 500미터짜리의 셰리 버트(sherry butts)이거나 펀천(puncheon)들로 후자는 배 모양의 거대하고 둥근 통인데, 그것들의 다수는 한 세대 또는 그 이상을 축축한 창고에 아무 방해도 받지 않고 누워 있었을 것이다. 내용물을 맛보는 것은 문제가 되지 않았다. 드디어 그 중 한 캐스크를 굴려냈다. 마개(bung)가 시작되었고 샘플이 뽑혔다. 위스키의 품질은 정말 놀라웠다. 그러나 당시 스카치위스키 회사들은 그들의 제품만을 마케팅하기에 바빴고, 이런 종류의 위스키를 판매할 수 있는 미디어가 없었다. 더구나 소비자는 그런 제품들이 존재한다는 사실조차도 모르는 상황이었다. 그리고 스프링뱅크에는 그런 인식을 소비자들에게 고취시킬 인물이나 재정이 준비되지 않았기 때문에 선데이 텔레그래프와 같은 보수적인 신문사에서 무료 광고를 해주겠다는 사실에 무척 기뻐했다.

다음날은 비가 왔다. 서부 해안은 자주 비가 오지만, 그날은 특히 비가 많이 왔다. 좁은 길을 따라 운전하는 동안(다행히도 차가 거의 없었음), 루시에게 앞 유리 와이퍼 작동 방법을 알려주었다. 루시가 와이퍼 모터가 작동될 수 있도록 손잡이를 돌리는 동안, 나는 운전을 했다. 그녀는 가끔씩 앞 유리창 안쪽에 낀 스팀을 닦아낼 수 있도록 천 조각을 내게 건네주기도 했다. 상황은 그리 좋지 않았고, 한두 시간 후에 우리 둘은 커피와 약간의 휴식이 필요했다.

사하라 사막에는 오아시스의 분포가 수치스러울 정도로 드문 만큼, 그 시대에 스코틀랜드 요리 사막의 오아시스는 센트럴 벨트 북쪽에나 있었으므로 결국은 커피도 약간의 휴식도 모두 가능성이 없었다. 게다가 타버트(Tarbert)는 문을 닫았다. 일요일이었으니 예상은 했지만, 호텔 측에 문의한 결과, 전날 밤에 큰 파티가 있었고, 모든 사람이 아직도 침대에 뻗어 누워 있다고 했다. 커피는 못 마셨지만, 최소한 디젤은 충분히 있었기 때문에 계속해서 북쪽으로는 갈 수 있었다. 로크길프헤드(Lochgilphead)나 킬멜퍼드(Kilmelford) 또는 최소한 오반에서 커피를 마실 수도 있을 거라는 확신을 할 수는 없었지만, 루시에게 그 가능성을 계속 고취시켜 줘야만 했다.

예상은 했지만, 길가에 있는 마을 중에 커피를 판매하는 곳은 하나도 없었다. 일부 마실 거리들이 있었지만, 자세히 보면 진짜가 아닌 다양한 모조 제품들이었다. 이로 인해 오반만이 최후의 기회로 남았다. 오반에 가본 적이 없는 루시는 그곳의 커피하우스에 대해 내게 물었고, 솔직하게 말하자면 그곳도 상황이 거의 다르지 않다는 것을 인정할 수밖에 없었다. 나의 유일한 희망은 킬레반이 일요일이라 항구에 있을 수도 있겠다는 것이었다. 그렇다면 가장 통찰력 있는 사람에게 음식과 대화를 약속받을 수 있을 것이다. 킬레반은 거기에 있었고, 우리는 생선 부둣가로 차를 몰고 내려갔다. 거기에는 두어 척의 세인 네터들(seine netters, 전통적인 스코틀랜드 어선들)이 있었고, 그 너머에 지저분하지만 업무용으로 보이는 커다란 조타실과 여러 개의 잠수용 산소통들이 더미를 이루고 있는 킬레반이 자리 잡고 있었다. 그러나 이제 거기까지 어떻게 루시를 데려가느냐가 관건이었다. 왜냐하면 썰물이 들어왔고 미끄러운 잡초가 걸린 사다리를 타고 내려가야 하는 길은 결코 가깝지 않았기 때문이다.

나는 최선을 다해 차를 고정시켜 놓고(도어 잠금장치가 없었음) 킬레반을 가리켰다. 루시는 보트를 본 다음 부두 사다리를 쳐다보며 "내가 저기로 내려가야 한다는 뜻인가요?"라고 믿기지 않는 불가능성을 애써 감추며 물었다. "예."라고 나는 말했다. "보기보다는 쉬워요. 원하시면 제가 먼저 내려가서 미끄러지면 잡아 드릴게요."

만일 「선데이 텔레그래프」 와인 평론가인 그녀가 추락한다면 나는 100톤 중량의 석탄을 붙잡는 희박한 가능성으로 그녀를 캐치할 수 있었을 텐데, 다행히도 그녀는 마음의 결심을 한 듯 보였다. 나는 먼저 사다리 위로 몸을 내렸다. 가리비 껍질을 벗기고 있던 세 명의 어부들이 나의 성공적인 착륙을 승인한 후, 루시가 부두 가장자리 위로 발을 딛는 순간을 감사한 마음으로 조마조마하게 지켜보고 있었다.

그녀가 갑판에 도착했을 때 그녀는 큰 박수를 받았고, 한 보트에서 다음 보트로 건너갈 때는 누군가 그녀에게 도움의 손길을 주기도 했다. 누군가 킬레반을 환호했고, 케이트(Kate)는 조타실 문밖으로 머리를 내밀었다. "그동안 어디 있었어요?" 그녀가 물었다. "우리는 오래전부터 당신을 기다리고 있었어요. 커피는 호브 위에 있고 스콘은 오븐에서 지금 나올 시간이라 타이밍이 아주 좋아요. 커비(Cubby)는 기관실 어딘가에 있어요."라고 그녀는 선장, 조종사, 항해사, 선박 엔지니어였던 남편을 언급하며 말했다.

커비는 매키넌(MacKinnon), 즉 카난 매키넌(Canan MacKinnons) 중의 한 명으로 공식적인 자격이 전혀 없음에도 불구하고 멀 오브 킨타이어(Mull of Kintyre)와 케이프 래스(Cape Wrath) 사이의 어디든 승객과 화물을 운송할 수 있도록 무역위원회가 허가를 내주었다. 뿐만 아니라 그는 수백 마일에 달하는 해안에 있는 험난한 암초와 조수 경주, 모든 부표와 난파선을 눈에 꿰듯 알고 있었다. 무엇보다 더 중요한 것은 무역위원회가 커비의 보험사라는 사실이었다. 스코틀랜드 내셔널 트러스트(National Trust for Scotland)도 마찬가지로 매년 여름마다 멀리 있는 세인트 킬다(St. Kilda) 섬을 오가는 방문객 및 자원봉사자 부대의 수송을 그에게 맡겨두고 있다.

무슨 일을 하고 있는 듯 두들기는 소리가 잠깐 나더니, 잠시 후 보일러 슈트를 입은 기름진 인물이 덮개를 밀고 아래서 나타났다. 서로 소개를 하고, 나는 커비가 루시에게 많은 관심을 갖고 있다는 것을 즉시 알 수 있었다. 그녀도 그와 함께 있는 것을 기뻐했다. 케이트는 그저 호의적으로만 바라볼 뿐이었다. "저 늙은이는 저들 모두를 매료시키지 않나요?" 그녀가 옆에 와서 내게 말했다. "하지만 저 사람이 무얼 어쩌겠어요." 그녀는 좀 덜 자비롭게 "그래도, 그러지 않았으면 더 낫겠어요."라고 덧붙였다.

인생에서 우리의 기대에 맞게 진행되는 것이 거의 없다는 사실을 익히 알지만, 케이트의 커피만은 우리의 기대를 뛰어넘었다. 그것은 짙고 강했으며 항상 대단히 훌륭했고, 그녀가 만든 스콘(scone, 가장 잘 알려진 스코틀랜드의 빵 종류 중 하나)의 우수성과 일치했다. 오븐에서 막 꺼낸 스콘은 황금빛 갈색이었으며, 거기에 버터를 듬뿍 발라 올렸다. 식욕이 왕성한 루시는 몇 개를 게걸스럽게 먹으며, 심장마비 운운하는 말을 입 사이에 중얼거리고 있었다. "여기서 심장마비로 죽는 사람은 아무도 없어요."라고 케이트는 말하고, "'술' 때문에는 그럴 수 있어도 심장마비로는 아닙니다." 이것은 위스키 한 병을 마시며 오가는 대화 중 하나이며, 그들의 환대는 아침까지 계속되었다.

늦은 아침, 즉 거의 점심시간이 되었다. 우리가 더 먹을 것 같아 보이자 케이트는 점심을 준비했다. 그 후에는 더 많은 위스키와 내가 마지막으로 거기에 다녀갔던 이후로 세상에서 무슨 일이 일어났는지에 대한 소식을 알려주었다(이 경우 세상은 케이프 래스에서 멀까지의 해안 구역이며, 육지와 관련된 부분이 가끔 있긴 하지만, 거의 많지 않다).

우리는 자연스럽게 마약 밀수꾼들 이야기를 하게 되었고, 물론 커비는 이것에 대해 이미 모든 것을 알고 있었고, 내가 말해준 스토리에서 상당 부분을 세세하게 덧붙였다. 변호인 사건에 대해 어떻게 생각하는지 물었더니, 커비는 머리를 뒤로 젖히며 크게 웃어댔다. "아~, 그렇죠." 그는 부드러운 웨스트 하일랜드 억양으로 말했다. "배 위에서 전혀 필요하지 않은 세 가지 물건이 있는데, 그것이 무엇인지 아세요? 잔디 깎는 기계, 실크 모자, 영국 해군 장교랍니다." 하며 껄껄 웃었다.

CHAPTER 9

달나메인
Dalnamain

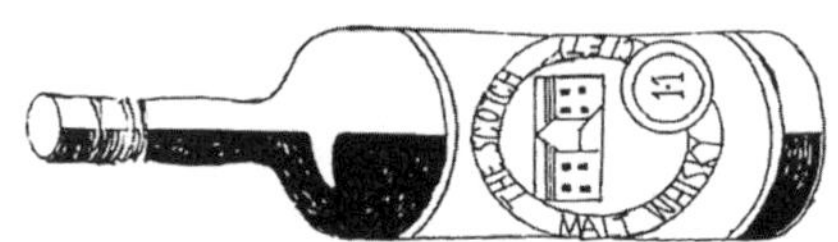

　이 슬픈 이야기의 초반부에 나는 나이 든 산악인이자 온갖 종류의 장난을 좋아하는 남자인 존 퍼거슨에 대해 이야기했다. 존은 자신들을 스코틀랜드 등산의 강인한 사람으로 자부심을 가진 크레그 듀(Creag Dhu)라고 부르는 글래스고 등반가 클럽의 회원이었다. 초기에는 산을 오르는 것이 돈 많고 여유 있는 사람들만 하는 활동으로 인식되었기 때문에 아마추어 신사들만의 특권으로 여겨졌다. 그러나 1930년대에 글래스고 출신의 많은 실업자들은 지저분한 거리보다는 산언덕에서 여가를 보내는 것을 선호했는데, 언덕에 있으면서 산을 오르는 신사 등반가들을 보니, 그들도 그렇게 할 수 있다고 생각했다. 당시에는 어떤 산이 쉽고 또 어떤 산이 어려운지 또 어떤 산이 불가한지 안내해 주는 등산 책자가 없었기 때문에 그들은 스코틀랜드 등산 클럽의 존경받는 회원들이 불가능하다고 간주하는 바위 위를 올라갔다.

　1930년대의 스코틀랜드 서부는 궁핍하던 시절이었고, 그들이 방황하는 동안 듀는 산과 강에서 많은 종류의 유익한 먹거리들을 보았다.

이것은 주로 사슴 고기와 연어였는데, 듀는 땅 관리인에게 허락도 받지 않고 자신과 친구들에게 조달하는 데 전문가가 되었다. 그것은 전통이 되었고, 크레그 듀 산악회 회원 자격으로는 등산만큼이나 밀렵이 중요한 부분으로 자리 잡았다. 그런데 이 사람들은 상업적인 밀렵꾼이 아닌, 친구와 가족에게 먹거리를 주기 위한 목적으로 했다. 만일 그들이 그런 자부심을 갖지 않고 그 일을 행했다면 그들은 아마도 인간 취급을 제대로 못 받았을 것이다. 1950년대 후반에 내가 그들을 처음 알았을 때 밀렵은 진지한 추구라기보다는 그냥 자연스러운 클럽 전통의 성격이 되어 있었다.

밀렵에 대한 스코틀랜드 사람들의 태도를 설명해야 할 것 같다. 아주 소수의(대부분 부유하거나 또는 매우 부유한) 사람들이 대부분의 하일랜드에 땅을 소유하고 있다. 그것은 소유권이 가져오는 이익 때문에만 그런 것이 아니라 하일랜드 토지는 대부분 잉여 수익을 산출하기보다는 일반적으로 막대한 현금 보조금이 들어가기 때문이다. 그래서 어떤 사람들은 땅을 소유했다. 왜냐하면 본인들은 지주가 되고 싶고, 또한 그렇게 되어야 한다고 생각하기 때문이다. 또 어떤 이들은 여가 활동으로 사냥을 한다. 또 어떤 이들은 단지 넓은 땅을 보고 자신이 그것을 소유하고 있다는 데서 자신만의 만족감을 얻기 위해서도 그렇게 한다. 그리고 대부분의 토지 소유자들은 자기 것이라는 소유욕에서 다른 사람들의 접근을 통제하는 그 자체를 즐긴다. 유혈 스포츠를 좋아하는 사람들이라면 자신과 자기 친구들 외에는 아무도 사냥을 못하게 했다.

이런 생각의 차이는 모든 토지가 공동 소유였던 켈트족의 과거에서 유래한, 오랫동안 자신들이 어디로나 제약받지 않고 돌아다닐 권리가 있다는 일련의 태도를 가진 대다수의 일반인에게는 그다지 잘 먹혀들어가지 않았다. 그들 중 일부는 야생 동물을 잡아먹는 데는 일반인도 상응하는 권리를 가졌다고 생각하고 있다. 이것이 크레그 듀가 어디서 왔는지 그리고 바깥의 지주들과 도덕적으로 다른 그들의 행동이 어떻게 전개되었는지를 예견할 수 있는 근거이다(현재 스코틀랜드 정부는 누가 어디로 갈 수 있는지에 대한 규칙을 바꿨다. 하지만 동물 사냥에 대해서는 바꾸지 않았다. 이것은 이해가 된다).

크레그 듀가 SMC(Scottish Mountaineering Club)와 어떻게 함께 몰락했는지 추정하는 데는 많은 상상력이 필요하지 않다. SMC의 초기 구성원 중 상당수는 밀렵꾼들을 매우 부정적으로 보는 귀족들이었다. 이들은 그들의 물고기를 훔쳤을 뿐만 아니라 그들의 산까지 오르고 있었다. 그것도 오르기 불가능한 능선까지 말이다. 이런 적대감이 1950년대 후반까지 커져 갔고, 에든버러에 한 진지한 산악가가 나타나 개인 소유지에 밀렵이 아닌, 등반으로 도전할 때까지는 서로의 적대감이 해결되지 않고 있었다. 이 그룹의 주요 인물은 로빈 스미스(Robin Smith)와 더걸 해스턴(Dougal Haston)이었다. 아쉽게도 스미스는 파미르 산맥(The Pamirs)에서 어린 나이에 세상을 떠났지만, 해스턴은 계속해서 가장 위대한 등산로인 에베레스트의 북쪽 면을 등반했다.

듀의 소유지 중 하나는 부어차일 에티브 모(Buachaille Etive Mor)의 슬라임 벽(Slime Wall)에 있었다. 이곳은 아주 험준하여 끔찍하게 위험한 산으로 알려졌는데, 스미스가 허가 없이 그 경로를 등반함으로써 그들에게 더 큰 공격을 했다. 그런 다음 심지어 그 슬라임 벽을 '십볼렛 (Shibboleth, 성경 사사기 12:4-6 참고)'라고 이름 지을 정도로 뻔뻔했다. 모든 듀의 회원들이 그 십볼렛 농담의 뜻을 이해한 것은 아니지만, 알아들은 사람들은 그다지 탐탁해하지 않았다. 나는 에든버러 그룹의 미약한 구성원 중 한 사람이었기에 그런 경쟁을 가까이에서 목격할 수 있었다.

듀가 SMC를 중산층이라고 무시하는 것에 반격하여 우리는 듀가 밀렵에 많은 시간을 허비하기 때문에 진지한 등반가가 될 수 없다는 것을 암시함으로써 적(즉, 친구)과의 전투가 시작되었다.

이 상황은 어느 날 밤, 에든버러에 있는 카페 로열(Café Royal, 이름과 달리 그리 화려하지 않음)에서 공개적으로 정점에 이르고 말았다. 우리 젊은이 중 최근 결혼한 앤디가 이렇게 말했다. "어쨌든 이 술집에서는 물고기(항상 연어를 의미함)를 10유로만 줘도 살 수 있는데, 왜 어둡고 습한 곳에서 기어 다니느라 애쓰나요?" 이것은 강력한 주장이었고 듀는 "얼마나 큰 물고기인가요?"라고 항의했다. 앤디는 "14파운드(약 7킬로그램)요."라고 대답했다. "어젯밤에 뒷문에 있던 친구한테서 받았어요."

듀가 모두 믿을 수 없다는 '불신의 합창'을 하고 있음에도 불구하고 "그러면…" 앤디는 말을 계속해 나아갔다. "내 말을 믿지 못하시겠다면 집에 와서 직접 먹어 보세요. 메리가 지금 그걸 요리하고 있으니까요." 병맥주를 몇 개 사들고, 모두 밖으로 나갔다. 앤디는 좋은 직업을 갖고 있었기 때문에 모두가 둘러앉을 수 있는 식탁을 갖고 있었지만, 전채로 수프 뭐 그런 종류의 것은 없고 메인 코스만 있었다. 우리는 몇 잔의 맥주를 더 마실 시간이 있었고, 드디어 앤디가 천으로 덮은 긴 접시를 들고 자랑스럽게 문을 통과해 들어왔다. 그는 그것을 탁자 위에 놓고 "이거요."라고 말하며 자랑스럽게 열어보였는데, 그것은 꽤나 화려한 대구였다. 우리 모두는 대구를 맛있게 먹었지만(내 생각에는 연어보다 더 맛있었음), 앤디의 평판은 엉망이 되고 말았다.

존은 협회 창설에서 중요한 역할을 했지만, 사업에는 거의 관심이 없었다. 협회 이사로 있는 동안, 그는 협회에 있는 시간보다 펍이나 벤더로크에 있는 그의 별장에서 노래나 부르고 있는 시간이 더 많았다. 그는 캠벨(앞서 언급한)과 그의 동료들이 최선의 노력을 기울였음에도 불구하고 결국 암에 걸려 죽고 말았다. 하지만 그때까지 함께 즐거운 시간을 보냈고, 존은 수사슴과 연어 관련하여 자신의 기술을 곧잘 보여주곤 했다. 실제로 이런 기술들을 유용하게 활용할 수 있는 기업을 설립하자는 계획까지도 이야기한 적이 있었다. 그것에 대한 중요한 목적은 스코틀랜드의 참모습 일부를 대중에게 널리 알리고자 하는 것이었지만, 도덕적 측면의 지지는 협회 창립 때 보였던 것만큼 높지 않았다.

우리는 관광업의 일부로 스코틀랜드 방문객에게 주로 제공되는 쓰레기 같은 엉터리 물건에 대한 혐오감에 영향을 받았다(내가 여기서 말하는 것이 무엇인지 모르겠다면 에든버러 로열 마일이 얼마나 관광업으로 훼손되어 있는지를 한 번 살펴보시길 바람). 그래서 우리의 계획은 소수의 유료 방문자에게 독특한 경험을 제공하는 의도를 갖고 있었다. 소위 말하는 '너저분한 하일랜드 휴가(Filthy Highland Holidays)'라고 하는 회사 설립을 추진할 계획이었다. 원래 아이디어는 방문자에게 스코틀랜드의 실제 모습이 어떤 것인지 보여주는 것이었다. 비, 추위, 갯지렁이, 나쁜 음식, 나쁜 음료, 축축한 침대 등 타탄 인형을 포함한 모든 것이 확실하게 전시될 계획이 보장되어 있었다. 하지만 이 프로그램이 아무리 정통성이 있다 하더라도 고객들의 저항에 부딪힐 수 있다는 이유 때문에 무산되어 다른 방안을 모색해야만 했다.

새로운 계획은 현재 휴면 상태로 많은 역량을 갖고 있는, 존의 인맥을 이용하는 것이었다. 이것은 내가 읽고 있었던 잡지에서 착안한 아이디어였다. 이 간행물은 미국에서 발행되었지만, 분명히 사냥꾼이나 야생 사냥꾼이 되고 싶어 하는 총기 애호가들의 국제 독자층을 대상으로 하는 잡지였다. 그런 사람들은 아주 많았고 그들 중 상당수가 자신의 집착을 추구하기 위해 많은 돈을 쓸 준비가 되어 있다는 것을 잡지를 통해 알 수 있었다. 잡지를 읽은 후, 존은 내가 눈치 채지 못한 것을 지적했다. 오퍼되고 있는 이 무기는 열 살 먹은 아이라도 반마일쯤 떨어진 곳에서 성난 황소나 코끼리를 죽일 수도 있는 매우 성능 높은 수준이라는 것이다. 그것이 사실이라면 나머지 일은 너무 지루해질 것이다.

존이 제안하기를 "그러면 우리는 밀렵과 같이 좀 더 어려운 걸 오퍼하면 어때? 장비만 갖추게 되면 어떤 바보라도 사슴이나 연어를 잡을 수 있게 될 것이고, 그것을 밤에 하게 되면 길리(ghillie, 낚시나 사냥과 같은 야외 활동 보조원) 시야 아래서 약간의 기술만 있으면 되잖아." 했다.

그래서 또 다른 좋은 아이디어가 탄생했다. 다음 몇 주 동안(그리고 수많은 드라마를 통해), 가장 미묘하게 소식을 전할 계획이 구체화되었다. 협회와 마찬가지로 유료 광고도 없을 것이다. 우리는 훌륭한 사격장이 있는 하일랜드 스포츠 경기장을 찾아야 했다. 빅토리아 시대에 주인이 상상했던 것보다 훨씬 더 고급스럽게 숙소와 가구들로 꾸밀 것이며, 코

르동 블루 셰프(a cordon bleu chef)와 함께 유쾌한 접대부들을 고용할 것이다. 물론, 협회 위스키와 최고급 와인도 제공된다.

농장 자체는 훈련 목적으로만 사용하고, 사냥이나 낚시를 하지 않는 것으로 규정한다. 하지만 밤에 이웃 영지를 밀렵해서 고객들에게 영지 주인이 모르는 사이에 강에서는 물고기를, 언덕에서는 사냥할 수 있도록 하자는 것이 우리의 계획이었다.

만일 존재한다면 이것은 하이 징크(High Jink, 유쾌함, 즐거움, 왁자지껄 시끄럽고 재미있음)일 것이다. 존 뷰캔(John Buchan)은 그의 소설 『존 맥넵(John Macnab)』에서 이와 비슷한 것을 제안했지만, 접대부는 없었다. 인접한 영역의 소유자는 계획에 참여해야 하지만, 최대한 비밀리에 보비(Bobbie, 경찰을 의미함) 회원들에게 그것이 자선금이든 뭐든, 일단 기부해 두는 것이 좋다. 부유한 사냥꾼들은 춥고, 젖고, 밋지(midge, 스코틀랜드의 악명 높은 아주 작은 모기로 청바지까지도 뚫고 들어옴)에게 물릴 것이고, 아마도 잡히면 우리는 경찰서 감방에 던져질 것이다. 그러나 아무도 몇 시간 이상 구금되지 않을 것이며, 사냥꾼들 중 심지어 체포된 사람조차도 실제로 기소되는 일은 없을 것이다. 뿐만 아니라 이들은 친구들에게 평생 전할 이야기가 있게 될 것이다. 그런 일이 지나고 나면 우리 모두는 많은 돈을 벌게 되고, 존은 더 많이 갖게 될 것이다. 그러나 앞서 말한 대로 때에 맞지 않게, 편하지 않게 존은 죽고 말았다.

수년 동안 나는 동부 하일랜드, 서덜랜드(Sutherland)의 계곡에 작은 오두막을 갖고 있었으며, 삶이 힘들 때면 그곳으로 쉼을 위해 가곤 했다(먼 북쪽에 있는 땅을 서덜랜드(남쪽의 땅)라고 부르는 것이 약간 이상하게 들리겠지만, 약 천 년 전에 더 먼 북쪽에서 온 바이킹들에게서 그 이름이 유래되었다고 한다).

나는 많은 땅을 소유한 어떤 부동산 업자에게 이 오두막을 빌렸다. 오두막은 높은 언덕 위에 있어서 주요 도로에서 약간 벗어나면 눈에 들어오는 위치에 있었다. 비록 춥긴 하지만, 시간이 성스러울 정도로 고요한 장소였다. 그것은 늙은 관리인이나 양치기 오두막이었는데, 아마도 꽤 오랫동안 분명히 수백 년, 어쩌면 수천 년 동안 사람이 거주해 온 것으로 보였다.

뒷문에서 20야드 떨어진 곳에 돌무덤이 있고, 언덕 기슭에는 한쪽 끝에 움푹 파인 고분이 있다. 무덤 도굴꾼, 아마도 바이킹들이 천 년 전에 약탈품을 보관한 곳이었던 것 같다. 계곡에는 아름다운 풀밭이 있고, 중앙에는 돌이 서 있다. 돌의 모퉁이 중 하나에 있는 표시는 오검(ogham, 약 5~10세기까지 아일랜드 원주민들의 고풍스러운 형태의 비문에 사용된 알파벳 문자)이라 생각하는데, 지금은 이 픽트어 오검(Pictish ogham)이 너무 학문적이어서 읽을 수 있는 사람이 아무도 없을 것이라 생각된다.

겨울에는 이곳이 정말 마법 같은 곳이 될 수 있다. 지평선 남쪽에는 일곱 개의 언덕이 있고, 그 위로 맑은 밤이면 오리온자리의 별들이 타오르며 떠오른다. 하지만 이곳은 6~7시간을 운전해 자정에야 도착할 수 있는 아주 추운 곳이다.

조명은 양초와 오일 램프이지만, 발전기를 사용하면 전기가 공급되기도 한다. 발전기는 추운 날씨를 좋아하지 않는 트윈 실린더 리스터 디젤(twin-cylinder Lister diesel)로 구동된다. 추운 날씨를 좋아하는 디젤은 없지만, 이곳에서는 특히 더 어렵다. 이건 별로 놀라운 일이 아니다. 왜냐하면 디젤 엔진은 오일과 공기를 압축하여 자연 발화되는 지점에서 작동하기 때문에 얼어붙은 언덕에서의 자정은 디젤 엔진이 작동되기에는 많은 어려움이 있다. 어느 겨울, 저녁에 도착했는데, 기억은 잘 안 나지만 어떤 이유에서인지 전등이 필요했다. 아무리 크랭킹을 해도 리스터(Lister)에서는 작동 소리가 나지 않았다. 물론, 나는 위스키를 가져왔고, 레오나르도(Leonardo)와 친했을 때 배워둔 순간 해결책인 위로의 술이 생각났다. 나는 위스키 하일랜드 파크의 마개를 뽑고, 리스터의 공기 필터에 갓 오픈한 위스키를 부었다. 그런 다음 성냥갑을 꺼내 불을 켰다. 이것이 공기 필터 속의 위스키에 닿았을 때 푸른 불꽃이 타올랐다. 나는 실린더의 압축을 풀고 핸들을 돌려 타고 있는 위스키를 엔진으로 빨아들이도록 했다. 세 번째 시도 후, 드디어 발사가 되었다. 나는 그 이후로 항상 이 기술을 주저 없이 사용해 오고 있으며, 강력하게 추천한다.

강이 계곡을 통해 호수의 시작에서 바다까지 7~8마일 정도 흐르고 있다. 독수리는 오리나무 숲에서 사냥을 하고, 한번은 길가에 있는 전화박스에 서 있는데, 독수리가 번쩍이는 발톱으로 강 위에서 물고기를 잡아채 날아오르는 것을 보았다. 그 작은 강은 아름다웠다. 작지만 갖춰야 할 모든 양상을 완벽하게 갖춘 실체였다. 물은 언덕의 이탄(peat) 때문에 갈색이지만, 아주 깨끗하고 웅덩이에서는 송어를 볼 수 있고 때로는 연어도 볼 수 있었다.

가끔씩 존과 나는 함께 오두막 별장에 올라가곤 했다. 한번은 그가 강을 유심히 바라보는 것을 목격했다. 그러고는 내게 말했다. "너는 내가 본 강 중에서 밀렵하기에 최적의 강을 갖고 있다는 사실을 아니? 이곳은 내가 손에 물 한 방울 안 묻히고도 물고기를 들어 올릴 수 있을 정도의 '밀렵 강'이라는 사실을 말이야." 나는 오래전에 그에게 이 강은 출입금지라고 말했었다.

나는 연어 밀렵을 하려다가 내 임대권을 위태롭게 할 의도가 전혀 없었고, 뿐만 아니라 항상 내게 공평했던 주인과 좋은 관계를 유지하고 싶었다. 또한 나는 강과 그곳의 밀렵 가능성에 대해서도 알고 있었기 때문에 때를 기다려야겠다 생각하고 있었다. 나는 밀렵꾼이 되려는 사람들에게 경고하기 위해 관리인이 매일 아침 계곡으로 운전하고 올라오는 작은 지프차를 존에게 손가락으로 가리켜 보였다. 하지만 존은 그런 것이 자기와 같은 전문 밀렵꾼에게는 무용지물이라며 나의 염려를 일축해 버렸다.

언덕 바로 너머 작은 농장에 알렉(Alec)이라는 친구가 있었다. 농장 이름도 특이했고, 스튜어트(Stuart) 가문인데 알렉이라는 이름도 특이했다. 나는 한 번 그에게 그것에 대해 물었다. 왜냐하면 이곳은 매케이(Mackays)와 매켄지(Mackenzies) 땅이었는데, 스튜어트 또한 분명히 소득자였기 때문이다. 그의 가족이 17세기 초에 실제로 소득자였다는 것을 알렉은 직접 확인했다. 알렉은 가끔씩 내게 위스키를 달라 요청했고, 한번은 그가 위스키를 요청했을 때 우연히 존이 나와 함께 있었기 때문에 함께 그에게로 갔다. 또 다른 손님, 도로 보수공인 조크와 함께 위에 언급했던 주제의 이야기가 나오기를 기대하면서 다 같이 모여 앉았다. 어쩌면 두 사람은 형제였을 수도 있었을 만큼 서로 별다른 말을 하지 않아도 너무 잘 통했다. 그리고 그 이야기는 봄날의 눈 녹듯이 자연스럽게 흘러나왔다.

조크는 4~5명으로 구성된 도로 보수 팀을 담당하고 있었다. 그들은 아침마다 트럭의 유압 크레인을 사용하여 곡괭이와 삽, 작은 압축기와 공압 드릴, 작은 자체 동력 롤러 및 연기 나는 역청, 자갈 등을 작은 로리에 싣는 작업을 했다. 조크는 해당 지역의 감독관이었으며 어느 도로 부분을 가장 먼저 수리해야 하는지 결정하는 것은 그의 책임이었다. 계곡으로 올라가는 길 중앙에 풀이 자라고 있었다는 것은(이 책에 자주 언급되는 대부분의 도로 상태처럼) 그렇게 자주 보수해야 할 만큼 교통량이 많지 않았다는 것이 분명했다.

조크는 관리인과 좋은 관계를 유지했는데, 그들은 가끔 계곡으로 올라가는 길에 멈춰서 이야기를 나누고 차 한 잔을 마시곤 했다. 관리인은 젊고 예민했지만, 그다지 날카롭지는 않았던 것 같다. 그렇지 않았으면 날씨에 맞춰 도로 상태를 잘 정비했을 것이다. 아마 이렇게 말하는 것 또한 불공평할지도 모른다. 왜냐하면 폭우가 내린 후에도 도로 보수 팀이 나타나기까지는 한참이 걸렸기 때문에 두 사람 사이의 관계가 문제된다고 말하는 것은 옳지 않을 것 같다. 한때, 이런 일이 있었다.

폭우가 내리면 8시간 정도 안에 강의 수위가 높아지고 연어는 바다에서 계곡 꼭대기에 있는 호수로 이동하게 된다. 비 오는 밤을 보낸 후, 조크는 도로를 보수해야 한다고 판단되면 아침 일찍 보수 팀을 이끌고 계곡으로 운전해 온다. 그들은 가장 울퉁불퉁한 도로(선택할 여지가 없음)에 멈추고 그날 그 도로를 지나갈 것으로 예상되는 대여섯 대의 차량을 통제하기 위해 신호등을 설치했다. 그런 다음 그들은 모든 장비를 내리고 길을 팠다. 점심시간쯤 되면 도로가 파여 있어서 지나가는 차는 험준한 지형을 조심스럽게 둘러 지나가야 한다. 보수공들은 점심 도시락을 가져왔고, 날이 좋으면 길가에 앉아 법적으로 정해진 시간 동안 식사를 했다.

그러는 사이 어느 순간에 조크는 강으로 미끄러져 내려가곤 했는데, 강은 그 길에서 걸어서 몇 분도 채 걸리지 않는 곳에 있었다. 그곳이 연어들이 모이는 웅덩이일 것이며, 그는 숙달된 전문가였기 때문에 헤시안(hessian, 거친 천 종류) 자루에 몇 분 안에 넣기만 하면 끝나는 것이었다. 오후에는 보수공들이 도로에 아스팔트와 자갈을 깔고 작은 롤러를 굴렸다. 그런 다음 그들은 신호등을 해체하고, 모든 장비를 트럭에 싣고 오후 4시가 되면 일을 마친다고 했다. 나는 존 같은 대단한 인물과 많은 시간을 함께 보냈지만, 그가 어떤 것에 대해 이렇게까지 솔직하게 감탄하는 모습을 본 적이 없었다.

계곡 관련 주제로 알렉과 생명보험에 대해 이야기를 나눈 부분이 있다. 알렉은 양치기 농부로 약간의 경작지가 있었고 거기에 언덕이 많아서 따뜻한 계절에는 양을 치곤 했다. 경작지의 간접비를 줄이기 위해 알렉은 자신의 땅 너머에 있는 약 9마일의 거친 땅에 양을 방목시켰다. 하지만 이것은 결코 동물의 수가 많다는 것이 아니고, 다만 그가 양을 돌보는 데 더 많은 시간을 보내야 한다는 것을 의미했다. 내가 집에 있을 때 항상 그는 오두막 별장으로 찾아와 아침에 차 한 잔, 오후에는 술 한 잔을 함께 마셨다.

어느 무더운 여름날, 알렉이 방문했다. 그가 이상하게 자꾸만 잔을 만지작거리는 것을 보아 뭔가 할 말이 있는 것이 분명했다. 그해에는 날씨는 큰 문제가 아니었음에도 불구하고 우리는 애꿎은 날씨 이야기만 하면서 대화가 겉돌기만 했다. 그러더니 알렉이 느닷없이 생명보험에 대해 물었다. 그가 네츠케(netsuke, 일본 미술에서 상아, 나무, 금속 또는 세라믹으로 만든 작은 형상)에 대한 나의 의견을 물었다면 내가 그리 놀라지는 않았을 것이다. 사실 나는 생명보험에 대해 아는 바가 거의 없어서 별 도움이 못 될 것 같다는 생각을 했지만, 드디어 알렉의 고민거리가 표출될 수 있어서 기뻤다. 그의 아내가 그를 생명보험에 가입하도록 부추긴 것 같았고, 그것 때문에 걱정하고 있었다. 항상 그렇듯이, 아내가 남편의 생명보험에 관심을 갖게 되면 암살 가능성을 고려해 보는 것이 현명하기 때문에 가능한 한 재치 있게 그들의 사적인 관계가 어떤지에 대해 물었다.

그러나 그들은 아주 사이가 좋은 듯 보였다. 문제는 어떤 보험 판매원이 방문했는데, 아내에게 현재는 매우 작은 투자이지만 미래에 막대한 부를 암시하는 놀라운 계산을 보여주었기 때문에 생긴 일이었다. 기대한 바, 나는 그 이슈에 크게 도움을 줄 수 없었다. 하지만 그 일이 어떻게 전개될 것인지 궁금했는데, 일 년 후에 사실 전개를 알게 되었다.

알렉은 자기 스스로를 설득했고, 보험사 직원이 재방문하여 그의 예상 수치를 제시했다. 그는 그 어느 것도 믿지 않았지만, 아내와의 사이에 평화를 위해 보험을 가입하는 데 동의했다. 보험사 직원은 양식 작성을 도와준 다음 당시 45세쯤이었던 알렉에게 담당 의사의 이름을 물었다. "저는 담당 의사가 없어요."라고 알렉이 말했다. 이 때문에 대화가 잠깐 지체되었고, 보험사 직원은 알렉이 어떤 의사에게도 소속되지 않았다는 사실을 이해할 수 없어 "당신은 어느 지역 진료소에 등록되어 있습니까?" 하고 다시 물었다. "아프면 누구한테 알려요?" "나는 절대로 아프지 않아요." 알렉이 대답했다. 보험사 직원이 이를 이해하는 데 다소 시간이 걸렸다. 알렉은 아프지 않았을 뿐만 아니라 아픈 적도 없었고 의료 기관에 등록된 적도 없었다. 보험사 직원은 "글쎄요, 생명보험 신청을 뒷받침하려면 의사 진단서가 필요하기 때문에 현지 진료소에 등록하고 건강 검진을 요청해야 할 것 같습니다."라고 말했다.

그래서 알렉은 의사 등록을 하고 정식으로 검진을 받았는데, 젊은 의사는 "당신은 나이에 비해 꽤 건강합니다. 생업으로 뭘 하세요?" 하고 물었다. 그는 "저는 양을 키우는 농부예요."라고 말했다. 글래스고 출신의 의사가 "운동을 많이 하시나요?"라고 물었고, 알렉은 "운동의 내용에 따라 다르지 않겠어요."라고 대답했다. 이러다가 서로가 무승부로 끝날 것 같아 의사가 다시 묻기 시작했다. "어떤 스포츠를 하시나요? 아니면 조깅 같은 거 하세요?(그 당시 조깅은 뚱뚱한 사람들을 위한 달리기 운동으로만 인식되었다.)" "아니요." 알렉이 대답했다. "전 그런 에너지가 없어요." 이때쯤 의사는 이제 이야기가 잘 진행될 것 같은 자신감에 다시 물었다. "당신의 활동 수준이 얼마나 되는지 알아야 하니, 오늘 하신 일들을 말해주시겠습니까?"라고 끈기 있게 물었다. "글쎄요, 이른 아침에 저는 계곡으로 올라가서 한동안 잃어버린 양을 찾아 헤매다가 시간에 맞춰 그들을 찾아 데리고 내려왔고, 그런 다음 아마도 몇 마리를 놓쳤을 거라는 생각이 들어서 다시 올라갔다가 예상했던 대로 대여섯 마리가 더 있어 그들을 끌고 다시 내려왔어요. 그게 전부입니다. 그러고 나면 조깅하러 갈 기분이 별로 나지 않아요.”

다행스럽게도 의사는 알렉의 기질을 파악하기 시작했고, 더 자세한 사항을 물었다. 알렉의 농장에서 계곡 꼭대기까지는 까마귀가 날아가는 거리로 약 9마일(약 15킬로미터)이지만, 계곡의 곳곳은 매우 거친 땅이다. 알렉은 그날 약 36마일(약 58킬로미터)을 달린 셈인데, 이는 일반 도로의 약 50마일(약 81킬로미터)과 맞먹는 거리였다. 이 말을 들은 의사는 놀란 표정으로 그를 바라보더니 가타부타 하지 않고 진단서에 서명을 해주었다.

CHAPTER 10

스토브와 인디언
The Stove and the Indians

실제로는 일어난 일을 시간 순서대로 전개해 나가야 하지만, 이 이야기는 거꾸로 시작하는 것이 이야기가 더 잘 풀릴 것 같다. 인디언(바이킹같이 생긴 오토바이)을 탄 사람들은 난로가 터지기 전에 왔었다. 난로 사고와 인디언을 탄 사람들과는 단지 간접적으로만 연관되어 있고, 거기에는 '위스키'와 악어의 눈물(진심이 아닌 눈물이나 슬픔의 표현)을 흘려가며 찔찔대는 '나', 이 두 가지 점이 관련된다. 무슨 말을 하는지 어리둥절하겠지만, 이제부터 설명하겠다.

협회가 번성할수록 숙성된 고급 캐스크에 대한 필요성은 더욱 커졌고, 우리는 그것을 소유한 사람들의 '선의'에 더욱 의존하게 되었다. 우리는 화를 내지 않도록 매우 조심했고, 앤 다나는 내가 그랬던 것처럼 여러 가지 방법으로 업계를 계속 회유해 나갔다. 동시에 우리는 항상 좋은 캐스크를 찾고 있었는데, 10마일도 채 떨어지지 않은 창고, 즉 아무도 신경조차 쓰지 않은 곳에서 예상치 못하게 최고급 양질의 위스키를 '발굴' 해냈다.

드람부이(Drambuie)는 스카치위스키에 조금이라도 관심이 있는 모든 이에게 잘 알려져 있다고 생각한다. 이것은 오리지널 위스키 리큐어로 세계의 모든 '자존심' 있는 바의 선반에서 한 병쯤은 찾을 수 있을 것이다. 많이 마시는 사람은 없지만, 수백만 명의 사람들이 때때로 조금씩 마시면 전 세계적으로 판매량이 엄청날 것이다. 고품질의 스카치위스키와 꿀, 기타 다양한 재료로 만들어지는데, 후자 재료들은 철저히 보호되는 '비밀' 레시피이다.

내가 글을 쓰고 있을 당시 회사는 매키넌(MacKinnon) 부인과 그녀의 두 아들 가족의 소유로 되어 있었다. 오퍼레이션 베이스는 에든버러 서쪽의 브록스번(Broxburn)에 있으며, 그곳에서 리큐어를 혼합한다. 이 과정에 대한 설명은 광고나 관광 안내 책자에 나오는 홍보 문구로 사용되지만, 내가 발견한 바에 따르면 실제로 그것은 사실이었다. 직원이 리큐어의 각 주요 성분을 준비해 두면 매키넌 부인은 위층 실험실로 올라가서 캐스크에 첨가될 '만능불사 엘릭시르(elixir)'를 제조하여 드람부이 위스키를 만든다.

매키넌은 창립 이래로 아주 오랫동안 그 사업을 소유해 왔다. 전해오는 이야기에 따르면 컬로든(Culloden)에서 패하고 쫓겨 도망가는 과정에서 찰스 에드워드 스튜어트 왕자(Prince Charles Edward Stuart)가 조상의 비밀인 위스키 레시피를 전수해 주었다고 알려져 있다. 이것이 사실이든 아니든, 나는 판단할 수 없다고 생각한다. 스튜어트 왕자가 리큐어 제조법에 관심을 가질 가능성은 매우 작아 보이며, 빨간 코트(영국 군병)가 열심히 추적하고 있어 잡히면 끔찍한 죽음을 맞이할 상황에 그가 이것에 대해 사람들에게 이야기를 해줄 만한 충분한 시간적 여유가 있었을 리도 만무하다. 하지만 이것은 선한 이야기이고 스카치위스키를 판매하기 위해 이런 스토리텔링을 동행하는 사람들과 함께 나누며 동지의식을 가져야 한다고 생각한다.

그 가족은 창업 초기부터 사업을 운영해 왔지만, 그런 일들이 늘상 그렇듯이 상속인들이 회사를 운영하는 것이 자신이 원하는 삶이 아니라고 생각할 때가 찾아온다. 그들은 사업을 관리해 줄 사람을 찾고 있었는데, 가족 회사를 운영하는 데 따르는 압박과 회사 운영에 관한 기업 환경을 이해하는 탁월한 재능을 지닌 사람이어야 했다. 다행히도 그들은 이 두 가지 재능보다 훨씬 더 많은 재능을 가진 피터 다비셔(Peter Darbyshire)를 찾아내는 데 성공했다.

피터는 상무이사로 부임하면서 전체 사업을 검토했다. 브록스번의 창고에 회사 재정이 튼튼하여 오랫동안 최고의 제품만을 구입했기 때문에 모두 최상급 캐스크로써 놀라운 숙성도를 가진 몰트위스키를 많이 보유하고 있다는 사실에 놀라움을 금치 못했다. 뿐만 아니라 전국 각지의 증류 창고에는 필요할 때마다 불려올 준비가 되어 있는 재고가 많이 있었다. 그것은 절대적인 보물 창고였으며 재정적, 미각적 측면에서 그 가치는 엄청났다. 많은 맥아가 통에 오랫동안 보관되어 있었기 때문에 그것을 리큐어에 믹스용으로 판매하는 것보다 더 나은 용도를 찾을 수 있다고 피터가 제안한 것 같다. 당시 스카치위스키 산업은 주기적인 불황 중이었지만, 이를 어떻게 더 잘 활용할지 그 방법을 몰랐다. 우리 협회에서 이것을 처리해 줄 수 있다는 점에 대해 의심하지 않았으며, 또한 협회에서 드람부이의 일부 주식을 구매하기로 합의했다.

간접적이기는 하지만, 바로 이것이 인디언들이 달나메인에 몰려오게
된 이유가 되었다.

　내게는 알런이라는 친구가 있다. 그는 몇 년 전에 성공적인 팝 그룹
의 리드 기타리스트였다. 이 그룹은 여기저기를 여행하며 국제적인 명
성을 얻었다. 유명한 밴드였지만, 음악 외에 그가 정말 좋아했던 것은
골동품 오토바이였으며 특히 미국 골동품 자전거, '인디언'이라는 브
랜드였다(오토바이 감정가들에게는 '인디언'이라는 브랜드가 오토바이 자체를 대
표했던 반면에 '할리 데이비슨(Harley Davidson)'이라는 브랜드는 갑자기 벼락부자
가 된 파베누스(parvenus)나 혈통이나 문화적 교양이 낮거나 전혀 없는 필리스틴스
(philistines)와 같은 사람들이 선호하는 제품이었다). 그는 이 특이한 취미에 '경
력'을 쌓기 위해 결국 음악 사업을 포기했다. 여행 중에 그는 인디언을
볼 때마다 그것을 사서 상태별로 낡은 것, 괜찮은 것, 최상의 것으로 나
눠 컬렉션을 했다. 또한 그 과정에서 그런 것들을 가치 있게 생각하는
많은 유럽 사람들과 일부의 미국 사람들을 알게 되었다.

　다양한 사람들이 흔하지 않은 공통 관심사를 바탕으로 함께 모여
그룹을 형성한다는 것은 인간의 가장 사랑스러운 속성 중 하나일 것이
다. 이 인디언 오토바이의 경우가 그러했다. 매키넌 형제는 알런의 열
정을 공유했다. 이로 인해 세 사람은 알런의 골동품 인디언 오토바이를
복원, 판매하는 사업을 시작하게 되었는데, 우리 집 뒤에 있는 마구간
의 절반을 구입했다. 이곳은 조금 떨어진 곳의 어떤 돈 많은 사람이 자
기의 오래된 차를 넣어두곤 하던 마구간으로 나의 오래된 차 라곤다를
그 차고에 보관해 두기에 매우 적합했다. 알런은 좋은 사람이었을 뿐만

아니라 인디언 재건에 필요한 모든 기계를 갖고 있었고 수리가 끊임없이 필요했던 골동품 오토바이 또는 아예 처음부터 부품을 제조해야 하는 경우도 있기 때문에 인디언 브랜드의 오토바이를 가진 사람들에게 인기가 많았다.

알런이 윌리(Willie)를 어디서 찾아냈는지 모르겠지만, 그는 '보물'이었다. 드람부이 리큐어가 보물이라는 의미에서의 보물은 아니지만, 그럼에도 불구하고 아무튼 보물이었고, 보물이 될 가능성도 있었고, 실제로 종종 그러기도 했다. 어려웠던 윌리는 공학 기계공이자 금속 예술가였다. 그는 키가 5피트 조금 넘었고 체형이 약간 휜 데다가 안짱다리였지만, 헐렁하고 때 묻은 보일러 복 외에는 다른 것을 입은 적이 없기 때문에 그것을 아무도 알아채지 못했다. 그는 기름때가 손톱에 껴 있었고, 실제로 그의 온몸에는 때가 그냥 스며들어 있는 것 같았다. 그가 가장 좋아하는 것은 그를 취하게 하는 대마초였는데, 그는 그것을 조인트 형태로 계속 피워가며 자신의 할 일에 열중했다.

그는 알런을 설득하는 데 약간의 어려움을 겪기는 했지만, 멋진 기계 도구를 구입했고, 아주 크고 골동품 분위기가 풍기는 신시내티 밀링 머신(Cincinnati milling machine)을 갖고 있었다. 알런의 집에는 공간이 부족했기 때문에 윌리는 나를 설득하여 내 차고에 그 거대한 선반을 설치했다. 윌리의 능력에 대해서는 의심의 여지가 없다. 나는 자주 윌리를 생각하곤 했는데, 그가 허버트(Herbert) 선반 위로 몸을 구부리고 1,000분의 1인치 허용 오차로 그 신비한 기계의 부분을 만져가며 조용히 조인트 연기를 뿜어내고 있는 모습이 떠올랐다.

알런의 사업은 번창했다. 유럽 전역에서 때로는 미국에서 고객이 찾아와 정교하게 복원된 인디언(오토바이)을 구입하거나 또는 수리 및 개조를 위해 오토바이를 가져왔다. 그의 고객 중 가장 열성적인 고객은 독일 출신이었고, 점차적으로 독일인들이 여름마다 방문하는 전통이 생겼다. 일부는 오토바이를 타고 오지만, 그런 낡은 기계를 혹독한 여행길에 올리는 사람은 거의 없다. 그들은 인디언들을 하나씩 구매해서 대형 밴에 태워 스코틀랜드의 경치 좋은 지역으로 싣고 가서 인디언에 옮겨 타고 즐기며 돌아다녔다. 그러나 한 가지 그들이 아쉬워했던 점은 오토바이를 타는 사람은 누구나 안전 헬멧을 착용해야 한다고 규정한 영국 법이었다. 그 결과, 그들은 법에 구애받지 않고 한적한 도로를 찾아 부담 없이 탈 수 있기를 원했다.

협회 위스키를 마시면서 알런은 "아마도 이건 좋은 아이디어 발상의 계기가 될 수도 있겠어."라고 말했고, 나는 "그럼 그들을 달나메인으로 데려가면 어때?" 하고 제안했다. 알런은 달나메인에 대해 아무것도 몰랐기 때문에 나는 그에게 설명해 주었다. 외딴 곳으로 하루에 약 6대의 차량만 다니고 다양한 단일선 도로, 격주로 수요일에 10분 동안만 경찰이 순회하는 길. 오두막 별장이 필요하다면 좋은 위스키를 공급받을 수도 있고, 우기를 대비한 쉼터도 있는 그런 곳, 달나메인!

다음 해 8월 어느 목요일, 독일의 인디언 모터사이클 클럽(또는 이와 유사한 이름)이 서덜랜드에 도착했다. 날씨는 좋았고 회원들은 머리카락을 자유롭게 날리며 황무지 위로 인디언을 몰아갔다. 바이킹처럼 생긴 오토바이를 탄 사람들이 갑자기 들이닥쳐 주변 사람들은 놀랐다. 오토바이와 밴은 다리 옆 오래된 헛간에 보관해 두고, 오두막에는 약 천 년 전 실제 바이킹이 마지막으로 방문한 그때보다 더 많은 사람이 모였다. 그리고 협회에서는 위스키를 제공했고, 알런은 매우 관대하게 그 비용을 모두 자기가 지불하겠다고 고집했다.

당시 달나메인의 난로는 잘 작동하고 있었다. 그것은 주철로 만들어진 거대한 래번(Raeburn)이었고, 가연성 물질이라면 무엇이든 태워 버릴 것이었다. 물을 가열하는 뒷 보일러가 있어서 짙은 갈색 물(스코틀랜드의 이탄(peat)층을 통과해서 내려오기 때문에 물줄기에 갈색으로 비침)로 목욕 물을 받을 정도로 넉넉했다. 한 차례 인디언들이 떠난 후, 우리는 장소를 깔끔하게 정리하고 난로에 불을 지펴 다음 방문을 준비했다. 계곡을 내려갈 때는 꼭 한 번씩 언덕에 외로이 앉아 있는 오두막집을 뒤돌아본다. 그리고 돌아오는 길에 거의 같은 장소에서 올려다보며 "최소한, 너는 아직 여기 있구나."라고 혼잣말로 중얼거리곤 했다.

그로부터 4개월 후, 다시 돌아왔을 때는 12월 말이었다. 우리 삶에는 스트레스가 많았고, 인위적이고 상업적인 에든버러의 송신년 축제인 호그마네이(Hogmanay)가 취향에 맞지 않아 와이프 마기와 나는 참여하지 않기로 하고 달나메인에서 조용히 새해를 맞이하기로 했다. 둘만의 시간이 가장 바람직하다고 생각했다. 나중에 이것이 얼마나 폭발적인 죽음에 가까운 상황으로 이르게 할 것이라는 사실과 오직 우리를 구해줄 수 있었던 것은 협회의 위스키 한 병이 될 것이라고는 생각조차 못한 채 말이다.

북쪽으로 운전해 가는 길은 매우 추웠다. 크리스마스 이후 일주일 내내 꽁꽁 얼었는데, 복싱 데이(Boxing Day, 크리스마스 다음날인 12월 26일 연휴, 모든 숍들은 대량 연간 할인 판매를 시작하는 것으로 유명함) 이후로 다행히 눈은 내리지 않았다. 주요 도로는 얼어 있었지만, 폐쇄되었다는 보고가 없었기 때문에 희망을 갖고 오후 내내 운전했다. 희망은 실현되었고 계곡으로 올라가는 길은 공식적으로 열렸지만, 초보 운전자에게는 권고되지 않는다는 경고판이 붙어 있었다. 그 시골은 내가 이전에 보았던 그 어떤 것과도 달라 보였고, 실제로 반짝였다. 실제 풍경이라기보다는 크리스마스카드에 더 가까웠다. 계곡 꼭대기에 멈춰 섰을 때 그 반짝임의 실체를 파악할 수 있었다. 일주일 동안 날씨가 춥고 건조했는데, 그 사이에 얼음 결정이 엄청나게 커져서 땅을 밟을 때마다 거대한 얼음 결정이 발 아래서 부서지면서 금이 갔기 때문에 마치 깨진 유리 위를 걷는 것과 같았다.

별장에 늦게 도착한 우리의 유일한 생각은 오로지 방 한 칸의 공간을 최소한의 온기를 느낄 수 있도록 따뜻하게 만드는 것이었다. 불을 켜기가 까다로운 부엌 난로를 무시하고, 1층 방의 벽난로에 불을 지폈다. 그곳에서 매우 편안하게 잠을 잘 수 있었지만, 불을 지피기 위해 가끔 일어나야 했다. 늦잠을 자고 깨어났을 때 두 가지 사실을 발견했다. 불은 꺼져 버렸고 당장 먹을 것이 없었다. 그래서 커피와 먹거리를 구하러 차를 타고 가장 가까운 마을로 가기로 했다. 그에 앞서 부엌 난로에 나무와 석탄으로 불을 지펴두면서 따뜻하고 아늑한 주방으로 돌아갈 수 있기를 기대하며 급히 집을 나섰다.

시내 호텔에서 커피를 마시고 슈퍼마켓이라 할 만한 가게에서 쇼

핑을 하고 돌아가는 길에 오리나무 숲을 통과하면서 방향을 돌리며 아내 마기에게 "계곡 기슭에 사는 친구인 톰(Tom)에게 꼭 들러야 해."라고 말했다. 우리는 그렇게 했고, 위스키 한 병을 가져갔다. 스코틀랜드에서는 새해에 방문객이 병이나 석탄 한 조각을 가져와야 하는 것이 오랜 전통이었으며 서덜랜드는 매우 전통적인 장소였기 때문에 더욱 그랬다. 물론, 그해의 마지막 날인 호그마네이 때뿐이었지만, 그런 특별한 날에는 누구도 화를 내지 않으며 모두 공손하고 친절했다. 특히 우리가 들고 있는 병에는 협회의 위스키 라벨이 붙어 있었고, 톰은 몇 년 전에 입회했기 때문에 절대 오늘만큼은 우리에게 화를 낼 수 없었을 것이다!

그는 우리를 만나서 기뻐했고, 권하는 술을 기꺼이 받아 마셨고, 이어서 또 한 잔을 더 권했다. 결국, 떠날 때쯤 나는 몇 잔을 더 마셨기 때문에 마기가 나머지 길을 운전하기로 했다. 나는 차창 밖으로 서리가 내린 모습을 바라보며 행복하게 앉아 있다가 오두막이 눈에 들어오자 평소처럼 "최소한, 너는 아직 여기 있구나." 하고 중얼거렸다. 그것은 우리가 계곡을 올라갔을 때까지도 그곳에 그대로 있었다. 마기는 차를 주차했고 나는 차에서 쇼핑한 물건들을 꺼냈다. 평소처럼 문은 열어두었으므로(그 지역에서는 사람들이 문을 잠그지 않음) 쇼핑백을 내려놓고 문을 열었다. 아니, 뭔가가 문 뒤에서 막고 있는 것 같았기 때문에 오히려 열려고 노력했다는 표현이 더 적절했다.

마침내 안으로 들어갔을 때 그 뭔가는 당연히 10피트 거리에 있어야 했던 부엌문이라는 것을 알았다. 부엌은 연기와 김이 모락모락 올라오는 폐허의 현장이 되어 있었다. 난로가 사라졌고, 가구가 모두 파괴

되었으며, 벽 주위의 나무 패널에는 연기가 나는 석탄이 박혀 있었다. 창문 하나는 바닥에 산산조각 나 널브러져 있었고, 다른 하나는 아예 사라져 보이지도 않았다. 주위를 둘러보니 난로에 남아 있는 것이라고는 주철 조각이 전부였다. 나중에 나는 윗방에서 또 다른 큰 철 조각을 발견했다. 그것은 천장(나무 패널)과 위층 바닥의 판자를 뚫고 폭발한 것이었다. 난로의 부서진 조각들은 '두 손이 필요 없을 정도'로 산산조각이 나 버렸다.

충격이 가라앉자 우리는 얼마나 행운이었는지 깨달았다. 벽에 박혀 있는 아직 뜨거운 석탄을 살펴보건대 폭발은 늦어도 30분 전쯤에 일어난 것 같았다. 만일 그 방에 있었다면(거의 확실히 그랬을 것) 살아남을 가능성은 전혀 없었을 것이다.

나는 나중에 무슨 일이 일어났는지 알아냈다. 스토브에는 물을 가열하는 뒷 보일러가 있다. 내가 별장을 임대했던 동안에 뒷 보일러의 물은 한 번도 얼지 않았기 때문에 별장을 떠날 때마다 시스템을 배수할 필요가 없었다. 하지만 유난히 추운 이번 겨울에는 파이프가 모두 얼어 버린 것이다. 스토브에 불이 붙었을 때 불의 열 중 많은 부분이 뒷 보일러로 전달되는데, 일반적으로 열 순환은 이 열을 지붕에 있는 탱크로 전달하지만, 파이프가 얼어붙으면 그렇게 될 수 없다. 따라서 뒷 보일러의 얼음이 녹아 물로 변하고, 물은 가열되어 증기가 되고, 타오르는 불로 인해 더 많은 에너지가 전달되어 보일러가 폭발할 때까지 증기의 압력이 높아졌던 것이다. 집이 불에 타지 않은 유일한 이유는 그 폭발이 증기 폭발이었기 때문이다. 영하 20도인 바깥 공기가 유입되면서 응

축되고 진공 폭발이 생겼는데, 그 증기로 인해 문 하나와 창문 하나가 완전히 날아가 버렸던 것이다.

오후 내내 최선을 다하여 청소하는 데 시간을 보냈고, 저녁은 예전처럼 다른 방의 타오르는 불앞에서 보냈다. 우리는 불 위에 요리를 하고, 식사를 마친 후, 위스키 두 잔을 따랐다. 자정이 되자 나는 내 잔을 들어 마기에게 "우리가 톰을 방문하여 이 병에 든 위스키를 그와 함께 마시지 않았더라면 우리는 살아서 새해를 맞이하지 못했을 것이니, 새해 복 많이 받고, 위스키를 즐겨요."라고 말했다.

CHAPTER 11

더 포토리스
The Port o'Leith

협회가 시작된 지 몇 년이 지났다. 소문은 계속 퍼져나갔고, 매년 새로운 회원이 가입하고 기존 회원권들은 연장되었다. 그들 중 많은 사람이 협회를 찾아왔다. 협회의 회원 중 목수와 전기 기술자들이 있었던 것을 무척 기쁘게 생각했던 것은, 그들 덕분에 협회 사무실에 바닥 공사를 할 수 있었기 때문이다. 회원들과 그들의 친구들을 위해 위스키 시음회를 개최하기에 바빴고, 모두 새로운 맛의 위스키는 기적 그 자체라고 감격했다.

대부분의 스카치위스키 사업자들, 특히 나이 든 사람들이 여전히 우리를 미심쩍어했기 때문에 우리는 재고로 쌓여 있는 캐스크를 구하는 데 어려움을 겪었다. 젊은 세대들은 협회가 전통적인 방법의 브랜드 이미지 전달과는 전혀 다른, 새로운 인식을 창출하고, 이는 궁극적으로 위스키 업계 전체에 이익을 가져다줄 것이라는 사실을 이해하고 있었다. 때때로 우리가 판매하는 제품에 대한 간략한 설명을 요청하기도 했는데, 이는 우리에게는 더할 나위 없는 선물 같은 요청이다. 나는 간단하고 겸손하게 "그렇다. 이것은 지구상에서 가장 좋은 증류주이다. 그리고 지금 내 말을 듣고 있는 사람 중에 누구라도 이것보다 나은 무엇을 내게 보여줄 수 있다면 내가 도전해 보겠다."라고 말했다. 하지만 여태껏 어느 누구도 그 '무엇'을 보여준 적이 없었다.

시간이 지남에 따라 우리 회원 룸이 완성되고, 고객들은 협회 위스키를 맛볼 수 있는 다소 고급스러운 바를 갖게 되었다. 이곳에서 많은 기억에 남는 행사들이 펼쳐질 것이다. 단점이 있다면 분위기가 너무 차분한 듯한 경향이 있는데, 아마도 많은 회원 또한 그와 비슷한 분위기를 기대했을 것이다. 그들 중 일부는 피커딜리(Piccadilly)에 있는 신사클럽과 분위기가 비슷하다고 생각했을 것이다. 하지만 나는 재미 또는 신나는 일과는 거리가 먼 그런 성향들을 배제하기 위해 최선을 다했다. 여기에 관해서는 펑크스타일을 하고 다니는 수석 바텐더였던 더기(Dougie)에게 도움을 받았다. 기억할지 모르겠지만, 1980년 당시에 펑크는 라이프스타일의 한 상징이었으며, 더기는 자부심을 갖고 타협하지 않은 채 그 스타일을 고수해 오고 있었다. 그리고 더기는 시니어 회원들이 어쩔 줄 몰라 할 정도로 다정하고 친근한 태도를 보여주었다. 그는 협회 위스키에 대한 지식만큼은 누구보다도 완벽하게 숙지하고 있었다. 안타깝게도 내가 협회를 떠나게 된 후, 현명하지 못한 나의 후임자가 그를 파직시켰다는 것은 아주 부끄러운 일일 뿐만 아니라 완전한 '재능 낭비'였다.

수년 동안 나는 일주일에 한두 번만 저녁에 협회에 나타나곤 했다. 이는 나의 건강과 내가 위스키 이야기만 너무 많이 하여 사람들이 지루할 경우를 염려해서 자제한 방문 횟수였다. 또 다른 이유는, 한 친구가 여러 차례 내게 전통적인 신사클럽의 회원 멤버십을 갖지 않겠느냐고 제안해 왔기 때문이다. 나는 단호히 거절했고 거절하는 진짜 이유는 말해주지 않았다. 그것은 스스로 선택된 사람들이라 생각하는 부류로 구성된 신사클럽에 대한 배타성보다는 펍의 자유주의적인 분위기를 선호했기 때문이다. 또한 펍은 정말 엄청나고 재미있는 이야기들이 솟아나는 장소이기 때문이다.

리스에서 내가 가장 좋아하는 펍은 의심할 바 없이 나의 오랜 친구인 메리 모리아티(Mary Moriarty)가 소유한 컨스티튜션 거리(Constitution Street)에 있는 오래된 건물의 '포토리스(Port o'Leith)'였다. 메리는 나의 등반 친구인 빅 엘레이(Big Eley)의 부인이었으며(아마도 전처였을 수도 있지만, 아직도 확실히 알지 못함), 그녀의 술집에는 좋은 사람, 나쁜 사람, 큰 사람, 작은 사람들이 자주 찾아왔다. 그곳에서 일하는 지미(Jimmy)는 심한 로컬 억양으로 말을 하는데, '9전 짜리 지폐(as queer as a nine-bob note, 영국 화폐 단위에 9실링 지폐가 존재하지 않았다는 사실에서 비롯된, 뭔가 또는 누군가가 이상하고 독특하거나 심지어 가치 없음을 의미)'라고 칭할 만큼 괴상한 사람이었다. 하지만 지미는 여러 배의 전체 선원들을 한꺼번에 상대해가며, 그 비좁은 사이에서 질서 있게 주문을 받아내는 아주 탁월한 능력이 있다. 포토리스 펍은 그런 곳으로 항해자들 세계에 잘 알려져 있다. 아주 가끔이긴 하지만 급할 때만, 지미는 메리에게 백업 지원을 요청한다. 메리는 키가 크고, 탄탄한 가슴과 흰 머리카락을 가졌으며, 술 취해서 말썽부리는 선원들을 꼼짝 못하게 컨트롤할 수 있는 탁월한 카리스마가 있다. 그녀가 카펫 슬리퍼로 '무장'을 하면 어떤 말썽꾸러기,

예를 들면 리투아니아(Lithuania)의 거인이나 태국의 깡패 같은 사람들일지라도 슬리퍼 밑창으로 귀싸대기를 쳐서 끝장을 내주고 만다.

11월의 어느 날 저녁, 북미에서 스카치위스키 컬렉션으로 가장 잘 알려져 있는 맥코이 박사(Dr. McCoy)가 협회를 방문했다. 그는 자신의 서재에 300병이 넘는 스카치위스키가 있으며 그 중 대부분을 시음했다고 스스로 인정했다. 나는 호스트 입장이었기 때문에 위스키 수집가를 하나의 클래스로 간주하는 것에 대한 소견을 드러내지 않고 정중하게 관심을 기울여 그의 말을 경청하고 있었다.

처음에는, 그가 시음 노트가 담긴 셀라북(cellar-book)에 관심 있어 할 것 같아서 그것을 소지하고 있는 세인츠버리(Saintsbury) 씨에게 들러야겠다고 생각했다. 하지만 아쉽게도 맥코이는-대부분의 수집가들이 그렇겠지만-컬렉션의 핵심을 위스키의 맛이 아니라 위스키의 소유권에 두고 있었다. 이것은 최선을 다해 경험을 확고하게 만드는 방법, 즉 본질적으로 사라질 어떤 것을 영구화하려는 것이라고 표현할 수 있다. 최악의 경우 위스키 컬렉션은 단순한 탐욕의 진열일 뿐이다.

짐작할 수 있듯이, 손님이 스카치-어떤 스카치라도 상관없이-의 모든 주제에 지칠 줄 모르는 관심을 표했기에 그날 저녁 시간은 지루하게 지체되었다. 예상할 수 있겠지만, 우리는 술을 많이 마셨고, 다른 회원들은 모두 떠났다. 더기는 유리잔과 바를 치우고 타월로 탁자 먼지를 탁탁 털고 멋지게 하루 일을 마감했다. 한두 시간 동안, 나는 빠져나갈 전략에 대해 고민하고 있었는데, 아마도 위스키 덕분에 영감을 가질 수 있었던 것이라 생각한다. 나의 손님에게 메리와 포토리스에 대해 이야

Maverick : The Founder's Tale

기해 주었고, 메리를 마음이 따뜻한 여주인(사실이었음)으로 그녀의 펍을 스카치위스키 문화의 중요한 중심지(사실은 그렇지 않음)로 소개하며 함께 그곳으로 가자고 제안했다. 듣고 있던 더기는 문 닫을 시간이 한참 지났다고 지적했지만, 그날은 토요일 밤이니 문제가 없을 것이라 말했다.

우리는 코트를 입고 협회 뒤편을 따라 리스 항구의 가장 오래된 거리를 통과하여 골목의 미로로 들어갔다. 맥코이 박사는 그에게는 그곳이 위험해 보였는지 다소 불안해했지만, 내게는 고향 같은 도시의 한 작은 여기가 아주 편안했다. 좁은 골목 끝에 펍의 불빛과 포토리스 펍의 두꺼운 커튼이 쳐진 창문이 보였다. 무심코 보더라도 두 가지 사실이 확실했다. 대중의 눈에는 그 펍은 확실히 문을 닫았고, 문을 닫아도 그 안에서는 즐거움이 계속되고 있다는 사실을 알 수 있었다. 날씨가 매우 어두웠기 때문에 맥코이 박사는 내 옆에 바싹 가까이 붙어 섰고, 나는 골목으로 이어지는 옆문을 두드린 후, 잠시 동안 기다렸다. 잠시 후, 시간이 좀 더 지나자 살짝 열린 문 주위에 지미의 얼굴이 나타났다. "아, 바로 당신이었군요."라고 말하며 문을 활짝 열어 우리를 맞이했.

내가 그때 있었던 장면들을 제대로 재현해낼 수 있을지 모르겠지만, 최선을 다해 상황에 맞춰 분위기를 묘사해 보겠다. 아주 시끌벅적하고 요란하고 즐거운 시간으로 토요일 밤의 모든 단골손님이 한꺼번에 모여서 즐기고 있었다. 메리는 정식으로 바 뒤에 버티고 서서 상황을 관망하고 있었고, 여러 곳에서 갖가지 노래들이 뒤섞여 불리고 있었다. 움직일 공간이 거의 없었음에도 불구하고 석유 굴착장에서 일하는 사람 중 곰 같은 덩치의 몇 사람이, 애꿎은 동양적인 외모의 검은 피부를 가진 사람들에게 어떤 동작을 해보이고 있었다. 분명히 자기들은 그 동작을 아주 간단한 것으로 생각했을 테지만, 그것은 다른 사람들이 따라 하기에는 거의 불가능해 보이는 복잡한 동작이었다. 나머지 동료들은 이해할 수 없는 리듬에 맞춰 펄쩍거리는 춤에 박수로 응원을 해댔다. 곧 모두 꼬꾸라졌고, 아마 자리가 있었으면 쓰러졌을 것이다. 다시 한 번 드링크를 돌리고 하면 옥신각신하던 모든 문제가 다 해결되었다. 한구석에서 두 남자가 체스를 두고 있었는데, 그 와중에 그러고 있는 걸 보니 그들은 틀림없이 '청각장애인'이었을 것이다. 그즈음 우리는 많은 친구들 덕분에 환영을 받으며 들어갔다. 우리는 연동 작용으로 바까지 떠밀려 들어갔으며, 메리는 곧장 위스키 두 잔을 올려놔 주었다. 같은 속도로 곧장 마셔 치웠고 연이어 잔이 채워졌다.

몇 시였는지는 정확하게 모르겠지만, 이른 아침, 나는 맥코이 박사를 '조종'하여 그가 머물고 있는 협회로 돌아갔다. 이후 나는 그 에피소드 전체를 잊어버렸다. 내게는 별로 특별할 게 없었지만, 맥코이 박사의 경우에는 그렇지 않았던 것이 분명했다. 그 후, 몇 년 동안 그는 스코틀랜드에서 자신의 경험에 대해 빠지지 않고 들려주는 최고의 이야기로 의심할 바 없이 포토리스 펍 방문 후일담을 선택했다. 그는 댈러스(Dallas)의 황량한 교외 생활에서 아무리 많은 위스키 컬렉션을 하더라도 단순히 수집하는 것만으로는 체험할 수 없는 실제 생활 속에 숨 쉬고 있는 위스키의 진정한 가치를 경험한 것이었다.

몇 달 후 어느 날 아침, 직원 중 한 명이 한 여성분이 나와 이야기를 하고 싶어 한다고 알려주었다. 메리였는데, 그녀는 행복해 보이지 않았다. 포토리스 펍 주위에서 소음에 대한 불만이 급증한 것 같았다. 어느 날 저녁, 경찰이 출동했고 면허 소지자인 메리가 주류 면허 조건을 위반한 것으로 처리되었다고 했다. 이것만으로도 충분히 나빴는데, 그보다 더한 것은 바의 면허갱신 기간이 다가오고 있다는 것이었다. 시의회 면허위원회 회의에서 그 불만 제기 때문에 갱신이 무산될 수도 있다며 걱정하고 있었다. 메리가 토요일 밤에 늦게까지 문을 열어 둘 수 없게 되는 상황에서 어떻게 도움을 줄 수 있을지는 확실하지 않았지만, 내가 할 수 있는 데까지 알아보겠다고 했다. 사실 진상부터 파악해야 되겠기에 리스경찰서로 갔다. 나는 상사를 만나려고 했지만, 그는 지금 부재 중이라고 했다. 카운터에 있는 경찰관에게 상황을 설명했다. 그는 동정심을 보여주었고, 누군가가 분명히 직접 다시 연락하겠다고 약속했기에 나는 경찰서를 나왔다.

여기서는 사회적 배경을 조금 설명해야 한다. 앞서 언급한 것처럼 리스는 옛날부터 정겹기는 했지만, 거친 곳이었다. 조명은 어두웠고 거리는 좁았으며 리스 사람들은 자신들을 바깥세상에 알리고 다니는 것보다 자신들 내부에서 일어나는 일들에 더 많은 관심을 쏟는 부류의 사람들이었다.

여기에도 가파른 사회적 신분의 차이가 있었다. 한쪽 끝의 올드 링크(old Links) 앞의 조지안 테라스(Georgian terrace)에서부터 다른 쪽 끝의 버나드 거리(Bernard Street) 뒷골목까지는, 당시 기준으로 볼 때 존경할 만한 노동계층이 살던 집들이었고, 대부분 서로의 생활에 대해 잘 알고 있었다. 왜냐하면 그들은 낮에 서로 매일 대면하고, 저녁에는 펍에서 만나 낮에 있었던 이야기들을 나눴기 때문이다.

하지만 1970년대부터 부동산 가치 상승으로 인해 일부 오래되기는 했지만, 전통적인 아름다운 건물을 매우 저렴하게 구입할 수 있었던, 소위 말하는 중산층 사람들이 이 도시로 이주하여 정착했다. 정당하든 아니든, 그들은 토박이 노인들에게 '옵피(Yuppies)'로 알려졌고, 그 옵피들은 포토리스 펍 근처에 아파트를 구입하여 살고 있었다. 그들은 포토리스 펍에서 술을 마실 그런 부류의 사람들이 아니었기 때문에 그곳에서 무슨 일이 일어나는지, 인간의 위엄성 측면에서의 가치를 거의 인식하지 못했다. 그리고 그 옵피들은 토요일 밤 10시 이후에는 어떤 소음도 있어서는 안 된다고 주장하는 계층의 사람들이었다.

다음날 더기는 "경찰 같아 보이지 않는 경찰이 두 명 와 있다."고 말했다. 사실은 그 사람들은 내가 아는 하사였고, 경위도 마찬가지였다. 그들은 메리와 포토리스에 관해 내게 이야기하러 왔다고 했다. 불만은 정당한 것 같았다. 실제로 지난 토요일에는 많은 소음이 있었는데, 메리가 진압할 수 없었던 '전투'가 잠시 동안 바깥 도로에서 벌어졌다고 했다. 이때의 소음이 큰 문제였다. 경사가 말했듯이, 200야드(yard, 영국의 길이 단위, 약 182미터)나 떨어진 경찰서에서도 소음을 들을 수 있었을 뿐만 아니라 노래하는 가사까지도 알아들을 수 있었다고 했다. 그들이 제복을 입지 않을 때는 포토리스 애용자 중 한 사람들이지만, 그 진술을 면허 법원에서 진술하지 않을 수 없어서 매우 유감으로 생각한다고 말했다.

우리는 그 문제에 대해 집중해서 논의했다. 그것은 포토리스뿐만 아니라 리스 항구 생활권 자체로서도 중요한 사건이었다. 경찰은 상황이 좋지 않아 보이는 사실을 객관적으로 보고할 의무가 있지만, 그 술집은 항상 잘 운영되고 폭력이나 범죄가 발생하지 않는 곳이었다. 무엇보다 어떤 시민이라도 안전이 보장되는 선의의 무고한 장소라는 것을 그들도 잘 알고 있었다. 그들이 자유롭게 큰 소리로 말하고 노래 부를 수 없다는 것은 그 욥피 소득권자들의 외계인적 편견에 문제가 있다는 견해였다. 메리는 내가 그녀의 술집 인물들에 대한 증인으로 면허 법원에 참석해 줄 것을 제안했고, 나는 그렇게 하겠다고 동의했다.

이는 주로 새로운 면허 신청자가 직접 관계하는 비공식적인 일이었는데, 대부분 예외가 없다. 왜냐하면 포토리스 파견대는 결속력과 활력으로 잘 알려져 있었기 때문이다. 나는 유일한 비즈니스 정장을 입고 법원 의장에게 내 '계획된 작품'을 진술했다. 그때까지도 의장이었던 그녀는 우리가 20년 동안 친구였다는 사실에 대해 어떤 내색도 하지 않았다. 더 중요한 것은 내가 그동안 바쁘게 준비한 자료는 메리와 포토리스를 칭찬하는 18개국에서 보내온 이메일 내용을 출력해서 인쇄물로 제시했다는 것이다. 이런 탄원의 노력 덕분에 면허는 갱신되었고 욥피들의 불평에 관한 이슈가 이후에는 한 건도 없었다.

CHAPTER 12

더 탭 The Tap

때로는 방문객에게 에든버러 펍의 흥미로운 점을 설명해 줄 필요가 있다. 그 중 하나는 펍의 문 위에 있는 이름은 일반적으로 알려진 이름과 상당히 다를 수 있다는 것이다. 따라서 포리스트 힐 바(Forest Hill Bar)는 샌디 벨(Sandy Bell), 애슬레틱 암스(Athletic Arms)는 더 디거스(The Diggers)이다. 전자는 소유주의 이름을 따서 불렀고, 후자는 인접한 묘지에서 일을 하는 사람들이 교대 근무를 마친 뒤 그곳에서 술을 마셨는데, 그 고객들로부터 불린 이름이다. 이 관습은 시민들에게 일종의 동지애뿐만 아니라 외부인들에게 그들 나름의 우월감을 나타내기 위한 방법이다. 에든버러는 그들만의 고유한 정체성이 강한 도시였고, 외국인에게 배타적이지는 않았지만 승인된 시민의 권리를 얻기 위해서는 이런 중요한 펍들의 이름을 배워나가야 하는 도시이다.

나는 수년 동안 로어 그랜턴 로드(Lower Granton Road)에서 술을 마시는 단골 고객이었다. 항구 바로 뒤 해수면보다 약간 아래에 위치한 이곳은 여행자들에게 '그랜턴 선술집(Granton Tavern)'이라고 알려졌지만, 그곳에서 술을 마시기 시작한 때부터 '더 탭(The Tap)' 외 다른 이름으로 불리는 것을 들어본 적이 없다. 에든버러와 마찬가지로 여기도 외부인에게 배타적이지는 않지만, 그렇다고 환영하지도 않았으며, 그곳의 시민으로 소속될 수 있는 특권은 당연히 취득되어야 한다는 묵시적 관습이 있었다. 자신들의 낮은 사회적 지위에도 불구하고 아마도 단골 중 누구도 부유하지 않다는 사실을 정확히 알고 있었기 때문에 그들만이 알고 있는 사실들을 즐겼다. 그들이 싫어하는 것은 상류층에 속한 대학생이나 큰 소리로 말하며 그들을 '가난한 농민'으로 취급하는 사람들이었다. 그런 사람들에게 술집은 위험할 수도 있지만, 다행스럽게도 그곳은 일반적인 학생들이 자주 찾는 곳과는 거리가 멀었다. 그런 유형의 방문객도 드물었고 모험을 한 번 겪은 사람들은 다시 방문하는 같은 실수를 저지르지 않았다.

어떤 이유에서인지 나는 더 탭의 젊은이들 중 하나로 여겨졌고, 그들과 다른 나의 사회적, 교육적 배경은 수용되었으며, 도리어 긍정적인 측면의 특별한 사람으로 받아들여졌다. 여기에는 내가 일상적인 스코틀랜드어로 말한다는 점도 도움이 되었다. 로우랜드 사람들은 영국 남부 사람들과 비슷한 방식으로 영어를 사용하므로 사회적 거리를 크게 평준화하는 역할을 했다. 스코틀랜드는 '호이 폴로이(the hoi polloi, 부정적인 의미로 사용되는 다수의 서민)'와는 거리가 먼, 영국 상류층으로 인해 200년 넘게 고통을 받아온 국가였으므로 자신의 선택으로 스코틀랜드어를 사용한다는 것은 서민과 무언으로 연대감을 선언하는 것을 의미하며, 사람들은 이를 이해하고 우호적으로 받아들인다.

오래된 어선을 수리 복구하는 모든 작업을 내 손으로 해낸 미련한 우직함이 내가 그들의 일부로 받아들여지는 데 도움이 되었던 것 같다. 이외에 여배우들에 관한 이야기도 있었는데, 왜 그랬는지 그 이유는 잘 모르겠지만, 젊은 여배우들 사이에서 보일러 슈트를 입고 역청 한 통과 브러시를 들고 핍의 보트 복구 일을 도와주는 것이 유행이 되었다. 그들 중 누구도 오래 머물지 않았지만, 그 유행은 '클란고든'이 완성될 때까지 몇 년 동안 계속되었다. 보트를 소생시키는 데 18개월이 걸릴 것으로 예측했는데, 10년이 걸리고 말았다. 이에 대해서는 나중에 자세하게 설명하겠다.

나는 내가 모르고 있는 많은 사실들을 더 탭에서 알게 되었다. 그곳에는 보트를 복구 제작하는 나 같은 사람에게 필요한 대부분의 기술이 있었다. 니콜(Nicole) 형제들만 하더라도 훌륭한 조선소에 직원으로 고용될 수 있을 만큼의 충분한 기술을 갖고 있었다.

그의 큰아들 조(Joe)는 직업상으로는 조작공이었다. 작고, 둥글고, 명랑했으며 자신들이 얼마나 많은 것을 알고 있다는 사실을 모르고, 무지하기 때문에 겸손해야 한다고 믿는 사람들 중 하나였다. 조는 놓여진 로프의 눈 접합(eye splice, 줄의 가닥을 다시 그 자체로 이어 붙여 줄 끝에 영구적이고 안전한 고리를 만드는 방법)을 만드는 방법을 정확히 설명하지는 못하지만, 밧줄이 너무 굵지 않는 한 이것을 만드는 데 몇 초도 걸리지 않았다. 굵은 밧줄의 경우에도 마찬가지로 튼튼한 철제 바늘과 망치만 있으면 시간이 좀 더 걸리긴 하지만, 금방 만들어 낼 수 있었다.

그의 형 데이브(David)는 요즘에는 거의 사용되지 않는 기술인 플레이터(plater) 기술자였다. 그는 4인치 두께의 강철을 화염 절단하여 마치

기계로 가공한 것처럼 보이게 만들 수 있었다. 그 기술을 배운 적이 없지만, 그의 형제인 탐(Tam)에게서 토치와 전기 아크를 이용한 용접 기초를 배우면서 스스로 터득한 것이었다.

탐은 키가 작고 어깨가 넓으며 매우 근육질이었다. 아쉽게도 그는 강하고 거친 것처럼 보이지만, 보기와 다르게 대체적으로 온순한 성격을 갖고 있었다. 그 때문에 인근 주택 단지의 잘못된 젊은이들이 자신의 힘을 과시하려고, 외모만 보고 탐에게 싸움을 걸 만큼 그의 외모는 표적이 되기에 충분했다. 탐은 상황이 허용하는 한 그들을 친절하게 다루었고, 폭력을 거의 사용하지 않았으며, 그들의 잘못된 판단을 깨닫게 해주었다. 문신이 선원 등에게만 있던 시대에 탐은 정장을 입은 하일랜드 파이퍼(Highland Piper) 이미지의 문신을 그의 왼쪽 팔뚝(나의 허벅지 두께와 비슷함)에 새기고 있었다. 문신은 정교하게 잘 새겨져 모든 디테일이 눈에 잘 띌 정도였다. 하지만 안타깝게도 이 문신은 홍콩에서 킬트를 입은 하일랜드 파이퍼 모습을 처음으로 엽서에서 본 중국인이 새겼는데, 그는 하일랜드 파이퍼가 치마를 입고 있었기에 여성으로 착각하여 왼쪽 무릎 바로 위에 프릴이 달린 가터(garter, 여성용 스타킹 멜빵으로 허리띠나 다른 속옷에 매달린 고무 끈)를 추가 비용 없이 덤으로 새겨 넣어 주었다고 한다.

나는 스카치위스키의 풍미를 설명하려는 우리의 노력을 더 잘 이해하기 위해 센트(향기) 과학(science of scent)에 관심을 갖게 되었다. 그것은 단순하지 않아서 나를 이상한 장소와 이상한 냄새가 나는 곳으로 데려갔다. 어떤 것은 좋고, 어떤 것은 엄청나게 끔찍했다. 내가 접한 두 번째로 나쁜 냄새는 인버네스(Inverness)에 있는 조지 도드(George Dodd) 박사의 연구실에 배어 있는 냄새였다. 조지는 후각에 관한 한 국제적으로 유명한 전문가였는데, 와이프와 내가 그를 방문했을 때 그의 연구실에서는 아주 끔찍한 냄새가 났다. 조지는 인간은 끊임없이 지속되는 배경 냄새에 적응하는 능력이 뛰어나서 아무리 희미한 냄새라도 그 배경 냄새를 차단할 수 있다고 설명해 주었다. 믿기 힘들지만, 이것은 사실이다. 아무리 지독한 냄새라도 인간은 적응할 수 있다는 것을 나는 겪어봐서 안다.

이런 경험은 내 마음속에 자리 잡고 있지는 않았지만, 내가 또 다른 최악의 냄새를 맡게 되었을 때 문득 떠올랐다. 사건은 어느 일요일 오후, 더 탭에서 발생했다. 해리(Harry)가 들어왔을 때 내가 조 니콜(Joe Nicole)과 함께 앉아 각자 맥주 한 잔을 마시며 이야기하고 있을 때였다. 해리의 직업은 슬레이트공이었고, 성격은 온화하고 근엄하며 유머러스했다. 그는 맥주 몇 파이트를 사들고 와서 느긋한 분위기로 우리와 합류했다. 그는 옆 벤치로 뭔가를 밀쳐 조에게 건네주었고, 조는 재빨리 그것을 그의 재킷 안에 넣었다. 이것은 나의 호기심을 자극했다. 왜냐하면 그런 행동은 더 탭에서는 상당히 낯설게 느껴지는 수상한 분위기였기 때문이다. 이 사람들은 절대 뭘 숨기는 은밀한 사람들이 아니라는 걸 잘 알기에 나는 조에게 "그게 뭐냐?"라고 물었다. "아, 이거요?" 그는 미소를 지으며 "이거 그냥 민트 소스예요."라고 말했다.

그는 항아리(병)를 꺼낸 뒤 뚜껑을 풀고 내 코 밑에 대주었다. 내가 좀 더 예민했다면 이것이 얼마나 있을 수 없는 일인지 깨달았을 것이나 그러지 못했다. 항아리(병) 유리를 통해 본 것은 녹색의 섬유질이라는 것만 인지했다. 나는 뚜껑을 열고 냄새를 맡아보았다. 내가 맡은 것은 의심할 여지없이 여태껏 경험한 불행 중 가장 역겹고 자극적인 냄새였다. 나는 몸을 비틀었다가 다시 숨을 돌이켜 쉬고 헐떡이며 "도대체 이게 뭐냐?"라고 했다. 조는 항아리(병)를 재킷에 도로 넣고 미소를 지었다. "흰족제비 배설물이요."라고 말하고는 "그것은 내 비둘기를 위한 거예요."라고 덧붙였다.

　　설명이 불투명해서 자세한 내용을 물었다. 내가 좀 더 능력 있는 탐정이었다면 내가 그들과 관련된 대부분의 일을 알고 있었기 때문에 이야기를 만들어 볼 수도 있었을 텐데, 아쉽게도 나는 탐정가가 아니었다. 해리는 애완용으로 흰족제비를 키웠다. 그 이유는 키우는 것이 재미있기도 했지만, 토끼를 잡기 위한 또 다른 목적도 있었다. 그들은 때때로 달나메인에 있는 내 오두막 별장에 있는 토끼장을 사용하기도 했다. 해리가 처음 그것을 사용했을 때 이렇게 말했다. "큰 우리 안에 흰족제비를 넣는 것은 아무 소용이 없어요. 왜냐하면 토끼들은 여기저기로 나갈 수 있고, 흰족제비는 우리 안에서 토끼를 잡아서 먹어 치우고 잠이 들기 때문이지요. 그러면 우리는 그들을 다시는 볼 수 없게 되거든요." 다행스럽게도 우리에게는 최근에 새로 지은 작은 토끼장이 몇 개 있었다. 해리와 조는 모든 구멍에 작은 그물을 설치한 다음 흰족제비를 넣고 그물에 토끼가 걸릴 것을 기대했다. 만일에 흰족제비가 낮잠에 빠졌던지, 겨우 한 마리만 잡고 먹어 치우느라 정신없어서 나타나지 않는다면 보기에는 사납겠지만 조는 실제로 토끼를 잡아 내장이 쏟아져 나오게 한 뒤 굴 입구에 두어 흰족제비가 그 냄새를 따라 나오면 그 놈(흰족제비)을 잡을 것이다. 끔찍하지만 실제 생활이다. 강아지 똥을 닦거나 아기 엉덩이를 닦는 것 자체는 기본으로 들리지만, 다른 많은 일들과 마찬가지로 이것이 제대로 작동하려면 어느 정도의 '기술'이 필요하다.

두 번째 근거가 되는 설명은 이렇다. 조는 경주용 비둘기와 산비둘기(스코틀랜드 말로는 두스(doos)라고 함)를 키우는 것이 취미이다. 그는 그랜턴에 있는 의회 건물 뒤에 나무 비둘기장을 갖고 있었고 비둘기들과 나무 비둘기장을 지나치게 자랑스러워했다. 그랜턴은 수백 년 동안 쥐를 포함한 화물 선박들이 자주 드나드는 항구 옆에 있다. 쥐는 비둘기를 좋아하고 비둘기장에 침투하는 데 아주 능숙하다. 쥐가 들어가면 밤새 안에 사는 모든 거주자(비둘기)들을 죽일 수 있다. 그러나 불쾌한 동물의 계층 구조에서 흰족제비는 단순한 쥐보다 훨씬 더 높은 계열에 속하며, 자신의 생명을 소중히 여기는 쥐는 흰족제비 근처에는 가지 않는다. 쥐는 후각이 몹시 예민하기 때문에 흰족제비 똥을 뿌리면 아무리 용감한 쥐라도 얼씬하지 못한다. 이것이 소위 말하는 '생물학적 통제'라고 하는 것이다.

흰족제비 똥에 대한 더 탭에서의 나의 반응은 전혀 문제가 되지 않았다. 그것을 처음으로 맡은 사람은 나였고, 분명히 내가 마지막이 되지 않을 것이라는 것도 의심의 여지가 없었다.

이런 상황에서 인간적인 신뢰성에 대한 더 심각한 위협은 예상치 못한 곳에서 비롯되었다. 어느 겨울 이른 저녁, 옆집 이웃이 초인종을 울렸다. 빌(Bill)은 아주 가볍게 말해서 특이한 생활 방식을 가진 사람이다. 그는 대머리에 턱수염을 기르고 미니킬트를 캐주얼하게 잘 걸치고 다니는, 골동품 수집가이자 무능하지만 열정적인 아마추어 엔지니어 였으며, 가게를 하나 갖고 있어 가끔씩 골동품 샹들리에를 팔기도 했다. 그는 좋은 친구이자 소중한 이웃이었다. 빌은 음모를 꾸미는 듯한 표정으로 길거리에 주차되어 있는 차 안에서 몇 사람이 연어를 팔고 있는데, 아마도 밀렵되었거나 불법으로 거래가 이루어지는 것 같아 보인다고 내게 귀띔해 주었다. 그들은 생선 한 마리에 10파운드를 요구했다. 이는 연어 한 마리 값에 비해 턱없이 싼 가격이었다.

나는 앞서 우리가 에든버러의 조지 왕조시대의 신도시(Georgian New Town)에 살았다고 언급했다. 초기 교외 지역은 신고전주의 양식의 석조 건물로 이사할 당시에는 초라한 것으로 여겨졌으나 시간이 지나면서 치크(chic)하고 독특한 스타일로 여겨져 값비싼 건물이 되었다.

거리의 조명은 밝지 않았지만, 몇몇 사람이 타고 있는 낡은 포드 세단이 보였고 트렁크 뚜껑이 열려 있었다. 나는 아래로 내려가 보았다. 차로 다가서자 해리의 조카인 어린 에디(Eddie)가 조수석에 앉아 있는 것을 보고 깜짝 놀랐다. 에디는 나를 만나본 적이 없었기 때문에 얼굴이 상기되고 충격을 받은 것 같았다. 나는 이것을 무시하고 짙은 회색 물고기로 가득 찬 커다란 물고기 상자가 있어 보이는 자동차 트렁크 안을 들여다보았다. 운전석에서 모르는 덩치 큰 남자가 나왔다. "여기, 이것들은 새로 잡은 물고기입니다. 절반 가격인 한 마리에 10파운드입니다."

나는 그에게 가로등에 물고기가 비춰 보일 수 있도록 약간 옆으로 비켜서 달라고 말했다. 그것은 정말로 큰 물고기였다. 여섯 마리 모두 생선 상자보다 길었고, 꼬리 부분이 축 늘어져 있었다. 나는 손가락으로 하나를 쿡 찔러 보았다. 보통 연어의 피부는 매우 단단해서 손가락으로 찔러도 흔적이 남지 않아야 하는데, 이 물고기는 그렇지 않았다. 눌린 흔적이 그대로 움푹 들어가 올라오지 않았다. "그런데 이게 뭐지?" 나는 물었다. 그가 "멋진 연어죠."라고 대답했다. 그는 처음으로 연어라는 단어를 사용했다.

그것이 무엇이든 연어는 아니었다. 연어과의 연어 생선은 모두 은빛 피부가 살을 촘촘하게 감싸고 있어 탄탄한 피부감각으로 잘 알려져 있다. 상자에 있는 물고기는 짙은 회색이었고 살은 흐물흐물했다. 게다가 그들은 못생긴 짐승 상을 하고 있었다. 나는 그 친구에게 감사를 표하고 제안을 거절했다. 에디는 얼굴을 돌리지 않았다. 나는 귀가했고 차는 떠나갔다. 며칠 후, 나는 붐비는 더 탭에 들어갔고 큰 환호와 함께 "생선 맛있게 잘 먹었나요?"라는 큰 소리를 들었다. 이야기는 분명히 퍼져나갔다. 나는 몇 파인트를 샀다.

나는 해리에게 "알았어. 그것에 대해 내게 말해 봐. 그 끔찍한 물고기는 뭐였는지?"라고 물었다. 몇몇 젊은이들이 밀렵한 연어라 하고 다소 부유하게 살고 있는 중산층에게 팔면서 재미를 톡톡히 본다고 했다. 사실 그 물고기는 이른 아침에 수산시장에서 아주 합법적으로 몇 푼 주지 않고 구입한 코알리(coalie)였는데, 이것은 동물들 사료로만 사용되는 것이었다. 그것이 이 '작은 사기꾼'들이 몇 달 동안 해왔던 일이었다. 물론, 고객들은 밀렵된 연어를 사는 것이 불법에 연루된 행위이기 때문에 누구에게도 불평할 수가 없는 형편이었다. 아, 이것이 뉴타운 디너파티에 코알리 알 라 모드(coalie à la mode, 생선으로 만든 새로운 요리)

를 제공하므로 그들은 파티장의 '벽에 붙은 똥파리'가 되어 버렸다는
사실을 알기나 할런지!

　이 에피소드는 더 탭에서의 내 입지에 직접적인 해를 끼치지는 않
았지만, 나중에 평판이 얼마나 나쁘게 돌았는지에 대해 생각해 보았다.
만일 내가 사기에 휘말렸다면 내 입장은 말할 것도 없이 불편했을 것이
고, 내 친구들은 나보다 더 당황했을 것이다. 에디는 적어도 일주일 동
안은 농담의 대상이었다.

　그 박해자 중 가장 으뜸가는 사람은 교활하고 아이러니한 일침을
가한 랩(Rab)이었다. 랩이 그 생선을 전달하는 특권을 가질 수 있었던
것은 어떤 가족 관계가 연루되어 있는 것 같았지만, 그들이 누구인지
나는 알아내지 못했다. 랩은 더 탭에서 단골로 기네스를 마셨는데, 그
자체로 기이한 일이었다. 작고, 구부정하고, 항상 면도를 하지 않은 상
태에 있는 랩은 디자이너 턱수염 시대가 시작되기 전에는 그 자체로 미
스터리였다. 랩은 그의 다트(dart)를 옆으로 발사했고, 그의 명성은 재치
그 자체였다. 그는 언제나 납작한 모자인 버넷(bunnet, 스코틀랜드 모자)을
쓰고 다녔다.

　랩은 가끔씩 바닷가재를 잡는 어부이기도 했다. 그는 한 두어 개의
라인과 바구니를 내려놓고, 한참 동안 거의 2주 정도 잊어버리고 있다
가 더 힘들게, 더 많은 애를 써가며 한꺼번에 낚시그물을 들어올리고
운반하여 그것을 수산시장에 팔았다(이런 그의 일은 그의 보트 엔진이 작동하
느냐 하지 않느냐에 따라 달라지며 대부분 작동하지 않는 경우가 더 많지만, 다행히도
작동하는 기간과 바구니에 잡혀 있는 랍스터의 기대 수명은 대략 비슷했다). 랩은 나

처럼 사람들에게 관대했고, 바구니 속에 걸리는 잡다한 내용물들을 좋아했다. 하지만 나의 취향과 달리 우리 가족은 고등 종류를 좋아하지 않아 집에서 끓이는 것이 금지되어 있다. 평소 차분하고 간결하며 감정 표현을 쉽게 하지 않던 랩이 어느 날 오후, 고민하며 힘들어 하는 표정으로 더 탭에 들어왔다. 우리의 반응은 그가 기네스를 마시는 동안, 그저 묵묵히 그에게 술을 사주고, 걱정스럽게 모여 앉아 그가 입을 열기를 기다리는 것뿐이었다. 그가 어떤 문제로 고민하고 있다는 것은 확실해 보였다. 이런 것들이 랩의 사투리 표현으로 전달되어야 하는데, 그렇게 하면 아무도 알아듣지 못하므로 다른 말로 바꿔보겠다.

대부분의 어부들은 바닷가재가 어시장으로 갖고 갈 만큼 충분히 잡힐 때까지 발톱으로 서로 잡아 뜯을 수 없도록 그것들을 고무줄로 묶어 바다에 가라앉는 크릴 안에 보관하고 있다. 랩 또한 그랜턴 부두 끝에 그 상자들을 보관했다. 어느 날, 그가 부두를 걸어 내려가고 있었다. 그날은 부두가 특히나 조용했으며, 저쪽 맨 끝에 보이는 낯선 두 사람의 모습 외에는 아무도 보이지 않았다. 한 명의 남자와 여자였는데, 랩이 보기에는 물고기 상자에서 뭔가를 꺼내 바다에 던지고 있는 것 같았다. 가까이 다가가 보니 여자의 키는 남자의 큰 키와 비슷했고, 둘 다 검은색 긴 코트를 입고 있었다. 랩이 그들에게 다가갔을 때 그들은 하던 일을 모두 마치고 올라왔다. "뭘 하고 계세요?" 하고 랩이 물었다.

성직자 칼라를 착용하고 있는 남자가 "우리는 바닷가재를 놓아주고 있었어요."라고 말했다. "당신은 누구신데요?" 랩이 믿을 수 없다는 듯이 되물었다. 여자는 "하나님께서 모든 창조물을 이 땅에 두신 데는 이유가 있으며 오직 인간들은 사악하여 그들을 가두고 먹는 것이 정당하다고 생각해요."라고 말했다. 그리고 두 사람은 상자에 가득 담긴 바닷가재를 풀어줌으로써 사탄의 일을 무너뜨렸다고 했다.

여기서부터 랩의 설명에 일관성이 없어지기 시작했고, 우리는 그에게 술을 더 사주고 계속하도록 권했다. 안타깝게도 그는 다음에 무슨 말을 했는지 정확히 우리에게 말해주지 못했지만, 처음에 그들에게 바닷가재를 어디서 구했는지 물었고, 그들은 "수산시장에서요."라고 말했다고 한다. 랩은 더 이상 묻는 말에 적시에 반응하지 못했고, 빠져나갈 기회를 찾고 있는 것처럼 보였다. "바닷가재 한 상자에 얼마 주셨어요?" 그는 물었다. 그 남자가 그에게 말했다. 여기에 절호의 기회가 싹트기 시작했다. "내가 거래를 할게요."라고 랩이 말했다. "나는 바닷가재 어부이고 이것을 어시장에 판매합니다. 원하신다면 중개인을 생략하고 수산시장에서 구입하는 것보다 더 저렴하게 판매하겠습니다."

시인들이 종종 탐욕이 천사 같은 사람들을 얼마나 쉽게 타락에 빠지게 하는지를 읊었듯이, 랩이 말할 수 없이 인간적인 친구라는 것은 이미 언급했다. 그리고 그는 상황의 논리를 따르는 데 전념했지만, 그것은 단지 수작을 부리기 위한 제스처에 불과했다. 그리하여 그의 선한 생각은 탐욕으로 인해 타락하고 말았다.

랩은 대화 상대가 그의 제안을 소화하는 동안, 잠시 멈춘 뒤 계속했다. "내가 그것보다 더 잘 해드릴 테니 내게 바닷가재 한 상자 값을 지불한다면 나는 술집에 갈 수 있고, 아니 아니요, 밖에 나가서 무엇이든 잡아 드릴 테니 원하시면 일주일에 한 번씩 하는 게 어떨지요?" 우리는 둥글게 좁혀 앉았다. "그래서 그가 뭐랬어?" 12명의 목소리가 함께 합창하며 물었다. "꺼져 버려."라는 것으로 들렸지만, (이미 언급했듯이) 나는 그의 말을 돌려서 '나이스(nice)'하게 표현했다.

기네스 몇 파인트를 더 마신 후, 사기가 회복된 랩은 부두로 돌아가서 미끼를 곁들인 바닷가재 바구니 6개를 떨어뜨렸고, 이틀 만에 매우 많이 잡았다고 했는데, 구매할 사람이 나타나지 않아 수산시장에 팔았다고 했다.

사이먼의 불도저
Simon's Bulldozer

협회의 핵심은 시음위원회였다. 여섯 명의 남자가 테이블 주위에 앉아 위스키의 맛을 설명하는 임무를 맡았다. 이것은 창의적인 큰 즐거움을 가져다주었고 지금도 그렇다. 단순히 남성들로만 구성되었다는 것은 의도된 성차별의 결과가 아니라 우연에 가깝다. 왜냐하면 나는 여성으로부터 이 단체에 가입하겠다는 요청을 받아본 적이 없었다. 스코틀랜드의 옛 속담처럼 '우리는 파리가 벽에 붙도록 내버려두는 것(즉, 어떤 문제를 해결하려고 하지 않고 그대로 내버려둔다는 의미)'뿐이다. 성적 차별에 관해 가타부타하는 것은 나의 의도가 아니다.

시음위원회는 즐겁게 진행되었다. 회원들도 당연히 그렇게 생각했고, 무엇보다 위스키 시음 자체가 재미있는 활동이라는 것이 사람들 사이에 인지되기 시작했다. 내가 아는 한 누구도 그런 일을 할 생각을 해본 적이 없었다. 잔에 위스키를 담고, 직원 중 한 명이 위스키를 하나씩 검사하면서 맛에 대해서 설명했다. 먼저 냄새에 대해, 그다음에는 입안에서의 맛, 그런 다음 마신 후의 뒷맛에 대해 설명해 주었다. 회원들은 그런 진행 상황을 즐겼다. 여기서는 전문적인 시음회와 달리 누구도 정식으로 뱉어내지 않았기 때문에 시음장은 곧 흥겨운 분위기로 흘러갔다. 우리가 처음 시도했을 때 큰 성공을 거두었기 때문에 곧 전국적으로 괜찮은 장소를 물색하여 모이게 되었다. 그 중 일부 장소는 정말 괜찮은 곳이었다.

참석은 회원과 손님으로 제한되었으며, 이는 가족적인 분위기를 조성하고 협회의 사회적 측면을 강화했다. 의도는 완전히 진지했지만, 누구도 거만하지 않았고, 페놀릭(phenolics)향 밑에 잔잔히 깔려 있는 재스민(Jasmine)향을 인식 못한다고 하여 열등하게 느끼지 않았다(위스키의 맛을 분석, 표현하는 능력이 없어도 열등하게 느낄 필요가 없다는 의미이다). 곧 전국적으로 정기적인 시음 프로그램이 퍼져나갔고, 회원들은 그 시간을 열렬한 마음으로 기대하며 기다리게 되었다. 회원들 한 사람 한 사람이 가장 효과적인 광고임을 입증했으며 얼마 지나지 않아 회원들이 회원이 아닌, 친구나 동료들을 대상으로 위스키 시음회를 열어줄 것을 제안해 왔다. 모든 일이 순조롭게 진행된다면 회원이 될 수도 있기에 합리적인 이의가 없는 한 여가 활동으로 위스키 시음회를 열어주는 경우가 더욱 빈번해졌다.

내가 잘 알지 못하는 세상이지만, 많은 대기업들이 우수한 직원들에게 보상이나 더 잘하라는 인센티브로 일종의 휴가를 준다는 것은 알고 있다. 이런 것은 세금상의 이유로는 목적이 모호하지만, 국세청은 이런 속임수를 종종 묵인해 준다. 인센티브 오락거리의 하나로 참가자들이 서로 페인트볼을 쏘는 모의 전쟁 게임이 있다. 비 오는 오후, 젖은 숲속에서 페인트볼 전쟁을 하는 것까지도 과세대상의 특권으로 분류해 주는 것은 다소 어려울 수도 있을 것이다. 때때로 회원 중에는 어떤 엔터테인먼트위원회에 참석했다고, 그 대가로 주말에 개인 위스키 시음 지도를 해달라는 요청을 해오기도 한다. 이런 일에 나의 오후나 저녁시간을 다 보내고 싶지는 않지만, 가끔씩은 말만 잘하면 설득당해서 구시렁대며 해주기도 했다.

1987년 6월의 어느 날, 내 친구이자 협회 이사인 팀 스튜어드(Tim Steward)와 나는 반강제로 파이프(Fife)에 있는 큰 시골집(big country house, 영국 시골집은 시골에 있는 큰 집이나 대저택을 의미함)으로 향했다. 장소뿐만 아니라 직원들도 마음에 들었고, 그들은 훗날의 위스키 시음가들이었기 때문에 위스키를 마신 후, 마음을 편하게 가졌다. 감식자가 될 사람은 어느 대기업의 중견 임원이었는지는 기억나지 않는다. 팀은 예상 숫자에 맞춰 시음잔(위스키를 정확하게 검사하는 데 필수)과 추가로 많은 잔을 가져다 놓았다. 운 좋게 거의 모든 사람들이 페인트볼 게임보다 위스키를 선호하는 것 같았다. 모든 일이 약 한 시간 반 동안 순조롭게 진행되었고, 그 후 공식적인 절차는 쾌활한 대화와 시끌벅적한 소음으로 바뀌었다.

내가 한 그룹에서 빠져나오지 못하고 시달리고 있을 때 다른 시음 팀 중 한 명이 내게 다가와서 그의 그룹에 합류해 달라고 요청하므로 나는 구출되어 갔다. 곧장 그는 "너 나 기억하겠니?" 하고 물었다. 나는 그를 자세히 살펴보았다. 하지만 얼굴은 낯이 익었는데, 옛날 기억 속의 그의 모습은 어렴풋했다. "나 사이먼이야."라고 그가 말했다. "스쿠버 다이빙, 스윈 호수(Loch Sween), 불도저!" 그 순간 모든 것을 완벽하게 기억해냈다. 그는 신이 나서 친구들을 돌아보며 "이 사람이 바로 그 사람이야."라고 말했고, 연이어 "바로 이 사람, 내가 아까 말했던 불도저를 훔쳤다는 그 사람이란 말이야!"라고 했다. 사실 그것은 정확하지가 않았다. 그것은 불도저가 아니라 굴착기였다. 그러나 사이먼은 그 이야기를 자주 해왔던 것 같다. 왜냐하면 그들이 모두 그가 무슨 말을 하는지 알고 있었기 때문이다. 어차피 에피소드를 소개해야 하니, 별로 흥미롭지 않을 수도 있겠지만, 이야기하는 편이 나을 것 같다.

수년 전, 숨 쉬는 일이 그리 어려운 일이 아니었던 젊은 시절에, 나는 스쿠버 다이빙을 했다. 요즘은 호흡 세트가 충분히 일반화되었지만, 그때의 기술은 여전히 발전하고 있던 초창기였다. 나는 트윈 호스의 시베 하인케(Siebe Heinke) 밸브를 사용했는데, 이것은 요즘 다이브 숍에 가면 벽에 골동품으로나 전시되어 있을 종류 중 하나이다. 다이빙에 대한 대중의 관심은 에든버러 대학에서 참여를 원하는 학생들에게 서브 아쿠아 클럽을 설립하도록 허용했다. 일부 먼 바다에서 한두 명의 다이버가 익사하거나 굴곡으로 인해 부상을 당하는 상황이 발생하므로 이런 소식을 접할 때마다 대학에서는 긴장해야 했다. 그리고 그런 불미스러운 일이 생기면 결코 대학의 이미지에 도움이 되지 않는다는 것을 인지하고 있었다. 때문에 대학에서는 엔지니어 관련 박사과정을 밟고 있는 학생들로 하여금 아쿠아 클럽을 운영하도록 장려했으며, 학부생들이 사고를 당하지 않도록 자체 내에 여러 가지 비싼 장비들, 압축기, 큰 조디악 보트와 선외 모터, 그 외 성능 좋은 호흡 세트들을 겸비해 두었다. 몇몇 공학박사 친구들의 권유로 나는 클럽에 가입했다.

우리는 보통 목요일 저녁에 술집에서 만나 주말에 무엇을 할지 계획을 세웠다. 어느 목요일, 시험 시간에 술집에 있던 사람은 사이먼과 나뿐이었고, 우리는 다음날 저녁에 다이빙하러 가는 것에 동의했다. 우리는 친구의 캐러밴을 빌려 서해안의 스윈 호수로 가기로 했다. 그곳에 최근에 발견된 꼭 보고 싶었던 난파선이 있었는데, 사운드 오브 쥐라(Sound of Jura)의 꽤 깊은 곳(약 50미터)에 있었다. 사이먼에게는 유용한 감압 훈련이 될 것이라 생각했다. 보트도 있긴 했지만, 우리는 그럴 필요가 없다 판단하고, 공기주입기를 가져갔다.

스윈 호수의 캐러밴에 대해 약간의 설명을 덧붙인다. 내게는 대학에서 생물학 강의를 했던 존 고드프리(John Godfrey)라는 친구가 있었다. 1960년대의 평온한 시절, 그를 만나러 갔을 때 존은 들쥐의 자연발생 유전변이를 연구할 계획을 하고 있었다(왜 그런지는 묻지 마라). 그 제안은 너필드 트러스트(Nuffield Trust)가 존에게 20년 동안 연구할 수 있는 자금을 제공할 정도였으니 그만한 정도의 가치가 있었을 것이라 생각한다. 이 연구는 기존의 들쥐 개체군을 가져와 다섯 파트로 나누고 각 파트를 서로 분리한 다음 무슨 일이 일어났는지를 살펴보는 것이었다. 존에게는 들쥐 개체군이 분리되어 같은 자연 환경에서 유지될 수 있는 다섯 군데의 장소가 필요했다. 그는 육지에서 멀리 떨어진 여러 곳의 작은 섬이 있는 바다 호수인 스윈 호수 위쪽 지역에서 그 연구를 하기에 이상적인 장소를 찾아냈다. 그 섬들처럼 자연적으로 들쥐가 서식하고 있는 곳은 없었다.

연구 자금은 에든버러와 타이발리치(Tayvallich) 사이를 여행하기 위한 랜드로버 구입, 섬 사이를 여행하기 위한 소형 모터 발사대 및 연구에 참여하는 동안 거주할 캐러밴을 구입하는 정도로 허용이 되었다. 존은 마지막 두 번째에서 성공적인 좋은 선택을 했다. 첫 번째는 트윈 실린더 켈빈 디젤 엔진을 갖춘 소형 객실 순양함이었고, 두 번째는 컷글라스 커튼이 달린 창문과 고급 에나멜 주철 스토브를 갖춘 오래된 쇼맨의 캐러밴이었다. 그는 존경할 만한 학자였기 때문에 산림위원회는 그에게 캐러밴을 호수 기슭의 울창한 침엽수림에 있는 산림청 소유의 땅에 주차할 수 있게 해주었다. 산림청이 주변 수 마일에 걸쳐 모든 땅을 소유하고 있었고, 캐러밴은 도로에서 진입한 3마일 선로 끝에 있었다. 그 자체는 벨라노크(Bellanoch)에서 약 5마일 떨어진 일차선 도로였기 때문에 보안이 필요하지 않았다. 벨라노크는 한 개의 차고와 세 채의 집이 있는, 정확히 말해서 대도시는 아니다. 존은 보트에 대해 거의 알지 못했고 나는 캐러밴과 보트를 가끔 사용하는 대가로 보트를 유지 관리하는 임무를 맡고 있었다.

사이먼과 나는 금요일 티타임에 락업 클럽(Lockup club)에서 만나기로 하고, 나는 클럽 고무보트를 견인할 트레일러가 달린 자동차를 가져가기로 했다. 내가 라곤다와 함께 나타났을 때 그는 약간 놀라는 표정이었지만, 기뻐했다. 비가 약간 오긴 했지만, 그런 것은 우리에게 아무 문제가 되지 않았다. 스코틀랜드 서부의 야외 활동에서 비가 온다고 해서 멈추면 아무 일도 할 수 없기 때문이다. 우리는 장비를 싣고 트레일러를 묶고 점점 더 어두워지는 빗속으로 출발했다. 앞서 말했듯이, 비와 어둠은 라곤다에게는 치명적인 조합이다. 왜냐하면 가드너 엔진에 부착된 발전기가 헤드램프와 앞유리 와이퍼를 동시에 작동시킬 수 없기 때문이다. 헤드램프는 커다란 전구가 하나씩 들어 있는 거대한 물건이었기에 빔을 낮추기 위해서는 램프 전체를 앞으로 기울여 도로로 향하게 해야 한다.

에든버러에서 스윈 호수까지는 장거리 길이다. 글래스고에서 로몬드 호수까지, 호수 옆으로 레스트 앤드 비 탱크풀(Rest-and-be-Thankful)에서 파인 호수(Loch Fyne)까지, 인버러레이(Inveraray)와 로크길프헤드(Lochgilphead)를 거쳐 크리난 운하(Crinan Canal)까지 모든 것이 잘 진행되면 5, 6시간 정도의 운전 거리이다. 자동차 배터리가 걱정되었지만, 어쩔 수 없기 때문에 운이 좋길 바랄 뿐이었다(내가 살아온 길을 돌아보면 오래전에 행운이라는 것은 포기했어야 했지만, 아직도 그렇게 하지 못하고 있다). 우리는 결국 목적지에 도착했고 사이먼은 숲이 가까워지자 약간 불안해했다. 숲을 통과해 캐러밴이 놓여 있는 호수 옆 움푹 들어간 비포장 도로에 진입했을 때는 더욱 불안해했지만, 벽난로의 불길과 위스키 한 모금이 그를 기분 좋게 해주었다. 그날 밤, 우리는 잘 잤다. 아침까지 비가 오고 있었기 때문에 크리난으로 가서 아침 식사를 하기로 결정했다. 전날 밤에 방치해 두었던 트레일러를 풀었다. 정확하게 그때서야 나는 라곤다의 발전기가 걱정되었다. 우려는 적중했고, 엔진은 시동을 걸 때마다 약간의 신음소리를 내더니, 더 이상 아무 소리가 나지 않았다. 배터리가 밤새 방전되고 말았던 것이다.

내가 융통성이 조금이라도 있어서 근처의 작은 언덕에 차를 주차했더라면 그 차는 디젤 엔진이라 전기 없이도 작동할 수 있어서 최소한 시동은 걸 수 있었을 것이다. 그리고 한 번 작동하기만 하면 배터리는 곧 재충전이 되는데, 이 같은 경우는 시동을 걸 방도가 없었다. 4리터 가드너와 같은 엔진을 시동 핸들로 돌리는 건 불가능할 뿐만 아니라 그것조차 없었기 때문에 막막하게 가만히 멈춰 서 있을 수밖에 없었다. 사이먼은 보트에 우리가 사용할 수 있는 배터리가 있는지 물었다. 나는 아쉽게도 "없어. 손으로 시동을 거는 작은 켈빈뿐이야."라고 말했다. 우리는 커피를 마시면서 곰곰이 생각을 했는데, 벨라노크로 걸어 나가 자동차 게라지 주인에게 구조 요청을 할 수밖에 없었다. 이 얼마나 면목 없는 일인가!

다행히 비가 그쳤고 우리는 숲길로 출발했다. 선로를 따라 몇 마일 정도 올라가자 여러 선로가 만나는 큰 공터에 이르렀다. 불도저와 굴착기를 포함한 여러 대의 차량과 많은 도로 건설용 자재들이 놓여 있었다. 토요일 오후였지만, 사람이 없었다. 나는 멈춰 서서 고조된 목소리로 말했다. "이것 봐. 우리 문제가 해결될 수 있을 것 같기도 해." 사이먼은 멍한 표정을 지었다. "무슨 말이지?" 그는 물었다. 나는 도로에 놓여 있는 건설 차량을 손으로 가리키며 "우리는 이 중 하나를 '빌려서' 라곤다가 출발할 때까지 견인하면 되겠어." "아~," 사이먼이 말했다.

나는 불도저와 굴착기 주변을 살펴보았다. 불도저는 새 제품이었다. 불도저를 운전해 본 경험은 없지만, 속도가 매우 느리다는 것은 알고 있다. 나는 앞쪽에 삽이 있고 뒤쪽에 굴착기가 있는 JCB 굴착기를 살펴보았다. 그것은 낡았기 때문에 그랬는지 자물쇠가 없었고, 상황이 이러니 못할 일이 없었다. "여기에 점화 잠금장치가 있어." 하고 소리 쳤고, 곧장 열쇠가 없다는 것 또한 알려주었다.

“이제 됐어.”라고 나는 말하고 “길이가 2, 3피트 정도 되는 전선을 찾아 봐.”라고 했다. “어떤 전선?” “어떤 종류의 전선이든 상관없어. 찾을 수 있다면 전기 케이블이나 울타리에 있는 철사도 괜찮아.”

내가 기계를 검사하는 동안, 사이먼은 전선을 찾으러 나갔다. 밀기만 하면 자물쇠에서 배선을 빼낼 수 있었지만, 존의 집주인인 산림위원회에 부당한 행동을 하고 싶지 않았다. 굴착기의 엔진은 스트랭글러로 정지되어 있었는데, 이것을 본 위치로 돌려놓아야 했다. 잠시 후, 사이먼은 울타리용 철사를 갖고 돌아왔다. 스타터 모터를 양극 배터리 리드에 연결하는 데 몇 분이 걸렸고, 이것을 조종하는 방법과 어떤 레버(몇 가지가 있었음)가 어느 파트로 연결되어야 하는지를 알아내는 데 몇 분 더 걸렸다. 그런 다음 나는 사이먼에게 “올라 타.”라고 했고, 그는 내 말에 즉각 순종했다.

굴착기에 스프링이 없는 이유가 있을 것이라 생각했지만, 아마도 그냥 이것은 낡고 오래된 것이어서 그럴 거라고 생각했다. 차가 있는 곳까지 돌아가는 길은 울퉁불퉁했고, 삽과 굴착기를 달고 운전하는 기술도 형편없었다. 사이먼은 약간 신나 보였다. 차에 도착하여 굴착기 뒤쪽에 견인 로프를 연결한 후, 내가 “오케이, 사이먼! 자동차와 굴착기 중 어느 것을 운전할래?”라고 말했을 때 방금 전의 즐거움은 사라지고 사이먼은 시무룩해졌다.

잠시 고민한 후, 그는 굴착기를 운전해 본 적이 없으므로 차를 택하겠다고 말했다. 그래서 라곤다의 운전석 문을 열고 타라고 했다. 그는 자신의 발밑을 보더니 “페달에 있는 이런 것들은 다 뭐지?” 하고 눈이

동그래져서 물었다.

나는 자동차 페달에는 보통 차의 페달과 같이 클러치, 브레이크, 가속 페달 등이 달려 있다고 알려주었다. 다만, 가속 페달이 오른쪽이 아닌 중앙에 있고, 브레이크가 오른쪽에 있을 뿐임을 그리고 최소한의 터치만으로 차가 날아갈 수도 있는 플라이오프 핸드브레이크에 대해 설명해 주었다. 견인 후, 엔진 시동을 거는 방법도 그에게 보여주었다.

"스트랭글러를 작동 위치로 돌리고, 핸드 스로틀을 낮게 설정하고, 스티어링 칼럼의 레버를 사용하여 연료 분사를 지연시켜 둔 다음 3단 기어를 넣고 클러치를 밟아. 알았지?" 사이먼은 확신에 차지 않은 소리로 "음." 하고 말했다.

"시작되면 즉각 기어를 넣고, 내게 손을 흔들어 줘. 그리고 배터리가 충분해지면 클랙슨을 울려. 그러면 내가 굴착기를 멈출 테니까. 차를 멈추고 반드시 오른쪽 페달을 밟은 다음에 핸드브레이크를 넣고, 위쪽에 있는 버튼을 누르고 작동 상태로 유지해 둬야 해."

모든 것이 문제없이 잘 진행되었다. 차는 시동이 걸렸고, 내가 멈췄을 때 사이먼도 차를 멈췄다. 나는 견인 로프를 분리하고 차를 작은 언덕으로 몰아갔고, 그곳에서 안전하게 다시 출발할 수 있었다. 굴착기는 원래 있었던 정확한 지점으로 되돌려 두었다. 굴착기를 이용할 수 있게 해주셔서 감사하다는 메모를 남기려고 생각했지만, 그러지 않기로 결정했다. 사이먼은 성공적인 이벤트에 신이 나서 그 이후로 만나는 사람마다 그 이야기를 들려주었던 것 같았다.

난파선 수색은 성공하지 못했다. 바다는 위에서 볼 때보다 아래서 볼 때 훨씬 더 넓은 곳이다. 랜드마크의 크로스 베어링을 사용하여 자신의 위치를 찾는 전통적인 방법은 날씨가 좋을 때 대부분의 해안 항해에는 적합하지만, 바닥에 있고 가시성이 약 30피트인 경우에는 절망적이므로 난파선을 찾지 못했다. 우리가 발견한 것은 아주 큰 바닷가재였다. 보통 바닷가재는 50미터 아래의 자갈길을 방황하고 있을 이유가 전혀 없기에 잡는 것은 어렵지 않았지만, 그것을 끌어올리는 것은 발사 라인의 감압이 잘 되지 않아 두 번이나 멈췄다. 특히 바닷가재가 붙잡힌 것에 화가 나 집게발로 나를 잡으려 했기 때문에 애를 많이 먹었고, 몸집이 너무 커서 먹을 때도 쉽지 않았다.

고무보트가 아니라 존의 보트를 가져갔기에 문제가 발생했다. 문제는 예상치 못한 것이 아니어서 사전에 전체적으로 엔진을 시험 작동해 보았었다. 켈빈과 같은 종류의 엔진은 기어박스와 엔진의 통로를 통과하는 바닷물에 의해 쉽게 냉각될 수 있다. 이는 신뢰할 수 있는 시스템이긴 했지만, 막힐 위험이 있었다. 돌아와서 그 물건을 분해하고 운반 통로를 조사했지만 퇴적된 물질의 흔적을 찾을 수 없었고, 드라이버로 엔진 내부를 찔러보기도 했지만 눈에 띄는 것은 주철 블록의 반짝이는 검은색뿐이었다. 보름 동안 그것에 대해 생각해 보았음에도 불구하고 설명할 수가 없었다. 그러다가 일 때문에 글래스고에 갈 일이 있어 보트 제작사인 켈빈사에 전화를 걸어 방문 약속을 잡았다. 켈빈사는 100년 넘게 해양 엔진을 제작해 온 엔지니어링 회사이다.

엔진은 존의 작은 보트부터 대양을 항해하는 선박까지 다양했으며, 내가 문의한 것은 '작은 맥주(small beer, 다른 것에 비하면 아주 작은 존재라는 비유적 표현)'였다. 켈빈사의 건물은 도비스론(Dobbie's Loan)이라는 거리를 향해 있는 낮은 건물이었다.

나는 젊은 여직원의 정중한 안내를 받아 좌석 두 개가 있는 대기실로 들어갔다. 몇 분 후, 트위드재킷을 입은 남자가 들어와서 "사무실로 오셔서 무슨 내용인지 말씀해 주십시오." 하며 어떤 문을 통해 사무실로 안내했다. 그곳은 영화 「돔베이와 아들(Dombey and Son)」의 세트장으로 쓰기에 딱 알맞은 곳이었다. 하지만 너무나 터무니없이 오래되고 무질서했기 때문에 어떤 감독이라도 그곳을 받아들이지 않았을 것이다. 그곳은 벽으로 둘러싸였고 4, 5개의 책상이 놓인 큰 방이었다. 그 벽에는 선박 사진과 엔진 부품의 엔지니어링 도면이 붙어 있었다. 방 중앙에는 종이로 덮인 커다란 테이블이 있었는데, 그것은 지질학자들이 소위 말하는 정지각도(느슨한 입자 물질 더미가 미끄러지거나 무너지지 않고 안정적으로 유지되는 가장 가파른 각도)라고 부르는 지점에 도달해 있었다. 즉, 그 상태에서 위에 뭔가를 하나 더 올리면 곧바로 밑으로 미끄러져 내리게 될 직전의 상태였다.

그 남자는 내게 무슨 문제가 있느냐고 물었다. 나는 그에게 말했다. 그런 다음 그는 "아치(Archie)에게 물어보는 게 좋을 것 같아요."라고 말하고는 나를 메인 사무실로 통하는 다른 문으로 데리고 갔다. 내부에는 책상이 있는 작은 방이 있었다. 바깥의 큰 방보다 조금 더 정돈된 상태이지만, 별반 차이는 없었다. 책상 뒤에는 덩치 큰 남자가 셔츠만 입고 앉아 있었다. 벽에는 더 많은 엔지니어링 도면이 있었다. 그 중 두 개는 청사진들이었다. 아치는 미소를 지으며 자리를 가리키면서 말했다. "그래요, 무슨 문제가 있나요? 먼저, 말하는 엔진은 어떤 종류인가요?” “P2 디젤인데 과열됐어요.” 그런 다음 증상과 조사 결과를 설명했다. 그는 잠시 생각한 후, “지금 당신의 보트는 어디에 정박되어 있나요?”라고 물었다.

나는 이것이 내가 말한 문제와 무슨 상관이 있는지 알 수 없어 그에게 “스윈 호수요.”라고 퉁명스레 말해주었다. 나는 관의 통도 살펴보았고 내가 알고 있는 것은 모두 체크했다고 말했다. “그렇다면 당신의 문제는 진흙이겠군요. 배가 누워 있다고 했으니 이동 통로에 진흙이 굳어져 놓여 있을 겁니다. 이것은 주철처럼 보이고 스윈 호수 같은 곳에서 그렇게 되었다면 특히 더 단단해져 있을 테니 깎아내야 할 것입니다.”라고 말했다. 나는 행복한 감정과는 거리가 먼 느낌으로 그곳을 떠났지만, 적어도 그들은 나의 회의적인 불평불만에도 불구하고 청구는 하지 않았다. 나는 그가 가르쳐 주고 시킨 대로 엔진을 끄고 차가운 끌과 망치로 계속 두들겨 보았다. 확실하게 그것은 진흙이었다. 나는 그에게 위스키 한 병과 함께 감사와 ‘회개’의 편지를 보냈다.

CHAPTER 14

여기저기로 다니기
Walkabout

그해 크리스마스를 앞두고 나는 마음이 편치 않아서 아주 먼 친척인 딕 모턴(Dick Morton)을 방문하기로 했다. 여동생이 그와 함께 살고 있을 때는 그는 나의 '사실혼 매제(common-law brother-in-law, 법이 아닌 관습에 따라 자매와 혼인한 사람을 뜻하며, 스코틀랜드에서는 오랫동안 이런 관습이 법적 효력을 갖고 있음)'였다. 그들이 헤어진 후, 파푸아뉴기니(Papua New Guinea)의 수도인 포트모르즈비(Port Moresby)에 있을 때도 '사실혼 매제'라고 불렀는데, 그렇게 하는 것이 편하게 생각되었기 때문이다. 그와 내 여동생은 계속 우호적인 관계를 잘 유지했지만, 그가 발리엠(Baliem) 고원에 있는 식인종의 한 친구에게서 얼굴에 문신을 새긴 후, 그녀는 곧장 런던행 비행기를 타버렸다. 하지만 정말 그 문신 때문이었는지 아닌지는 결코 나는 알지 못했다.

딕은 장교이자 신사였는데, 그렇게 보이지 않으려고 옷도 기괴하게 입고 문신도 화려하게 새기며 많이 노력했지만, 결코 그 사실을 숨길 수가 없었다. 그의 이력을 살펴보면 윌트셔 사유지(Wiltshire estate, 영국에서 가장 고급스러운 저택들이 있는 마을 중 한 곳), 럭비, 케임브리지 및 제 7 후사르(7th Hussars, 1689년에 창설된 영국군 기병 연대)를 연상해도 그다지 빗나가지 않을 것이다. 그러나 그가 진지한 유전학자라는 것을 아는 사람은 그리 많지 않았다.

내가 그를 처음 만났을 때 그는 교장직을 사임하고 연구조교로 일하고 있었다. 낮은 직위를 맡은 이유는 그 자리가 가장 쉽게 연구직에 접근할 수 있었기 때문이라고 했다. 이렇게 그가 영국 상류층 지위를 거부하는 것은 그의 완전한 전통만큼이나 철저했다. 또한 그는 선량하고 관대한 사람으로서 열대 농업 전문가이며 1960년대에 쿠바 혁명가로 활약했던 많은 친구를 갖고 있었다. 나는 지저분한 차를 운전하는 사람들을 많이 보아 왔지만, 승용차 안에 풀이 자랄 만큼의 무질서한 차는 유일하게 딕의 차뿐이었다.

당시 딕과 그의 아들 단(Dan)은 바누아투(Vanuatu)에 있는 운딘 베이(Undine Bay)라는 거대한 코코넛 농장의 소유주였다. 바누아투가 어디에 있는지 모르는 사람은 당신 혼자가 아니니 걱정하지 않아도 된다. 아주 대략적으로, 호주의 오른쪽 상단 가장자리를 뒤로하고 제트기를 타고 태평양을 건너 북동쪽으로 3시간 정도 가면 뉴헤브리디스 제도(New Hebrides)라고 불리는 곳, 지금의 바누아투에 이르게 된다. 이곳은 일련의 화산섬으로 열대 지방이며 북쪽으로 갈수록 적도와 가깝다. 그 사람들은 멜라네시안족들(Melanesians, 뉴기니에서 피지 섬까지 뻗어 있는 멜라네시아 지역의 토착민)이다. 유럽 기준으로 볼 때 그들 대부분은 매우 검고 투박해 보인다. 하지만 섬에 1~2주만 머무르면 그런 것에 대한 인식은 금방 사라지게 된다. 섬 자체는 아름답다. 그들 모두가 화산과 함께 존재하기 시작했고 그 후 수백만 년 동안 바다 밑에 산호를 축적하며 살아가고 있다. 일부 섬에는 아직도 활화산이 남아 있는데, 덕을 만나는 것 외에 이것이 내가 방문하는 다른 이유 중 하나였다.

비행은 목적을 갖고 여행하는 경우에는 가장 오래 소요되는 시간 중 하나이다. 여행 일정은 에든버러, 런던, 뉴욕, 호놀룰루, 시드니, 브리즈번, 포터빌라였다. 나는 여행 준비를 단단히 하고, 어깨에 학생용 가방을 메고 협회 위스키 12병이 담긴 가죽 항공 케이스를 들고 있었다. 뉴욕까지는 아무런 문제가 없었지만, 시드니행 컨티넨탈 비행기를 탈 때 비자가 없어서 통과할 수 없었다. 그래서 호주에 친척이 있다는 방문 이유를 둘러댔는데, 지금 생각해도 정말 맥 빠진 반박이었다.

나는 호주에 가본 적이 없었고, 호주에 대한 지식이라고는 상속받은 가족 우표 앨범에서 빅토리아 여왕의 머리가 새겨진 호주 우표를 본 것이 전부였다. 이중 어떤 것도 그들의 결정을 바꿀 수 없었고, "비자가 없으니 좌석도 없다."고 결론 내렸다. 그런데 좋은 생각이 떠올랐다. 나는 '적어도 하와이까지는 갈 수 있지 않을까? 거기는 미국이잖아?' 하는 생각을 했다. 나도 그곳에 가본 적은 없지만, 그 장소에 대해 내가 아는 바가 미국 영화를 통해 얻은 것 외에는 거의 없었기 때문에 그곳이 뉴욕보다 더 재미있는 곳일 수도 있다는 생각이 들었다. 그들은 조심스럽게 그럴 수도 있겠지만, 중간쯤에서 걸릴 수도 있다고 했다.

그게 맞았다. 다음날 밤 10시에, 아마 같은 날 밤인지는 확실하지 않지만, 나는 가방과 위스키 케이스를 들고 호놀룰루 공항의 벤치에 앉아 있었다. 지금은 그것이 그리 나쁘지 않을 것이라고 생각할 수도 있겠지만, 22시의 호놀룰루 공항은 일요일의 스타방에르(Stavanger, 노르웨이에 있는 한 도시 이름으로 통상적으로 일요일에는 대부분의 상점이 문을 닫는 것에 비유한 표현)와 같았다. 상점도 바도 레스토랑도 열려 있는 곳이라고는 없었다. 움직이는 유일한 것은 택시들과 비행기가 떴다가 사라지는 것뿐이었다. 호주 영사가 비자를 발급해 줄 의향이 거의 없어 보였기 때문에 나는 택시를 타고 호텔로 가기로 결정했다. 그제야 나는 내가 미국 달러를 갖고 있지 않고, 환전소 또한 모두 닫혔다는 것을 깨달았다. 내게는 위스키 12병이 전부였다. 하룻밤을 보낼 침대가 있는 방과 맞바꿀 만한 뚜렷한 방도는 없었다.

일단 택시 승강장으로 가서 첫 번째 운전사에게 말을 걸었다. 나는 내 처지를 설명하고 성공할 가능성이 없을 것 같았지만, 택시비를 지불할 수 있도록 환전이 가능한 호텔로 데려가 달라고 했다. 놀랍게도 그는 "좋아요, 타세요."라고 말했다. 나는 즉시 올라탔고, 차는 시내를 떠났다. 그는 최근에 미국 시민이 된 필리핀 사람이었는데, 운전을 하며 그의 미국 시민권이 자신과 필리핀에 있는 많은 가족에게 얼마나 중요한지 설명했다. 오랜 시간 일을 해야 하고, 많은 돈을 벌지는 못하지만, 세금을 낼 수 있고 법을 준수하는 한 그는 자신의 이익과 삶을 위해 원하는 대로 자유노동을 할 수 있음에 기뻐했다.

그가 말을 하는 동안, 내가 평생 당연하게 여겼던 것이, 그에게는 얼마나 소중하게 누릴 수 있는 특권인지를 깨닫게 되었다. 민주주의 국가에서 흔히 볼 수 있는 자의적 체포와 강탈로부터의 자유가 그에게는 그가 상상할 수 있는 가장 큰 좋은 것이었다. 그가 홀리데이 인(Holiday

Inn) 호놀룰루의 다소 웅장한 입구로 차를 몰고 갈 때 나는 가방을 그에게 담보로 맡겨두고, 요금을 지불할 미화 몇 달러를 바꿔 올 때까지 기다려 달라고 요청했다. 그는 내게 손짓을 했다. "아뇨, 아뇨, 괜찮아요. 그냥 내 차를 계속 타고 가시면서 미국의 좋은 점들을 말해주세요." 나는 미국에 대한 어떤 이야기를 해주었고, 이런 이야기를 할 때마다 나는 금방 그와 친구가 될 수 있었다. 특히 미국에서는 더욱 그랬다.

다음날 밤에는 호텔에서 저녁을 먹었다. 나는 해산물을 좋아하는데, 뷔페에는 내가 본 것 중 가장 화려하고 다양한 갑각류가 차려졌다. 중심에는 거대한 태평양 거미 게와 수많은 녹색 홍합이 있었다. 이 홍합들은 당시 태평양 연안에서만 발견되었다. 하지만 내 인생에서 이보다 더 실망한 적이 없다고 말할 수 있다. 모든 것이 너무 오래 익혀져 살이 솜처럼 질경거렸을 뿐만 아니라 맛도 마찬가지였다. 나는 웨이터에게 그리고 그다음은 조리사에게 말을 했는데도 그들은 내가 무슨 말을 하고 있는지를 이해하지 못하는 것 같았다. 매니저조차도 상황을 파악하지 못하는 것 같았고, 결국에는 최고 결정권이 있는 사람과 이야기를 할 수밖에 없었다. 그는 이전에 아무도 이런 불평하는 사람이 없었다고 말하면서 그것에 대해 뭔가를 시도하기를 꺼려하는 것 같았다. 결국, 야채만 먹고 심술이 잔뜩 났지만, 그나마 식사비용은 청구하지 않아 다행이었다. 다음날, 그와는 반대로 섬 북쪽에 있는 한국인 두 명이 운영하는 정원 창고만한 오두막집에서 점심을 먹었다. 음식은 정말 맛있었고 평생 잊지 못할 감사한 마음으로 기억하고 있다.

호주 비자는 며칠이 걸렸고, 컨티넨탈 비행기를 타고 다시 시드니로 그리고 짧은 국내 비행을 통해 브리즈번으로 갔다. 오즈(Oz)에서 말하는 것처럼 '노 워리(no worries, 걱정하지 마세요).', 고반(Govan)에서의 '팻 찬스(fat chance, 가능성이 거의 없거나 전혀 없음).'였다. 두어 시간쯤 비행해 나가자 조종사는 안전벨트를 매라고 요청했고, 비행기가 작은 태풍의 가장자리를 피해 지나갈 것이라며 다시 "노 워리."라고 했다.

나는 뒤쪽 창가 좌석에 앉았고, 이상하게 움직이고 있는 오른쪽 날개가 눈에 잘 들어왔다. 내 경험에 따르면 항공기 날개 끝은 일반적으로 동체에 비해 거의 고정된 상태로 유지되는데, 이건 그렇지 않았다. 그것은 어둠과 쏟아지는 비를 뚫고 아래위로 흔들리기 시작했다. 나는 이 사실을 조종사가 알 것이라는 가정하에 속으로 한탄할 뿐, 아무 말도 하지 않기로 단호하게 결심했다. 바로 그때, 비행선 전체가 수천 피트 아래로 돌처럼 뚝 떨어졌다.

그날 밤은 좋지 않았고 다음날 아침도 시드니에서 최상의 컨디션을 유지하지 못했다. 호주 세관 직원이 내게 위스키 12병에 대해 관세를 내야 하는데, 알코올 함량에 비례하는 약 60퍼센트라고 했을 때 기분은 더욱 말이 아니었다. 그는 헤로인 몇 킬로그램을 찾아낸 것처럼 나를 대했다. 나는 호주에서 위스키를 마시지 않을 것이며, 검소하기로 잘 알려진 호주 대중을 타락시키는 데 절대 이 위스키를 사용하지 않을 것이라고 반박 주장을 하면서 이것을 단지 브리즈번으로 가져가서 오즈에게 작별인사를 할 것이라고 했다. 그는 꿈쩍도 하지 않았다. 천문학적인 금액을 지불하지 않으면 내 위스키는 압수당할 상황에 놓였다. 나는 가끔 공공장소에서 문제가 생겼을 때 소리를 지르는 것이 효과적인 전술이 될 수 있다는 것을 알고 있었다(전에 소련에서 나는 이것을 효과적으로 사용한 적이 있지만, 그것이 얼마나 위험한지 알았다면 조용히 있었을 것이다). 그러나 시드니에서는 그것이 먹혀들어 갈 것이라 생각했기에 상급 장교에게 보고하라고 매우 큰 소리로 말했다. 체포가 임박한 것 같았는데, 순간 나를 구한 것은 내가 갖고 있는 물건(위스키)에 대한 순전한 존경심이었다고 생각한다. 모든 호주인들은 스카치위스키를 좋아하기 때문에 알코올 도수가 호주의 토착 동물 중 하나인 웜뱃(wombat)을 죽일 수 있을 만큼 높다 하더라도 호주에 위스키를 갖고 들어오는 사람은 통과시켜 주는 경향이 있다.

고위 관계자가 나타나 소란의 원인을 물었다. 나는 그의 요구가 담긴 어조를 듣자마자 마음이 편해졌다. 그가 대중적인 스코틀랜드어로 말했기 때문이다. 나는 내 곤경에 대해 설명했는데, 그의 부하들만큼 문제를 그리 심각하게 다루지는 않았다.

그는 예측 가능한 질문인 "입국 비행기를 어디서 탔는지요?"라고 묻는 것이 아니라 "어디서 오셨나요?"라고 물었다. 스코틀랜드에서는 이 문구가 출생지나 자란 곳을 묻고 있다는 것을 알기에 그에게 말해주었다. 그가 "저는 보니 브리지(Bonny Bridge)요."라고 말했다. "제이크 하이엣(Jake Highett)을 아시나요? 아니면 밥 버스비(Bob Busby)나 조지 클라크(George Clark)는요?" 그들은 모두 나이 든 산악인들의 이름이었다. 나는 "예."라고 즉각 답했다. "모두 알아요. 뿐만 아니라 내가 그 끔찍한 후크에서 떨어졌을 때 내 생명을 구해준 그들의 동료인 아서 퍼거슨(Arthur Ferguson)도 알아요."라고 했다.

게다가 그 친구는 스카치 몰트위스키 협회에 대해 들어본 적이 있었고, 회원인 친구도 있었다. 이에 따라 내가 갖고 있던 병의 케이스를 봉인하고 인증한 후, 브리즈번 항공편으로 직접 운송하는 방식으로 일이 처리되었다.

그런 다음 그것은 포트빌라 항공기로 갔다. 그러나 비행기가 너무 작아서 객실에 들어갈 수 없었기 때문에 화물칸으로 들어갔다. 후자는 양쪽에 약 12개의 좌석이 있고, 각각에 창문이 있었지만 위쪽 사물함에는 거의 공간이 없다. 비행기를 탄 지 약 한 시간쯤 지났을 때 스튜어디스가 착륙 카드를 발급하고 주권 국가인 바누아투 입국에 대해 설명했다. 한 가지 항목이 내 관심을 끌었는데, 주류 반입은 승객당 증류주 한 병으로 제한된다는 것이었다. 그 이상은 무거운 관세가 부과되었다(바누아투에는 직접세가 전혀 없다는 것이 밝혀졌다. 소득세나 어떤 종류의 자본세가 없기에 부유한 국외 거주자들에게는 인기가 있다. 그래서 바누아투는 수입에 대한 관세에 의존하게 되었다). 내가 갖고 있는 위스키가 또다시 문제를 일으켰다.

그때쯤 나는 동료 승객 8, 9명의 젊은 남자들과 친분을 쌓게 되었다. 그들은 지질학자들로서 큰 광산회사의 직원들이었으며, 금을 탐사하기 위해 바누아투로 가고 있었다. 일부 작은 퇴적물들이 발견된 것으로 보이며 항공 정찰 결과, 적절한 조사를 통해 더 많은 정보가 공개될 수 있다는 의견이 제기되었다. 그들은 이동 기간이 크리스마스가 가까운 기간이라 그리 달가워하진 않았지만, 어떤 거물(상사)이 명령을 내린 것이다. 그들 중 누구도 술을 갖고 있지 않았기 때문에 모두가 나를 위해 위스키 한 병씩을 갖고 가주겠다고 제안했다.

그 대가로 나는 그들 모두를 운딘 베이 크리스마스 파티에 초대했다. 파티가 열릴지 확신은 없었지만, 예전부터 딕을 잘 알고 있었기 때문에 그것은 그리 큰 문제는 아니라고 생각했다. 모든 것이 완벽하게 진행되었다. 나는 단지 두 병에 대해서만 세금을 냈고, 몇 주 후에 우리 모두는 코코넛 껍질 카바와 최고급 몰트위스키를 번갈아 마시며 즐거운 시간을 보냈다.

　　포트빌라 공항은 히스로(Heathrow), 뉴어크(Newark), 호놀룰루 다음으로 충격적인 공항이었다. 거기에는 타맥 포장 활주로가 하나 있었고, 그 외에는 뭐가 있는 게 별로 없었다. 터미널은 판잣집들이 모여 있는 것 같았으며, 매우 덥고 습했다. 비행기에서 내린 지 몇 분 만에 등줄기로 땀이 흘러내리기 시작했다. 많은 흑인 남자들이 가방을 들어주겠다고 제안했지만, 나는 가방을 꼭 붙들고 있었다. 나는 여행할 때 이때쯤에서는 어떤 제안이나 기회도 허용하지 않는다. 시차와 피로로 인해 나는 다소 휘청거리고 있었고 어두웠지만, 군중 속에서 착한 딕이 기다리고 있었다. 나는 충격적인 헤어스타일과 크고 마른 체형으로 그를 쉽게 알아볼 수 있었고, 탐사자들을 소개시키고 내가 그들을 크리스마스 파티에 초대했다고 말했을 때 예상했던 대로 딕은 쾌활하게 "문제없어요, 모두 환영합니다."라고 말했다. "여러분 모두를 위한 숙박까지도 마련해 둘 테니 걱정하지 마세요." 그는 지구상에서 서로 정반대의 거주민들과 오래 체류하는 동안, 지금까지 그가 갖고 있던 고급스러운 영어는 약간 변한 듯 다르게 들렸다. 우리는 바를 찾았고, 딕이 픽업차를 주차하면서 가방을 뒤쪽에 "던져 넣어."라고 말했지만, 나는 그 상자에 위스키가 가득 들었기에 그것을 갖고 가겠다고 우겼다. 하지만 그는 "이 섬에는 그런 종류의 범죄가 없으니 걱정하지 마. 하지만 나는 네가 돼지라면 갖고 들어오라고 할게."라고 말했다.

바는 아마도 돼지 같은 종류들을 환영해도 될 것 같아 보였다. 우리는 지질학자들과 맥주 몇 잔을 마신 후에 아주 밤늦게 바를 나왔다. 약 1마일이 지나면서 길가의 가로등이 꺼지고, 타맥 포장 도로도 끝이 났다. 도로는 울창한 초목 사이로 잘려진 것처럼 보였지만, 비포장 도로가 있었기 때문에 그다지 나쁘지는 않았다. 하지만 그것도 별 위안이 되지 않았다. 나는 완전히 지쳐 있었고, 약 한 시간 후에 딕은 다과를 위해 잠시 멈추자고 제안했다. 상황에 어울리지 않게 그의 우회적인 표현은 다소 이상하게 들렸지만, 나는 반쯤 눈을 감고 거의 졸면서 동의했다. 1, 2마일 뒤 훨씬 더 울창한 정글의 협곡에서 딕은 브레이크를 밟고 멈춰 섰다. "드링크!"라고 말한 후에 그는 차의 전등을 껐다.

처음에는 완전한 어둠에 둘러싸여 차 문을 열었는데, 과연 발을 디딜 곳이나 있을까 싶었다. 그러기를 굳게 믿으며 발을 내디뎠다. 잠시 후, 놀랍게도 정말 발이 땅에 닿았다. 그리고 고개를 들고 위를 처다보았을 때 상황이 어떤지 더 정확하게 파악되었다. 머리 위로는 별들이 하늘에서 빛나고 있었고, 양옆은 펼쳐놓은 풀로 만든 벽으로 둘러싸여 있었다. 눈이 어둠에 익숙해졌을 때 길가에 바닥에서 1미터 정도의 높이로 크고 노란 불꽃들이 줄 서 있는 것을 확인했다. 그것은 높은 대나무 위에 등유를 채우고 천 조각들을 넣어서 만들어 내는 불꽃이었다. "이것들은 펍 간판." 딕이 말했다. "나를 따라 들어오게나."

불꽃 뒤의 검푸른색 벽 쪽으로 그가 빨려들 듯 들어갔고, 나는 따라가는 것 외에 아무 선택의 여지가 없었다. 약 50야드쯤 들어가자 또 다른 빛이 있었고, 또다시 그 너머에는 다른 불빛이 보였다. 나는 딕에게 바싹 붙어서 걷고 있었다. 잠시 후, 우리는 작은 공터에 이르렀다. 그 안에는 더 많은 누더기로 펼쳐 만든 벽과 판다누스(pandanus) 잎으로 만든 지붕이 있는 오두막집이 불빛에 비쳐보였다. 오두막 안의 뒤쪽 벤치 위에는 세 명의 사람이 앉아 있었는데, 내가 생전에 본 것 중에서 가장 악랄하게 보이는 인간의 모습이었다(내 기준으로 볼 때 멜라네시안족들은 절대로 아름답지 않으며, '아마도 노트르담 성당의 탑을 장식한 사람들이 이 사람들이 아니었을까?'라는 생각이 들었다).

문 왼쪽의 어두컴컴한 가운데 작은 테이블 뒤에 덩치 큰 남자가 서 있는 것이 보였다. 테이블 아래에는 양동이가 있었고 그 위에는 고기 분쇄기가 고정되어 있었다. 나는 눈을 가늘게 뜨고 안경을 벗어 손수건으로 닦아내고 다시 보았다. 그것은 실제로 지금은 거의 사용하지 않지만, 한때는 대부분의 집 부엌 서랍에 비치되어 있었다. 다음으로는 거기서 트럼본 나팔이라도 기대했을까? 딕은 나를 자리에 초대하고는 그것이 정말로 분쇄기가 맞는다고 했으며, 우리에게 곧 대접할 음료를 준비하는 데 사용될 것이라고 설명해 주었다. 테이블에 앉은 녀석은 바닥에서 다소 더러운 뿌리처럼 보이는 것을 집어 믹서에 넣고 손잡이를 돌렸다. 하얗게 다져진 뿌리가 양동이에 떨어졌다. 전부 다 떨어진 후, 물을 붓고 끓인 다음 막대기로 휘저었다. 그 '엉망진창' 드링크는 코코넛 반쪽 껍질에 담겨 테이블 위에 흐물흐물하게 놓여졌다.

그런 다음 딕은 에티켓을 주제로 짧은 강론을 했다. 이는 가볍게 말하면 예상치 못한 일이었다. 그는 "이런 건 진즉에 말해야 했는데, 내가 미처 생각을 못했어."라고 했다. 이 다져진 뿌리는 카바(kava)라고 불리는 것으로 이것은 지역적으로 자라며 완벽하게 합법적이란다. 실험실에서 분석도 해봤는데, 매우 복잡했었다고 했다. "이것은 환각제의 특성을 일부 갖고 있으며 어떤 면에서는 아편과 비슷하지만, 매우 순하므로 중독에 대해 걱정할 필요가 없어. 하지만 매너는 보여야 해." 이 상황에서 나는 문득 오래전에 돌아가신 글래스고 주부이자 매너에 아주 철저했던, 나의 페기(Peggy) 이모가 떠올랐다.

그는 이어 "껍질에 들어 있는 것은 맛이 역겨워서 사실 동료들로부터 몇 걸음 떨어져서 한꺼번에 마시고, 얼굴 표정을 재정비한 뒤 돌아오는 것이 관례야. 알겠지?"라고 말했다. 바로 그때 헛간에서 '가고일 같이 생긴 한 인간(gargoyle-like denizen, 일률적인 모양이 없는 악마나 환상적인 형상의 짐승)'이 설명한 대로 곧바로 실행에 옮겼다. 나는 딕을 믿었고 그 사실을 이미 들어 알고 있었기 때문에 그가 돌아왔을 때는 마시기 전보다 좀 더 상냥해 보였다. 나는 딕이 말한 대로 믿고 따랐다. 왜냐하면 딕보다 중독 약리학에 대해 더 잘 아는 사람은 없으며 그보다 중독제에 직접적인 경험을 가진 사람은 없기 때문이다.

나는 반쪽짜리 코코넛 껍질을 들고 동료들을 등지고 컵을 입술로 가져갔다. 배수구에서 나는 썩은 늪지 냄새가 났다. 순간, '욱'하고 올라왔지만, 나는 숨도 쉬지 않고 한꺼번에 마셔버렸다. 냄새만큼 맛은 나쁘지 않았다. 그 효과는 거의 즉각적이었다. 축축한 정글은 아주 약간 변해 보였고, 나뭇잎은 약간 반짝였고, 덩굴은 인테리어 디자이너가 장식한 것처럼 보였다. 오두막집 주민들은 엄숙하지만 자비롭고 친절한 노신사처럼 보였다. 나는 안온함을 느꼈다. 마치 나 스스로가 젊어져야 할 물건인 것처럼 느껴지면서 아주 천천히, 서두름 없이 서서히 피로가 사라졌다.

　새벽이 되자 운던 베이가 아래로 펼쳐져 보였다. 반원형으로 보이는 푸른 언덕은 믿을 수 없을 만큼 키가 큰 코코넛 야자나무로 가득 차 있었다. 중앙에는 낮은 흰색 건물이 몇 동 있었고 직경에는 산호 가닥이 늘어서 있으며 그 너머로 얕은 청록색 바다는 수심이 깊어감에 따라 짙은 푸른색으로 바뀌었다. 길은 경사를 따라 내려갔고, 정글 벽은 야자수로 변해 있었다. 딕은 바다에서 가장 가까운 건물 앞에 자리를 잡았다. 지상에서 1미터 정도 높이의 기둥 위에 세워진 커다란 식민지풍 방갈로였고, 집 앞에는 영국인이 만들었을 법한 푸른 잔디밭이 펼쳐져 있었다. 그 안에는 여러 가지 식물들이 빼곡히 심어져 있어 잔디밭 같지 않은 잔디밭이 가꾸어져 있었다. 그 너머에는 눈부시게 하얀 산호 해변이 펼쳐져 있었다. 딕의 아들인 단이 우리를 환영하기 위해 계단을 내려왔다. 그는 "좋은 아침, 아침 좀 드실래요?"라고 말했다.

　그는 비공식적인 태도에 대해 사과하며 출근 중이어서 옷을 입었다고 설명했다. 뿐만 아니라 단은 지금부터 몇 시간 동안 말을 길들이는 데 시간을 보내야 하고 그러기 위해 햇빛을 가리는 스텟슨(Stetson) 모자, 반바지, 긴 부츠 및 가죽 챕스를 착용해야 했다. 후자는 사람들이 카우보이 영화에서 입던 그런 종류의 것이다. 이런 차림이 열대 말을 다루는 데 있어서 가장 실용적이고 필수적인 종류의 옷차림이라고 이야기해 주었다. 이 섬은 19세기에 영국 정착민들에 의해 식민지화되었는데, 그들은 일하는 말 대신 사냥꾼들을 데리고 들어왔다고 했다. 여기는 여우가 북극곰만큼이나 흔했기 때문에 그들은 무엇을 사냥해야 할지를 몰랐다고 한다. 사냥꾼들은 섬사람이 살지 않는 화산 중심지에 정착했고, 그곳에는 많은 야생 군집 인구가 형성되었다. 위쪽에는 지하수가 거의 없었기 때문에 조랑말들은 물을 마시기 위해 저지대로 내려와야 했는데, 단이 그들을 잡아서 먹이를 주고 우정을 쌓고 다정한 대화를 나누면서 길들인다고 했다. 그는 말을 길들이는 전문가였으며, 신뢰를 갖고 일할 수 있는 말을 원하는 사람들에게 영화에서나 보는 그런 야생마 길들이는 방법으로 말을 다루면 안 된다고 설명해 준다고 했다.

여기는 꿈이 아닌, 현실 속의 실제 열대 낙원이다. 매일 아침 7시에 나는 모기장을 벗어던지고 잔디밭과 해변을 빠르게 가로질러 우유처럼 따뜻한 바다로 뛰어들곤 했다. 나는 등을 대고 누워서 산 뒤로 일출을 지켜보았다. 그런 다음 배를 깔고 누워서 산호들 사이와 무지갯빛의 황홀한 색상을 지닌 자연 그대로의 문양으로 새겨진 물고기들 사이를 내려다보았다. 지금까지는 괜찮았지만, 스노클과 마스크만 있다고 해서 나는 안심할 수가 없었다(모퉁이를 돌아서면 무슨 공격을 당할지 모르는데, 1분 정도면 숨이 차오르는 잘못된 스쿠버 장비와 큰 칼을 갖고 있다고 해서 그다지 안전하지는 않겠지만, 일단은 안전하다고 생각이 들 수는 있을 것이다). 딕은 해안에서는 리프 화이트 팁(reef white-tips) 상어를 만나는 것보다 더 불행한 일은 없을 것이라고 했고, 그날 저녁에 상어를 몇 마리 보았다. 그러나 그는 첫날 저녁에 더 깊은 물속에 호랑이 상어가 있으니 해안으로 올라오지 못하도록 경계해야 한다고 덧붙였다. 가시성이 약 50피트이며, 물속에서 그렇게 빠른 속도로 이동하는 상어를 어떻게 감시해야 하는지 모

협회 창립을 위해 '재미난' 묘안을 구상 중인 핍(지은이)의 호기심 가득한 표정

존 퍼거슨-산악가, 밀렵가, 작곡가, 불가능할 듯한 이야기를 지어내는 사람, 범죄학자-이 어떤 생선에 관해 묘사하고 있는 장면

앤 다나-완벽하게 스코티시 악센트를 구사하는 매력적이고 유능했던 그녀는 협회 초창기에 많은 고객들을 유치하는 데 지대한 공헌을 했음(마이크 윌킨슨 촬영)

Maverick : The Founder's Tale

Dear Member

Welcome to the Scotch Malt Whisky Society. You should by now be on the brink of sampling your first bottle of our choice malt. We hope you and your friends enjoy it.

Your introductory bottle has come from our first quarterly selection of malt whiskies. Our labels reveal only the cask number. One of the chief purposes of this quarterly newsletter is to provide more information about the whisky on offer. At the moment we are not free to identify the distillery source of all our selections. Whenever we can, we will. Quarterly selections will normally be restricted to three but to launch our enterprise we chose four to see us to the end of 1983.

CASK 1.1 By January next year this very special Glenfarclas will be nine years old. It has matured in sherry casks - hence its rich depth of colour - and comes to you direct from the Grant family distillery at the base of Benrinnes which has been producing superb Highland malt whisky since 1836. This cask is 94.5 proof and a mellow delight.

CASK 1.2 Another Glenfarclas, but matured in plain oak casks. Already nine years old it is almost 107 proof. Its bland colour belies strong character and subtle strength.

CASK 2.1 Speyside and nine-year-old again, but a cask that comes from one of the most famous distilleries in the history of Scotch whisky. A noble malt, at 102.2 proof, and typical of generations of excellence going back to 1824.

CASK 3.1 Distilled, January 1976, on Islay. And displaying all the peaty, salty character of whisky made from island water and matured on the edge of the sea. At 102.3 proof a substantial force to be reckoned with.

You may re-order, of course, what you have already received. And you are free to order any or all of the whiskies in this quarter's selection. There is no restriction on quantity so long as stocks last. At the turn of the year we will offer another selection and maintain as many of this quarter's whiskies as demand permits.

All four whiskies in the current quarter cost £13.45 per bottle delivered to your door. A £1-per-bottle discount is available to members who collect their own whisky at Leith. For the time being this service should be pre-arranged by telephone.

As the festive season approaches members may wish to arrange membership (£23 including VAT and free bottle of whisky) as a gift to friends. Please leave us enough time to carry out your instructions. A card conveying simple season's greetings will be enclosed at your request.

Please place orders using the coupon below:

Member's Name . . . .

Address . . . .

. . . .

Membership No.

Cask No.	Quantity	Send to: The Scotch Malt Whisky Society Ltd, Freepost, Edinburgh EH6 0JS
1.1		Payment can be made by cheque or postal order. Access No. . . . .
1.2		American Express No. . . . . Barclay Card/Visa No. . . . .
2.1		VAT Reg. No. 397 9918 62 — Please allow at least 14 days for delivery. Do not accept damaged goods. Instruct postman to return package to SMWS.
3.1		Total £ — A replacement will be dispatched immediately.

THE VAULTS · 87 GILES STREET · EDINBURGH EH6 6BZ · (031) 553 1003

협회의 첫 보틀링 리스트-가격매김을 보면 초창기 협회는 거의 '자선사업' 수준이었음

매버릭 : SMWS 창립자의 숨은 이야기

초대 협회 시음위원회 위원들-(왼쪽부터) 토니 트룬, 모르는 인물, 짐 스완, 핍, 이언 더필드, 팀 스튜어드

모번에서 대퇴골이 부러졌을 때의 핍-주행 도로에서 27마일 떨어진 곳에서 손재주 좋은 정형외과 의사가 응급 처치한 석고 붕대를 하고 누워 있음

카미노미치에서의 요팅(yachting)-말레이그에서 기어박스 수리에 여념이 없는 중에 아침 식사를 하고 있는 (왼쪽부터) 핍, 딕 모턴, 딕 파운틴

달나메인의 오래된 인디언들-수천 년 전 바이킹이 공격해 온 이후로 첫 '게르만족의 침공'이었을 것임

매버릭 : SMWS 창립자의 숨은 이야기

196

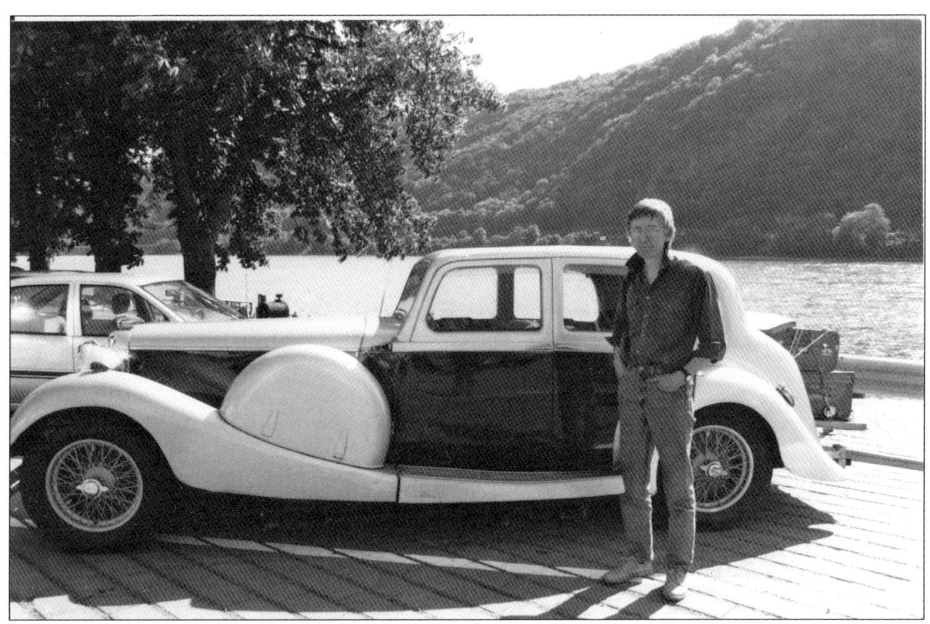

프라하 가는 도중에 핍이 라인 강가에서 라곤다와 함께

협회의 첫 명예회원인 하미시(왼쪽)-
1944년 이탈리아에서 적진 후방의
파르티잔(Partisan) 리더로 활동하
던 시절에 미군에게서 탈취한 지프
차를 타고 있음

Maverick : The Founder's Tale

197

헥터, 개들 중에서 최고!(마이크 윌킨슨 촬영)

더 볼츠의 회원실에서 예전 이야기를 들려주고 있는 핍(마이크 윌킨슨 촬영)

매버릭 : SMWS 창립자의 숨은 이야기

라곤다와 핍의 만남-라곤다는 연수를 고려하면 상태가 꽤 좋음. 이전 주인이 그렇게 말했던 것 같음(마이크 윌킨슨 촬영)

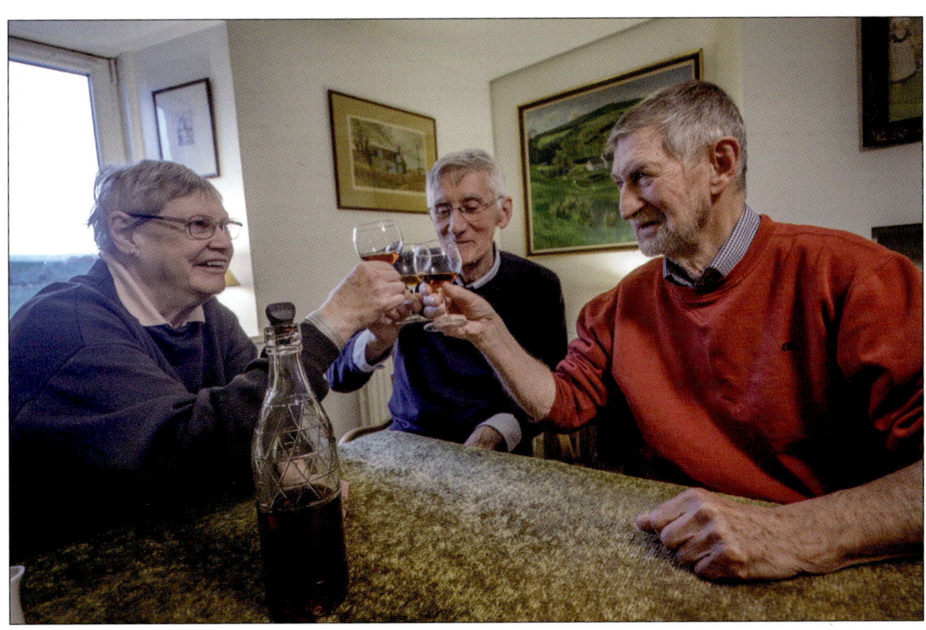

덴밀 농장 부엌에서 40년 오랜 세월 동안 우정을 나눈 친구들과 함께-협회 창립은 이 부엌에서부터 시작되었음(마이크 윌킨슨 촬영)

Maverick : The Founder's Tale

협회 40주년을 기념하기 위해 보틀링된 '매버릭'-더 이상 '매버릭'이 아닐지? 기대해 보시기 바랍니다!(마이크 윌킨슨 촬영)

매버릭 : SMWS 창립자의 숨은 이야기

르겠다. 유일한 위안은, 그런 일이 일어나게 되면 우리가 그런 일이 일어난다는 사실을 알아차리기도 전에 이미 그 게임은 끝나 있을 거라는 것이다. 호랑이 상어의 공격은 움직이고 있는 밴드 톱에 부딪히는 것과 같을 것이다.

한두 주간 동안 아무것도 하지 않은 나태함(완전한 휴식)은 생생한 기억으로 남겨졌다. 어떤 날 저녁에는 완전히 벗은 채 어둠 속에서 화산으로 따뜻하게 데워진 바닷물이 목까지 차오르는 바위 웅덩이에 앉아 진토닉을 마시기도 했고, 아침에는 주변 울타리를 따라 산책하러 나가기도 했다. 울타리라는 말은 주로 깔끔한 개나리나뭇과로 사용되나 심할 경우 베르베리스(berberis)를 사용하기도 한다(저자는 울타리로 자주 쓰이는 가시가 있는 베르베리스 식물을 싫어한다). 열대 등가 식물은 높이가 약 30피트이고 완벽하게 불투명하며 전기톱을 연상케 하는 가시로 무장되어 있는 반면, 여기는 망고나무로 둘러싸인 마냥 낙원 같은 곳이었다. 보기도 전에 냄새를 맡을 수 있었다. 크고 짙은 녹색 잎이 달린 많은 가지와 다양하게 익은 수백 개의 망고가 달려 있었다. 나는 이전에 이런 망고나무를 본 적이 없었기에 매우 기뻤다. 나는 녹색 잎이 풍성한 쪽으로 올라가 약 30피트 높이에서 등을 대고 편안한 자세로 앉아 가장 완벽해 보이는 과일을 골라 주머니칼로 껍질을 벗겨 먹었다. 내 턱 아래로 흘러내리는 과즙의 달콤함과 나뭇잎 사이로 반짝이는 빛은, 내가 여태까지 기대해 왔던 가장 큰 행복한 순간 중의 하나였다.

어느 날 저녁, "힘들게 열심히 일하는 것보다 차라리 냄비 솥 안이 더 낫겠어."라고 판단한 말을 잡아, 요리한 말고기 스테이크를 먹으면서 나의 방문 목적인 화산 여행을 표면적으로 제기했다.

덕은 잠시 뭔가를 생각하더니 "우리에게는 여러 가지 선택의 여지가 많아. 우리가 북쪽에서 펜테코스트(Pentecost, 오세아니아 바누아투에 있는 섬)까지 가는 데는 선택할 루트가 여러 가지 있지만, 타나(Tanna)로 내려가는 것이 더 나을 것 같아. 나는 그곳을 한 번도 가본 적이 없지만, 그 섬과 사람들에 대한 좋은 이야기를 많이 들었어. 게다가 화산 구역에도 잘 접근할 수 있을 뿐만 아니라 세계 최고의 카바가 자라고 있다고 들었거든." 그는 계속해서 "거기에 나와 아주 친한 친구가 한 명 있는데, 추장과 친해서 우리를 잘 안내해 줄 거야."라고 말했다.

북쪽으로 이동하기 위한 교통수단은 옛날에는 이것을 '부정기선'이라고 불렀다. 우리가 승선한 배는 커다란 커민스(Cummins) 디젤 엔진을 갖고 있었고, 조지프 콘래드(Joseph Conrad) 소설에서 바로 갖고 나온 것 같았다. 규모는 수백 톤에 달하며 페인트가 부족해서 녹으로 커버하고 있었다. 모선만큼이나 녹슬고 무거운 철판으로 만들어진 이상한 보트에는 조타실, 선창, 매우 큰 윈치에 의해 작동되는 데릭(derrick, 크레인 종류의 드릴링에 사용되는 타워형 구조물)이 갑판의 주요 특징인 것 같아 보였다. 의심할 바 없이 갑판 아래에 더 많은 것이 있을 거라고 생각했다. 왜냐하면 승객들을 위한 어떤 시설물도 보이지 않았기 때문이다. 그것은 확실히 '민주적'이었다.

날씨가 좋으면 타나 도착은 에로망고(Erromango)라는 섬에 한 번 정차한 후, 약 18시간이 걸린다. 우리는 세 명의 덩치 큰 숙녀분들, 여러 명의 어린이, 두 마리의 돼지와 함께 화물용 그물 옆자리에 다소 편안하게 자리 잡았다. 숙녀들은 과자와 망고를 건네주었는데, 자기들 아이처럼 우리를 대했다. 딕은 그들과 비스라마(Bislama)어로 대화했다. 이것은 바누아투 버전의 피진(Pidgin, 공통 언어가 없는 사람들 간의 의사소통에 사용되는 문법적으로 단순화된 형태의 언어)이었다. 그는 파푸아뉴기니의 톡피진(Tok Pisin=pidgin talk, 상업 및 행정 언어로 사용되는 영어를 기반으로 된 크리올 언어) 전문가였으며, 이것은 그다지 다르지도 않고 배우기 쉽다고 설명했다. 영어에 기반을 두고 있었기 때문에 섬에서 몇 주를 보낸 후에는 대부분 의사소통은 할 수 있게 되었다. 또한 딕은 우리가 만날 것으로 예상되는 종교에 대해서도 말해주었다.

19세기에 뉴헤브리디스(New Hebrides) 사람들의 영혼을 구원하기 위해 선교사들이 파송되었을 때 거의 같은 시기에 몇몇 종류의 기독교가 상륙했던 것으로 보인다. 섬들은 많았고 선교사가 거의 없었기 때문에 그 중 북쪽에 있는 펜테코스트 섬사람들은 모두 로마 가톨릭 신자인 반면, 여기에는 일종의 우주적인 정신(ecumenical spirit, 공동체 간의 협력, 단결, 친족 정신을 증진하는 기독교 내의 근본적인 태도와 접근 방식)이 널리 퍼져 있었고, 우리의 첫 번째 목적지인 에로망고에는 장로교 교인들이 있었다. 딕은 내게 "스코틀랜드 사람이니 집에 있는 듯한 편안함을 느낄 거야."라고 말했다.

우리는 에로망고에서 그 역사나 종교에 대해 알아낼 만큼의 충분한 시간을 보내지는 않았다. 그 섬에는 외국인들을 위한 어떤 배려 서비스가 있지 않았다. 노예 상인으로 인해 인구가 고갈되고, 미국 복음주의 선교사들로 인해 정신적으로 우울감에 빠져 있었기에 우리를 환영하는 미소는커녕, 그들은 외부 세계에서 온 사람들에게 우호적인 얼굴을 보여야 할 아무런 이유도 없었다.

타나에는 또 다른 문제가 있었다. 울창하고 숲이 우거진 산이 많은 이 섬은 실제로 바다 쪽에서는 접근이 불가능해 보였다. 당시에는 자연적이든 인공적이든 항구라는 것이 없었다. 우리는 녹슨 배를 타고 상륙했는데, 그 배는 태평양의 파도 속에서 놀라울 정도로 잘 작동했다. 돼지들이 조금 돌아다니긴 했지만, 아무도 신경 쓰지 않는 것 같았다. 우리는 섬의 가장 중요한 인물인 추장 톰 누마케(Tom Numake)의 환영을 받았다. 톰 추장은 작지 않은 멜라네시아인들의 표준 키보다 키가 컸고 자신의 정치적, 개인적인 탁월함을 뽐냈다. 나중에 우리가 그를 더 잘 알게 되었을 때 나는 순진하게 그에게 "정확히 당신은 무엇의 추장입니까, 톰?" 하고 물었다. 그는 팔을 뻗어 활짝 펼쳐 지평선을 휩쓰는 몸짓을 했다. "나는 이 타나의 추장이야."라고 말했다. 그의 말은 웅장하게 들렸다. 실제로 그가 말한 내용은 '디스펠라 에미 남바완 블롱 타나(Dispela emi nambawan blong Tanna)'와 같은 내용이었지만, 읽을 때의 그 흐름을 잘 알면 분명히 무슨 말인지 이해가 될 것이다.

톰은 며칠 동안 가이드가 되어 작은 노란색 스즈키 지프를 타고 우리를 섬 주변으로 데리고 다녔다. 여기서 두 가지를 언급할 가치가 있다. 첫째로, 그는 우리에게 존 프럼(John Frum)의 성전을 보여주었다. 사람들은 그에 대해 들어본 적은 있지만, 그에 대해 아는 사람은 거의 없는 것 같았다. 타나는 아마도 멀리 떨어져 있기에 기독교의 침입에 저항했을 것이나 이제는 존 프럼이 그들의 신이 되었다. 그의 사원은 섬의 다른 대부분의 건물과 마찬가지로 판다누스 가지로 지어졌기 때문에 지금까지는 눈에 띄지 않았다. 주목할 만한 점은 그 장식이었다. 왜 냐하면 서구, 주로 미국 소비주의에서 생산된 모든 다양한 제품의 광고 자료와 포장으로 장식되어 있었기 때문이다. 위스키 병(빈 것)과 담뱃갑 (똑같은 모양으로), 비누 조각 광고, 노란색 트랙터의 컬러 사진들이었다. 이 종교의 핵심은 당신이 좋은 삶을 살고, 보다 중요한 건 예배당에 기 부할 준비가 되어 있다면 존 프럼이 당신의 기도에 응답하고 좋은 것을 가져다줄 것이라는 믿음이었다. 이번 생이 아니라면 다음 생에서는 반 드시 그럴 것이라 믿었다. 빈 꾸러미를 기부하는 것이 허용되었고 아마 도 이것은 가득 찬 꾸러미로 나중에 돌아올 것이라고 믿기에 그 종교는 인기가 있었다.

이것의 창립 신화에 따르면 1942년 미군이 과달카날(Guadalcanal) 전투를 준비하면서 뉴헤브리디스 제도에 전진 기지를 건설했지만, 타 나에는 착륙할 평지가 거의 없었기 때문에 건설되지 않았다고 한다. 어느 날 밤, 군수물자를 실은 미군 화물 항공기 다코타(Dakota)가 타나 에 불시착할 수밖에 없었는데, 인명 피해 없이 무사히 착륙했다고 한 다. 아침에 섬 주민들이 현장을 보러 왔을 때 난파된 항공기 문 밖으로 나와 "안녕하세요, 여러분. 저는 미국에서 온 존 프럼이라는 사람입니 다."라고 말했다. 그런 다음 그는 섬 주민들에게 허시 바(Hershey, 밀크 초 콜릿 바)를 나눠주었는데, 놀란 섬 주민들은 당연히 그를 신성하다고 생 각할 수밖에 없었다. 허시 바와 위스키가 바닥났을 무렵에는 이것은 단 지 첫 번째 방문일 뿐이고 사람들이 착하게 행동하면 곧 두 번째 방문 이 있을 것이라 믿고 있었다. 그것은 전혀 나쁜 종교가 아니었고, 자비롭게도 거기에는 형이상학(metaphysics)이 없어 다행이었다.

우리의 가장 중요한 두 번째 목표는 섬 반대편에 20마일 정도 떨어져 있었지만, 그것은 끊임없이 우리의 시야 안에 있었다. 화산으로서는 그리 크지는 않지만, 이런 것들은 상대적이어서 타나와 비교해 보면 매우 커 보였다. 정상인 것처럼 보였지만, 희미하게 올라오는 연기가 '뱃속의 불씨'를 암시해 주고 있었다. 톰 추장은 우리를 산기슭까지만 데려다주고 정상까지 가는 길이 있었음에도 불구하고 너무 험하다고 더 이상 가지 않았다. 산의 존재가 어떤 면에서 그에게 위압적이라는 것은 분명했다. 왜냐하면 그가 존 프럼에게 보여준 것보다 훨씬 더 존경심과 경외심으로 산을 대했기 때문이다. 딕과 나는 정상까지 하이킹을 할 수 있어서 매우 기뻤다. 하지만 용암이 거칠기 때문에 발에 샌들만 신은 것이 후회스러웠을 때쯤, 톰 추장은 우리에게 플라스틱 물병을 하나씩 건네주며 자기는 근처 마을에서 기다리고 있겠다고 말했다.

하지만 눈사태에 익숙한 산악인의 입장으로 보기에 그것은 그리 큰일은 아니었다. 그것은 때때로 약간의 진동을 주었다. 우리가 올라감에 따라 떨림은 더욱 뚜렷해졌고 낮은 웅웅거림도 동반되었다. 지역 사람들이 그 물건이 살아 있다고 믿는 이유를 이해하게 되었다. 3시간 후에 분화구 입구에 이르렀을 때 우리는 흔들림과 울림의 원인을 발견했다. 분화구의 너비는 0.5마일(약 0.8킬로미터) 정도였으며 가장자리는 날카롭고 부서지기 쉬웠다. 측면은 약 2,000피트(약 610미터)까지 수직으로 떨어졌고 바닥에는 붉게 끓어오르는 녹은 용암 웅덩이가 있었다. 몇 분마다 웅덩이 중 하나 또는 둘 다 한꺼번에 폭발하여 내용물을 공중으로 멀리 치솟게 했으며, 그 일이 일어나면 산 전체가 흔들리고 요동이 일어나곤 했다.

이런 경외감은 내가 이전에 느꼈던 그런 종류의 것이 아니었다. 사실 나는 경외감을 느끼는 데 익숙하지 않았기 때문에 대체로 의구심과 병행되기도 하는데, 그 산에서 보낸 시간은 내게 전혀 그런 의구심의 여지를 허용하지 않았다. 가장 충격적이었던 것은 내가 인간의 삶의 실체와 동떨어진 그 무엇인가의 앞에 서 있다는 느낌이었다. 여기는 창조 이전의 첫 번째 생물의 점액부터 시작하여 그것이 말라 날아간 후에 오랜 시간이 지난 뒤에도 존재할 것이라는 사실이었다.

우리는 톰 추장에게 마지막 남은 협회 위스키 한 병을 주었다. 나는 오늘 멀리 떨어진 타나에 있는 존 프럼 대성당의 성소에서 트윅스(Twix) 초콜릿 봉지와 럭키 스트라이크(Lucky Strike) 빈 담뱃갑 사이에서 이 위스키의 빈 병을 누군가가 어느 때에 찾을 수 있길 기대해 본다.

CHAPTER 15

라곤다와 공산주의의 몰락-파트1
The Lagonda and the Fall of Communism-Part1

내 차가 이 책에 자주 등장하므로 잠시 언급해야 할 것 같다. 나는 1974년에 그것을 구입했다. 그 당시에 벌써 37년 된 차였고, 그 후에 수리를 위해 몇 번 오퍼로더되었을 때를 제외하고는 거의 매일 25년 동안 사용했다. 우연찮게 내가 운전하게 된 이 차 외에 나는 오래된 차에 유별나게 관심을 두는 그런 자동차 마니아는 아니다. 이 오래된 라곤다(Lagonda) 4.5리터 기둥 없는 세단을 갖게 된 것은 단순히 우연이었다. 이것을 500파운드(약 95만 원)에 구입해서 약 50만 마일을 달리고, 구입한 가격의 약 20배 높은 가격에 팔았으니, 내 인생에서 최고의 성공적인 거래였다.

내가 자란 환경은 뭔가를 조금이라도 안다고 하는 사내아이라면 사물이 어떻게 작동하는지 이해하고, 그것이 작동되지 않을 때 분해해서 잘못된 부분을 찾아내 고칠 수 있어야 한다는 것이 당연한 일로 여겨졌다. 캠벨 부인의 시계가 그 증거였기 때문에 처음에는 메커니즘에 대한 이해보다는 그저 아무 겁 없었던 어린 시절의 자신감으로 인한 것

이었다(열여섯 살 때 학교 친구 집의 가보로 내려오는 괘종시계를 고치는 일에 자원
했다. 시계추를 케이스 바닥에 떨어뜨린 뒤부터는 다시는 그런 일에 손을 대지 않았고,
당시 나는 실패와 패배감으로 몹시 당황했다). 나의 그 오만함은 실용과목보다
학문 중심의, 즉 라틴어의 불규칙 동사는 중요하고 우주의 일부 구조는
그렇지 않게 여겨지는, 학교 교과과정의 산물이라고 생각한다.

　　그 시대에는 자동차에는 수리 개념이 일반적으로 적용되었으며,
내 차 라곤다를 구입하러 갔을 때 많은 차가 있었지만, 가격이 5파운드
를 넘는 차가 없었다. 그리고 그들 중 일부는 몇 년 동안 더 사용한 다
음 폐차 처리가 되기도 했다. 그 사이에 나는 이것저것 다양한 방법으
로 계속 작동시켜 보았고, 그 과정에서 작동 방식에 대해 조금 배웠다.
그것을 만든 사람들이 비록 방식이 다르긴 하지만, 불규칙 동사에 대
해 아는 사람들만큼 영리하다는 것을 깨달았다. 몇 년 동안, 나는 프랭
크 레빗(Frank Levitt)이라는 친구의 도움을 받았다. 그 친구는 당시 내 지
인 중 유일하게 기계에 관심이 있었고, 그의 독창성을 높이 평가했다.
그는 유대인이자 미국 브롱크스(Bronx) 주 빈민가 출신의 불량배였었는
데, 그의 뛰어난 재능을 알아차린 한 크리스천 단체가 '예수의 이름으
로' 그를 보살펴 줘서 범죄의 삶에서 구원의 삶으로 바뀌었다고 생각했
다. 하지만 아쉽게도 그들의 사랑의 보살핌 안에서 그는 논쟁적인 무신
론자로 성장했고, 의심할 바 없이 그의 아버지들(fathers, 목사들)을 실망
시켰다. 그는 바사 칼리지(Vassar College, 1861년에 설립된 사립 교육기관으로
케임브리지, 하버드, 예일 대학들과 같은 등급의 칼리지) 출신의 여자와 결혼하여
고국에서 흥미로운 사회 문제를 일으켰지만, 그가 에든버러에서 철학

공부를 하는 동안만은 문제가 야기될 아무 짓도 하지 않았다. 그의 주요 관심은 철학적 논리, 즉 이것이 올바른 표현인지는 잘 모르겠지만, '어떻게 빨리 나를 정신없게 만드는가.'에 관한 것을 훈련하는 학문이었다(즉, 나는 그의 말과 글의 일부만 이해할 수 있고 그가 나보다 훨씬 똑똑하므로 나는 곧 그의 말을 이해할 수 없게 된다는 뜻이다).

프랭크는 내가 4파운드에 구매한 포드 파퓰러(Ford Popular)의 킹핀 작업을 도와주었다. 이것은 휠 회전이 잘 되지 않는 문제만 해결된다면 작지만 아주 유용한 차였다. 무엇보다 일 년에 1파운드 미만의 비용으로 안정적인 운송 차량을 가질 수 있었다. 그런데 그 포드가 10실링에 폐차장으로 보내져야 했으므로 나는 교통수단이 없어져 버렸다.

그러므로 필요할 때 가끔씩 덴밀 농장의 덩컨(1장에서 언급)의 밴을 빌렸다. 덩컨과 내게는 골동품 딜러인 머리(Murray)라는 친구가 있었다. 1970년대 석유 인플레이션이 발생하기 전에는 오래된 물건은 소수의 골동품 수집가와 대다수 가난한 사람들에게만 관심이 있었다. 우리는 이런 두 범주에 모두 해당되었고, 여러 가지 종류의 바람직한 골동품을 거의 무료로 얻을 수 있었기에 에든버러는 참 살기 좋은 곳이었다. 그리고 머리는 오래된 것들을 찾는 데는 '선수'였다.

어느 날, 덩컨이 전화로 내게 "머리가 이스트로디언(East Lothian)의 헛간에서 오래된 차 라곤다를 하나 발견했어."라고 말했다. 그리고 "농부 주인은 높은 가격을 기대하지 않는다고 했어."라고 알려주었다. 나는 그것보다는 좀 더 나은 차를 생각하고 있었기에 그에게 "꺼져 버려."라고 말하기는 했지만, 우리는 그의 밴을 타고 차가 있는 곳으로 가

보았다. 농부는 집에 없었고 그의 아내가 우리를 술집으로 안내했는데, 그곳의 출입구에서 그 라곤다의 앞자락을 볼 수 있었다. 녹슨 흔적 하나 없이 놀라울 정도로 상태가 양호했다. 나는 몸을 굽혀 손잡이 두 개를 이용해 보닛을 들어 올려 보고, 이전에 한 번도 본 적이 없는 엔진 또한 살펴보았다. 스타보드도 살펴보았지만, 그것은 배기장치였을 뿐이었으며, 더 이상 알아낼 수가 없었다. 항구로 돌아와서 얽힌 레버와 구리 파이프가 왜 거기에 있어야 하는지 이해하지 못했으므로 계속 처다보고만 있었다.

나는 약간 의구심에 차서 "아무래도 그건 디젤 엔진인 것 같아."라고 덩컨에게 말했다. 그것은 그랬다. 1930년대 맨체스터의 가드너 사람들은 디젤 엔진 자동차 시대가 올 것이라는 황당한 생각을 가진 적이 있었다. 그들은 그 미래를 위한 모델을 만들었는데, 그것이 현대식 LK 시리즈였다. 원하는 만큼 많은 실린더를 배열할 수 있는 고압축, (당시로는) 고속, 합금 바디의 경량 제품이었다. 그들은 두 대의 라곤다 차를 구입하여 하나에는 6개, 다른 하나에는 4개의 실린더를 장착했다. 덩컨과 내가 보고 있던 것은 후자인 4개의 실린더를 장착한 것이었다.

가드너 측에서 보면 그 사업 계획은 완전한 실패였다. 1950년쯤 디젤 엔진 자동차 시장은 결코 없을 것이라는 결론이 내려졌고, 그 두 라곤다는 모두 팔려야 했다. 그 중 하나가 25년 후에 내게로 온 것이다. 제2차 세계대전은 엔진이 도입된 직후에 발발했고, 그 부속들은 장갑차와 비스마르크(Bismarck)를 침몰시킨 소형 잠수함에 사용되었다.

라곤다는 현대적인 자동차 성능과 비교하지 않고, 있는 그대로 받아들이기만 하면 훌륭한 기계였다. 현대적 기준으로 볼 때 가속도가 저조하여 나쁘며, 도로 접지력은 더 나쁘며, 브레이크를 많이 사용할수록 그 성능이 약해지므로 경각심을 갖고 운전해야 한다. 그럼에도 불구하고 라곤다는 시속 거의 100마일을 달릴 수 있고, 힘들지 않게 하루 종일 계속 사용할 수 있다. 디젤 엔진이라 연료가 경제적이고 25갤런 탱크와 휠 아치에 예비 연료를 보충해 두면 다음 주유까지는 천 마일을 이동할 수 있다. 길이는 17피트인데, 그 길이의 절반 이상이 보닛이었고 두 개의 트럼펫 뿔과 농구공 크기의 헤드램프가 있었다. 뒤쪽 부츠에는 큰 트렁크가 들어갈 수 있는 공간이 있으며, 가죽 끈과 버클로 고정시킬 수 있게 되어 있다. 이것은 은색으로 페인팅되었으며, 보닛 부분과 도어 하단 패널을 검은색으로 마감해 아주 고급스러워 보인다.

하지만 피할 수 없는 두 가지 불편한 점이 있었다. 시동을 걸면 연기가 많이 나고, 달릴 때는 소음이 엄청나다. 소음은 주로 모든 디젤이 겪는 점화 전 노크였지만, 가드너 제품은 정말 시끄러웠다. 이 두 가지 단점은 내가 어찌할 방도가 없으므로 그냥 그것과 함께 살아가는 법을 배웠다. 그런데 어떤 이는 그런 것이 '망가진 빅 엔드 베어링이 있는 가솔린 엔진'이라고 자기 나름 간주했다. 그들은 넌지시 눈을 내리깔고 보는, 교만하기 짝이 없는 빈티지 자동차 속물을 몇 번 만난 적이 있는데, 그들은 그냥 속물이 아니라 아무것도 모르는 무지한 속물이었다. 딱 한 번 진짜 전문가를 만났다.

1970년대 어느 화창한 아침에 그랜턴 부두로 이동하고 있는 중이었다. 부두에 있는 작업장 밖에서 해양 및 일반 엔지니어인 월터 스콧

(Walter Scott)과 왓슨 스콧(Watson Scott)이 때 묻은 보일러 슈트를 입고 각자 손에 머그잔을 들고 차와 아침 공기를 마시고 있었다. 나는 라곤다를 몰고 가서 그들 앞에 멈춰 섰다(차를 갖고 그곳에 나타난 것은 처음이었다). 엔진을 끄니 소음이 잦아들었고 차에서 내리자 곧 월터가 내게 말을 걸었다. "저거 가드너죠?" 나는 고개를 끄덕였고, "타이밍 샤프트의 스플라인이 마모되어 있어요."라고 월터가 말해주었다.

최근에 나의 경제 기준으로는 엄청난 비용을 들여서 가드너에 직접 의뢰하여 차 엔진을 재구축했다. 가드너가 분사 펌프를 구동하는 샤프트를 제외하고 심하게 마모된 모든 부품을 교체해 새 엔진이 되었다. 그런데 이 샤프트는 절단되어 있어 강아지 한 마리가 앉을 수 있을 만큼의 얕은 나선형 홈이 있었는데, 이는 앞뒤로 움직이며 펌프의 타이밍을 컨트롤해 주는 장치였다. 간단하고 독창적이지만, 고급 기계 가공이 필요했기 때문에 새로 만들기에는 비용이 너무 많이 드는 부분이었다. 샤프트가 마모되면서 발생하는 약간의 소음은 견딜 수 있다는 것에 대해 나와 엔지니어링 완벽주의자인 가드너도 동의하여 교체하지 않고 두었는데, 월터는 엔진에서 나는 소음만으로도 그 차의 어디가 잘못되었는지를 즉각 알아차렸다.

1960년대 후반에 나는 정치인들이 중요하다고 여기는 정책 중 일부를 바꾸도록 설득할 목적으로 정당에 가입하므로 반정당운동을 하는 개탄스러운 사람들 중의 한 사람이 되었다. 이 경우 나는 노동당이었고 관련 정책은 에든버러의 교통 시스템이었다. 에든버러 시의회는 도로를 이용하는 차량의 증가로 인한 정체에 대처하는 방법을 조언받기 위해 컨설턴트를 고용했다(현대 기준으로 볼 때 도시는 반쯤 비어 있어 도심 어느 곳에나 주차도 할 수 있었기 때문에 오늘날에는 아마 다소 웃기게 들릴 것이다). 시의회는 컨설턴트의 조언이 좋다고 결정했고, 결국 그들에게 매우 많은 수수료를 지불했으며, 시민들은 따라야 했다. 그래서 1968년에 에든버러의 교통 문제를 해결할 계획이 고안되었는데, 시내 중심 주변의 교통 이동을 용이하게 하는 고속도로가 건설될 예정이라는 것이었다. 성 아래 프린세스 스트리트 가든(Princes Street Garden)을 통과하는 6차선, 칼튼 힐(Calton Hill) 아래 및 캐논게이트(Canongate)를 통과하는 6차선, 플레전스(Pleasance) 위쪽으로 교환선, 에든버러 성 옆으로 깔려 있는 초원(The Meadows) 아래를 깊게 절단하여 가로지르는 6차선을 만드는 것이었다.

정부 의회는 심각하게 잘못 계산했다. 자신의 도시에 관심을 갖고 있는 모든 사람, 그들이 관망했던 것보다 훨씬 더 많은 숫자의 사람들로부터 즉각적인 항의가 있었다. 그것은 차라리 벌집을 건드린 것보다 더했다. 어느 날 저녁, 세인트 메리(St. Mary) 2번지에 있는 내 친구 크리스 파이프(Chris Fyfe)의 맨 위층 아파트에서 모임이 있었다. 그곳에서 많은 분노한 시민들이 고속도로 건설을 반대하는 목적으로 단체를 결성했다. 단체의 궁극적인 목표는 의회에서 정치적 권력을 장악한 후에 정책을 바꾸는 것이라고 나는 강력하게 주장했다. 정당은 단 두 개뿐이었기에 그 중에서 노동당만이 변화의 가능성을 갖고 있는 것처럼 보였다. 나는 그 조직에 합류했고, 그 후 몇 년 동안 계획과 교통 문제에 관한 정책을 당에 추천하는 위원회 위원장이 되었다. 말할 필요도 없이, 우리의 추천으로 프린세스 스트리트 가든을 통과하는 고속도로가 생기지 않았다. 1974년에 지방 정부 구조에 변화가 있었다. 새로운 로디언 지역협의회가 우리의 전략 계획 및 교통 정책을 받아들였다. 그 6년 동안 나는 자연스럽게 많은 전문적인 도시 계획가들과 접촉하게 되었고, 후자 중 한 명과 절친이 되었다. 그의 이름은 베르톨트/버티 호눙(Bertold/Berty Hornung)이다. 그는 당시 소련 헤게모니(Soviet hegemony, 제2차 세계대전 이후와 냉전기간 동안, 특히 동유럽에서 소련이 다른 국가들에 비해 정치, 군사, 경제, 이념으로 우월했던 것. 한 집단의 '지배력'을 의미함)의 일부였던 체코슬로바키아 출신이었다.

버티 호눙은 1925년경에 태어나 10대 초반에 서부 보헤미아에서 캐비닛 제작자의 견습공으로 일했다. 전쟁이 발발했을 때 내 생각에 그는 가족과 함께 프라하(Prague)에 살고 있었다. 1942년에 그는 유대인이었기 때문에 나치에 체포되어(어떤 이유에서인지 이 이야기 속에는 유대인이 많이 등장함) 처음에는 테레지엔슈타트(Theresienstadt) 강제수용소에, 나중에는 아우슈비츠(Auschwitz)에 수용되었다. 그는 아우슈비츠에서 죽임을 당할 가능성이 높았으나 나치는 그가 숙련된 목공인임을 알고 그를 독일 동부에 목조 막사를 짓는 노예 노동자로 고용했다. 전쟁 후, 버티는 프라하에서 건축과 도시 계획을 공부했으며 수용소에서 공산당에 합류하여 체코슬로바키아의 사회주의 재건에 함께했던 것으로 보인다. 나는 그가 청년이었을 때 분명 어색한 사람이었을 것이라고 생각한다. 왜냐하면 내가 그를 만났을 때 그는 정말 뻣뻣하고 자연스럽지 않아 어색했다. 그리고 1950년대 초 프라하 대학에서 열린 쇼 재판(Show trials, 1950년대 초 공산주의 통치하의 체코슬로바키아 프라하에서 열린 '반

국가 음모 센터 지도부'로 알려진 인물과 교회 지도자들을 포함한 다양한 집단을 표적으로 삼은 중요한 정치적 쇼 재판으로 1952년 '루돌프 슬란스키 재판'이 대표적인 사례)에서 연설했다.

그는 그 일로 인해 당에서 제명되고 직장에서도 해고되었다. 이것은 계급 구조에서는 끝장이나 마찬가지였다. 하지만 그 당시에는 주요 건축 공모전이 비공개 제출 방식으로 심사를 받았고, 버티는 그런 일에서 계속해서 우승했으며 상금도 받았다. 결국, 그들은 버티를 프라하에서 내쫓았지만, 그는 동부 슬로바키아에 새로운 도시를 계획하는 큰일을 맡게 되었다. 그는 회사가 자신의 과거에 대해 아무것도 모른다 가정하고 상관에게 말해야 할지 고민하고 있었는데, 알고 보니 사장은 슬로바키아인이었기에 체코인을 좋아하지 않았으므로 프라하에서 호의를 얻지 못한 대부분의 사람을 승인해 주었다.

1960년대 중반에 알렉산드르 둡체크(Alexander Dubček)가 프라하에서 집권했을 때 그는 인간의 얼굴을 가진 사회주의를 건설하는 데 도움을 줄 수 있는 사람들을 찾아다녔고, 버티는 자신이 가장 좋아하는 도시인 프라하의 재건을 위한 계획 책임자로 임명되었다. 버티와 둡체크가 함께하는 동안에 많은 이야기들이 있었지만, 내가 가장 좋아하는 것은 지하철에 관한 것이다. 프라하에는 광범위한 도시 철도 시스템이 있었지만, 그 시스템은 오랫동안 수리되지 않고 운영되었다. 그래서 매우 낡은 상태의 지하도, 지상 도로, 터널과 다리 등이 많았다. 공산주의 치하에서도 체코인들은 매우 효율적이었고, 러시아인들은 그렇지 못했기 때문에 체코인들에게 유리한 방향으로 국가 부채가 크게 늘어나고 있었다. 때문에 모스크바가 프라하에 새로운 도시 철도를 제공하여 빚을 갚기로 결정되었다. 그리하여 1967년에 이 계획이 시행되었고 철도 차량, 레일, 자재 및 설치 인력 등 전체 부품 키트가 러시아에서 프라하로 보내졌다.

소련제국은 기이하게도 민주집중 체제하에서 운영되었고, 계층 구조는 주로 예스맨(yes-men)으로 구성되어 있었다. 이는 결정이 모스크바에서 내려지고, 나머지 사람은 모두 시키는 대로만 한다는 것을 의미했다. 어떤 이의나 제안들은 환영받지 못했고 그렇게 하는 사람들은 위험인물로 간주될 수 있기에 모스크바 지하철이 '표준 게이지'인 것에 비해 프라하 시스템은 '협궤 시스템'이라는 사실을 지적할 용기를 가진 사람이 없었다. 보내온 기차는 터널을 통과하기에는 너무 크고, 다리를 건너기에는 너무 무거웠다. 이 시점에서 버티는 그 '펼쳐진 쇼' 같은 상황을 해결해야만 하는, 결코 부러워할 것 없는 일을 맡게 되었다. 그나마 다행인 것은 더 이상 크렘린 정부하에서 노예처럼 굴복하지 않아도 되었다는 것이다.

나는 이 이야기를 눈을 동그랗고 크게 뜨고, 경이롭게 듣고 있었다. "그래서 당신은 무엇을, 어떻게 했나요, 버티?"라고 물었다. 그는 "아~, 내가 그 짐들을 그냥 러시아로 돌려보냈어요."라고 캐주얼하게 말했다. "그게 정확히 무슨 말인가요?" 나는 의아해하며 물었다. "글쎄요." 그는 빙그레 웃으며 "물건과 사람을 함께 싣고 돌려보낼 열차를 요청하고, 시스템에 일정을 잡았지요. 내 생각엔 모두 합쳐서 20~30대의 기차 화물이었던 것 같아요." 하더니 이상한 웃음을 지으면서 "꽤 만족스러웠지요."라고 말했다.

순전히 경력 이동으로만 보면 뭔가 아쉬운 점이 남아 있었고, 몇 달 후 붉은 군대 탱크가 체코 국경을 넘어섰을 때쯤 버티는 시베리아행이 거나 또는 그보다 더 불운한 명단에 올라가 있었을 수도 있었다. 악몽 같은 상황이 되어 버렸다. 가족에게는 돈이 거의 없었고 조금 있는 그 돈도 서구 통화로 환전되지 않는 것이었다. 아내 한나(Hannah, 아우슈비츠에서 만났음)와 두 딸은 시골에서 멀리 떨어져 있었으므로 시간 안에 그들을 모아 비엔나로 가는 마지막 비행기에 태워야 했기에 버티는 미친 듯이 운전했다고 말했다. 비엔나 공항에는 체코 난민들을 위해 긴급 비자를 처리하는 접수 센터가 설치되어 있었는데, 서방 국가별로 부스가 마련되어 있었다.

"그런데 영국으로 오기로 결정한 이유는 무엇인가요?" 나는 물었다. 그는 미소를 지으며 "쉬웠어요. 영국행 부스의 줄이 가장 짧았으니까요." 했다.

버티는 운이 좋았다. 그는 당시 도시 계획가로서 국제적인 명성을 얻고 있었기 때문에 에든버러의 교통 문제를 고려하여 기획 팀에 합류 요청을 받았다. 그렇게 가족은 이상한 외계 도시 같은 곳에 살게 되었다. 그들은 갖고 올 수 있는 최소한의 것만 가져왔기에 매우 궁핍했다. 몇몇 친구들은 웨스트엔드(West End)에 있는 아파트를 임대해 주었고, 다른 친구들은 약간의 가구를 기증했다. 그들은 자신들이 매우 운이 좋다고 생각했다.

어느 날, 버티와 회의에 참석했는데, 내게 끝나고 자기 집에 가서 커피를 마시자고 요청했다. 그가 커피를 얹어 놓은 테이블은 스타일이

나 소재 모두 평범한 가구들과는 달랐다. 커피를 마시면서 나는 그것에 대해 물었고, 버티는 자신의 오래된 이젤로 그것을 만들었다고 했다. 목재인 황색 소나무는 최고는 아니었지만, 각색은 절묘했다. 그리고 오랫동안 잊혀진 그의 캐비닛 제작 기술을 사용할 수 있도록 충분한 목공 도구를 어떻게 구걸하여 빌렸는지 그 방법을 말해주었다. 목재를 구하는 것이 문제였는데, 목재가 부족하다는 것이 아니라 돈이 거의 없었고 공급받을 연락망도 없다고 했다. 나는 그것이 당연하다고 여겨졌기 때문에 내가 뭔가를 할 수 있을 것 같다 말하고 어렴풋한 희망을 주고 떠났던 것 같다.

이 이야기가 너무 멀리 전개될 수 있긴 하지만, 그럼에도 불구하고 나의 아버지에 대해 말하겠다. 그는 그레인지머스(Grangemouth)의 부두 노동자였고, 비록 재능이 없더라도 예리한 목공예가였다. 당시 그레인지머스는 극동 지역으로 무역하는 일부 오래된 제국 해운 회사의 마지막 기항지였으며 런던 항구에서 일단 대부분의 화물을 하역한 후에 스코틀랜드행 화물이 있다면 그레인지머스로 올라왔다. 내국으로 들어오는 어떤 화물 중 일부는 와이어 로프 슬링(sling of wire rope, 들어올리기 및 게양 작업에 사용되는 하드웨어 장비 중 중요한 부분)으로 작업을 하다가 때로는 화물창 바닥 깔개 사이로 나무 조각이 떨어지기도 했다. 런던 항만 노동자들이 그랬기 때문에 그 나무 조각들은 회수할 방법이 없었다. 배가 그레인지머스에 도착했을 때 연로한 나의 아버지는 아래로 내려가서 마룻바닥 사이에서 굴속에서 먹이를 찾듯이 그것들을 찾아 올렸다. 쓸 만한 가치가 있는 목재를 발견하면 크레인 수리공 친구를 불렀고 그 친구는 친절하게도 밧줄을 내려 그것을 해안으로 운반해 주곤 했다. 수년에 걸쳐 맨 끝 화물 창고 가득 목재 더미가 쌓여가고 있었다. 주민들 모두가 그것이 잭 힐즈(Jack Hills, 나의 아버지)의 소유라는 것을 알았고 그것이 필요하거나 잘 활용할 수 있는 사람이면 누구든지 와서 가져갈 수 있다는 것도 모두에게 잘 알려진 사실이었다.

어느 날, 나는 버티를 데리고 아버지를 만나러 부두로 갔다. 목재 사이에 있는 버티의 모습은 너무 신나했고, 장난감 가게에 있는 아이의 모습과는 비교할 수 없을 정도였다. 누군가가 그런 물건을 갖고 있다는 것과 그것을 가져가면 그냥 그 사람의 소유가 된다는 사실을 믿을 수 없어 했다. 이것이 그와 죽을 때까지 지속된 우정의 시작이었다. 그 대가로 나는 몇 년 동안 최고의 목수에게 목공 기술을 배웠다. 특히 버티는 도구를 갈아내는 방법을 보여주었는데, 그는 보헤미아에서 견습 생활을 시작한 첫 6개월 동안은 다른 일을 하지 않고 그것만 하고 보냈다고 했다. 그가 말하길 끌로 손가락 끝의 얇은 피부를 벗겨내도 피가 나지 않을 정도로 날카로워야 한다고 했다.

수년에 걸쳐 우리는 가까운 친구가 되었지만, 어떤 중요한 문제에 있어서는 동의하지 않을 때도 있었다. 나는 그의 바우하우스 스타일(Bauhaus style, 1919년 독일 바이마르에서 학교 설립에 적용된 디자인으로 나치로 인해 폐쇄됨. 이는 주로 건축 및 응용 예술 분야에서 기능적 디자인을 강조하는 것이 특징)을 좋아하지 않았을 뿐만 아니라 그의 계획 아이디어 중 일부는 절대 동의하지 않았다. 그러나 그가 미래에는 사람들이 춥거나 젖을 필요가 없는 실내 쇼핑센터, 즉 지금 우리에게 매우 친숙한 쇼핑몰이 생길 것이라고 말했던 것을 기억한다.

직업상 그의 지위가 높아졌는데, 그는 이스라엘 정부 도시 개발에 대해 조언하는 영국 문화원 팀의 일원으로 예루살렘으로 가라는 요청을 받았다. 그곳에 계속 머물면 최고의 자리를 제공하겠다고 이스라엘 측으로부터 제안을 받았을 정도였다. 나중에 그가 에든버러에서 술을 마시면서 내게 이 이야기를 했을 때 나는 말했다. "왜 그러겠다고 하지 않았어요? 유대인 도시 계획자에게는 그보다 더 중요한 일이 없을 거예요." "맞아요, 핍. 하지만 저는 거기 살고 싶지 않았어요." 나는 놀라 물었다. "왜요?" "글쎄요, 그게 그렇게 간단하게 대답할 수 있는 문제가 아니거든요."라고 버티는 대답했다. "그게 사실은…오늘날에는 이스라엘에 유대인적인 농담이 더 이상 남아 있지 않아요."

나는 그런 대답을 전혀 예상하지 못했기에 그 이유를 듣고 깜짝 놀랐다. 내 생각에는, 내 질문에 그렇게 대답하는 버티의 대답 자체가 매우 유대적인 농담이라고 생각했다(어떤 사회의 농담이라고 하는 것은 그 사회의 문화 속에서 유래되기 때문에 그 문화를 알지 못하면 이해하기가 어렵다. 그러므로 농담은 그 사회의 문화의 산물이라고 할 수 있다).

우리는 그가 사랑하는 체코슬로바키아에 대해 자주 이야기했고 만일 그 나라가 자유로워지면 그는 내게 고향인 프라하 주변을 라곤다를 타고 안내해 줄 것이라고 이야기하곤 했다. 1989년 가을 어느 날, 나는 전화를 걸어 흥분된 마음으로 이렇게 말했다. "버티, 우리 제일 먼저 폴란드, 동독 그리고 헝가리로 여행 계획을 세워야 할 것 같아요."

그러나 나는 그의 반응하는 목소리로 그의 상태가 그리 좋지는 않다는 것을 즉각 알 수 있었다. "아~ 아쉽네요, 핍. 당신은 내가 내 조국에서 유죄 판결을 받은 '범죄자'라는 것을 기억해야 해요(1968년 이후에 재판이 있었는데, 버티는 부재 상태로 시베리아로 이송됨). 다시는 돌아갈 수 없을 것 같아 두렵네요." 나는 상황을 알아차리고, 사과 후 전화를 끊었다.

한 달쯤 지나서 버티에게 전화가 왔다. "핍 씨, 이번 프라하 여행은 4월로 할까요, 5월로 할까요? 우리는 라곤다로 가고, 한나는 비행기를 타고 그곳에서 우리를 만날 수 있게 되었어요." 우리는 4월로 스케줄을 잡았다. 하지만 12월에 버티가 심장 마비를 겪었고, 여행을 할 수 있을 만큼 호전될 전망이 없었기에 여행 계획은 무산되고 말았다.

이른 봄이 되자 그는 훨씬 나아졌다. 버티는 한나가 그가 눈앞에서 사라지는 것을 원하지 않았기 때문에 두 사람은 같은 비행기를 타고 프라하로 가고, 나는 혼자서 라곤다를 운전해서 그들을 프라하에서 만나는 것으로 우리의 여행 계획이 재편성되었다.

CHAPTER 16

라곤다와 공산주의의 몰락-파트2
The Lagonda and the Fall of Communism-Part2

프라하 여행은 1990년 5월에 계획되어 6월에 시행되었다. 버티는 비행기로 갈 것이기 때문에 나는 '라곤다에 태워 동행할 친구가 있으면 좋겠다.' 생각했고, 런던에 있는 여동생 집을 방문했을 때 매제인 딕 파운틴(Dick Pountain)에게 이것을 언급했다. 이 두 사람은 수년 동안 함께 살았기 때문에 딕은 대가족의 일원이나 마찬가지였다(그는 27년 동안 내 여동생 매리언과 동거한 후, 마침내 청혼하므로 법적 가족이 되었다. 그는 확실히 생각 없이 행동하는 남자는 아니었다).

딕은 나와 전혀 달라 많은 것을 알고 있는 매우 똑똑한 사람이다. 그는 지적인 면에서 스코틀랜드인에 버금가는 과묵함과 간결한 관찰력을 가졌으며, 블랙푸딩(black pudding, 소나 돼지 피를 사용하여 만든 소시지의 일종으로 스코틀랜드와 아일랜드 요리. 한국의 순대와 비슷함)에 관해서는 스코틀랜드인을 능가하는 영국 더비셔(Derbyshire) 출신이다. 그는 멋지고 오래된 모터바이크 타기를 좋아하는 노련한 바이크족으로 오래전부터 모터바이크 잡지의 편집자로 일했으며, 그는 이런 것들보다 더 다양한 경험을 갖고 있었다. 유명한 컴퓨터 전문가이자 뛰어난 블루스 기타리스트이기도 했다.

딕은 프라하 여행이 좋은 계획이라고 생각했기 때문에 약속 날짜에 에든버러에 왔고 우리 둘은 트렁크에 물건을 싣고 출발했다. 나는 몇 가지 예방 조치를 취했다. 적당한 공구 키트, 울타리 와이어(모든 종류의 수리에 유용함), 여분의 내부 튜브 및 에폭시 수지 튜브 몇 개와 예비 연료 탱크에 5갤런의 오일을 채웠다. 라곤다는 천 마일마다 1갤런의 기름을 소모했기 때문이다. 나는 연료 탱크를 채우고, 엔진 오일을 교체하고, 휠 베어링에 윤활유를 바른 다음 모든 스티어링 조인트를 점검했다. 물론, 협회 위스키도 한 상자 실었다. 감사한 아침이었고 우리 기분 또한 좋았다.

헐(Hull)로 가는 길은 아무 일 없이 순탄하게 주행해 갔고, 로테르담(Rotterdam)으로 건너가는 페리 길 또한 문제없었다. 슈파겔페스트(Spargelfest, 독일의 봄철에 있는 아스파라거스 축제) 시즌에 맞춰 라인 강을 따라 구르듯이 지나갔으며, 우리가 멈출 때마다 눈에 띄는 아스파라거스 메뉴는 항상 그렇듯이 포도주와 함께 서빙되었는데, 주문할 때마다 예상했던 것보다 더 많은 양이 서빙되었다. 라곤다 차는 사람들에게 큰 주목거리였고, 그들은 우리가 누구인지, 어디서 무엇을 하고 사는지 알고 싶어 했다. 우리가 묵었던 첫 번째 호텔에서 바에 있던 사람들은 우리를 한 마디로 '슈바거우얼라우프(Schwagerurlauf, 처남과 자형의 흥겨운 여행)'를 즐기는 사람들로 인정되었다. 법적으로 그 정확한 기준은 15년 정도 지나야 확실하게 규정될 수 있었지만, 그 당시에 우리에게 그것은 중요한 관건은 아니었다.

우리는 마인츠(Mainz), 라인 강을 지나 프랑크푸르트를 거쳐서 체코 국경 마르크트레드비츠(Marktredwitz)로 향하는 길에, 딕은 음악가 바그너(Wagner)의 팬이기 때문에 잠깐 바이로이트(Bayreuth)를 방문하기로 했다. 국경 자체가 특별해 보였다. 겉으로 보기에는 험악해 보였지만, 의심할 바 없이 경비병들 사이에는 축제 분위기가 흐르고 있었다. 이들은 『존 르 카레(John le Carré, 영국의 스파이 소설)』 속의 국경 수비대처럼 행동하도록 수년 동안 임금을 지불하며 훈련된 사람들이었는데, 이제는 모든 것이 바뀌었다. 우리는 실려 있던 수십 병의 협회 위스키에 대한 세금을 걱정했지만, 그들은 자세히 살펴보지도 않고 손을 흔들어 보이며 통과시켰다.

국경 바로 근처의 독일 쪽에 트럭 정류장과 레스토랑이 있었고, 그 주차장은 대륙을 횡단하는 거대한 트럭들로 붐볐다. 내부의 기사식당에서는 트럭 운전사들이 당시 영국에서는 보지 못한 종류의 음식을 먹고 있었다. 모퉁이 테이블에 앉았고, 잠시 후 한 무리의 트럭 운전사들이 우리에게 관심을 갖고 있다는 것을 알아차렸다. 그들이 흘깃흘깃 우리 쪽을 바라보면서 진지하게 뭔가를 토론하고 있더니, 결론이 나온 것 같았고 대표단이 다가왔다. 우리는 어떤 말을 들어야 하는지 이유를 몰라 약간 불안했다. 그러나 그럴 필요가 없었다. 그들은 우리에게 영국인이냐고 물었다. 내가 고개를 끄덕였는지 기억이 나지 않지만, 적어도 딕은 확실하게 고개를 끄덕였다. 그러다가 전혀 예상하지 못한 요구를 해왔는데, 자신들에게 라곤다의 엔진을 좀 보여주면 너무나 감사하겠다고 말했다. 우리는 너무나 친절했고, 보닛을 들어 올렸을 때의 기쁨은 한량없었다. 그들이 디젤 엔진을 보자고 하리라고는 상상조차 못했다. 왜냐하면 그들은 모두 디젤차를 운전했고, 일부는 디젤 엔지니어이기도 했기 때문이다.

나는 라곤다(Lagonda)를 만든 가드너 회사에 대해 설명해 주었다. 내가 말한 내용은 통역되었고, 그런 다음 그들은 친구들 모두 그 놀라운 사실을 목격할 수 있도록 불러들였다. 한 가지만 더 보여주면 그들의 이 '행복감'이 완벽해질 것이 분명했기 때문에 그들은 빙 둘러서고 나는 차 안으로 들어갔다. 스트랭글러(strangler)를 밀고, 스로틀(throttle) 장치를 설정한 뒤 연료 분사 타이밍을 늦춰 시동 버튼을 눌렀다. 기대했던 대로 단 한 번에 시동이 걸렸다. 엔진은 상당히 오래되었기 때문에 시동이 걸릴 때 차 외부의 어떤 파터들이 흔들리며 올라갔다 내려갔다 하면서 움직이는 것을 볼 수 있었다. 이 모든 과정은 그들에게 매우 흥미롭고 재미난 구경거리였으며, 이것은 각각 그들의 여러 언어로 구사되었고, 나머지 부분은 그들 나름으로 추정했을 것이다. 이것으로 독일에서 일어났던 일들에 작별인사를 고하고, 체코공화국에서 일어난 일을 소개하도록 하겠다.

헐에서 출발한 후, 체코 국경 바로 직전에 처음으로 디젤 연료를 가득 채워 칼즈배드(Carlsbad)의 빛바랜 곳으로 향했고 거기서 밤을 보냈다. 다음날에 프라하로 갔지만, 도중에 만성적 고장인 기어 문제가 발생했다. 나는 원인이 무엇인지 알기 때문에 도시 외곽에서 장비 통을 꺼내 문제를 해결하기 위해 잠시 멈춰 섰다. 디젤 엔진의 구동은 기어박스를 통해 전달되었는데, 이는 마크 7재규어(Mark VII Jaguar)를 비롯한 여러 차량에 설계되었던 것으로 생각된다. 가드너는 재규어 엔진보다 회전 속도가 훨씬 느려서 오버드라이브 박스가 추가되어 있었다.

이것은 레이콕(Laycock)사 제품으로 차 안에서 전기로 작동되는 우수한 장치였는데, 그 솔레노이드(solenoid)가 문제의 원인이었다. 내가 거기에 막 손을 대려고 할 때 어디선가 파란색 보일러 슈트를 입은 작은 남자가 나타났다. 그가 어디서 왔는지는 분명하지 않았고, 어쩌면 나를 위한 착한 요정일 가능성도 있었지만, 그는 뛰어난 영어로 자기가 도울 일이 있는지 물었다. 그는 제2차 세계대전 당시 영국에 있었고 자유 체코 공군을 위해 스핏파이어(Spitfires)에 근무했다고 말했다. 그는 정말로 도움이 되었다. 솔레노이드를 제거한 후, 말끔히 청소하고 새것으로 교체한 뒤에는 더 이상 문제가 생기지 않았다.

우리가 프라하 시내 중심가에 접근했을 때 무슨 일이 일어나고 있다는 것을 금방 알 수 있었다. 휴일 기분으로 많은 사람이 모여 있었고, 구시가지 광장에 가까워질수록 오래된 자동차들이 더 많이 눈에 띄었다. 대부분 타트라(Tatra)와 스코다(Skoda)였다. 체코슬로바키아는 유럽 산업혁명의 중요한 중심지 중 하나였다. 진부한 소련 지배 기간이 종식된 후, 사람들은 민주주의를 위한 대대적인 진열에 동참하기 위해 창고와 차고에서 그들이 보관하고 있던 보물들을 꺼내왔다. 왜냐하면 그것은 바츨라프 하벨 시민 포럼(Václav Havel's Civic Forum)이 주관하는 첫 자유선거 전날이었기 때문이다. 우리는 그 행렬을 피해 갈 상황이 아니었기에 차라리 행렬에 합류하는 것이 더 나을 것이라는 판단에 이의가 없었다. 그리하여 나의 라곤다는 트렁크에 커다란 짐을 묶어 달고 유럽의 절반을 횡단한 후, 다소 진흙탕이 되어 있는 상태에서 민주운동의 일부분으로 참여하고 말았다.

시민 포럼이 압도적인 승리를 거두었고, 술을 마시는 일은 말할 필요도 없었다. 우리는 버티를 만났다. 그는 우리가 그의 친구 집에 머물 수 있도록 주선해 주었다. 그곳은 스타로메츠카(Starometska) 마을 광장에서 걸어서 가까운 거리에 있었다. 딕은 선거를 취재하던 「파이낸셜 타임스(Financial Times)」 기자인 친구를 만났고, 그는 체코 일간지(Lidové noviny)의 젊은 직원들을 소개해 주었다. 그들은 연주회와 파티 등에 우리를 기꺼이 초대해 주었다. 대신에 스카프를 흔들며 친구들의 이름을 불러가며 드라이브를 즐길 수 있도록 나의 라곤다를 타고 가자는 조건이 붙었다.

다음 며칠은 정신이 약간 흐릿했다. 어느 날 아침에 깨어나서 생각하니 내가 차를 어디에 두고 왔는지 전혀 생각할 수 없다는 사실만 확실히 기억났다. 차 문이 잠겨 있지 않았다는 사실도 떠올랐다. 따라서 누구든지 시동만 걸 수 있다면 차를 가져갔을 수도 있었다. 하지만 더 이상 걱정할 필요가 없었다. 차는 곧 시민 포럼의 젊은 회원들에 의해 약간 떨어진 좁은 일방통행 길에서 역방향으로 주차된 채로 발견되었기 때문이다.

선거가 끝난 며칠 후, 모두가 어느 정도 정신을 차렸을 때(술에서 깨어났을 때) 버티를 위한 성대한 리셉션이 열렸다. 많은 사람이 체코어로 연설을 했으며 버티는 그 자리에서 메달을 수여받았다. 그 후, 우리 모두는 도시가 내려다보이는 예술적으로 장식된 멋진 레스토랑에서 점심을 먹었다. 나중에 딕과 나는 협회 위스키를 시음하는 기회를 만들었는데, 통역사가 이전에 맛본 어떤 위스키보다 이 위스키가 훨씬 더 맛이 좋은 이유를 설명하려고 시도했지만, 내가 직감했던 대로 결국 실패하고 말았다. 설명이 실패했다는 것이 아니라 대부분의 청중은 듣고 있는 설명의 의미 혹은 의도보다 '위스키' 자체에 더 많은 관심이 있었기 때문이다.

어떤 이유에서인지 기억은 나지 않지만, 나는 남부 모라비아(Moravia) 산에서 훌륭한 와인을 찾을 수 있을 것이라는 생각을 갖고 있었다. 거기에는 광대한 포도밭이 있는데, 그 중 대부분은 뮐러 투르가우(Müller Thurgau) 종의 포도를 재배한다. 이 포도가 와인으로 만들어지면 이곳에서는 와인 대신 레모네이드가 되어 나온다(이런 포도주는 맛이 섬세하지 않아 레모네이드 같아서 이 나라에서는 아이들에게 준다). 그것은 사실이었고, 내가 아는 한 여기서는 어떤 특별한 와인이라고 할 만한 것은 생산되지 않았다. 우리는 그곳으로 가서 1~2주에 걸쳐 많은 와인을 시음했다. 모두 충분히 즐겁기는 했지만, 품질 면에서 확실히 우리가 프라하와 플젠(Pilsen)에서 마셨던 맥주들과 비교할 만한 훌륭한 와인 맛은 발견하지 못했다. 하지만 그 마을은 좋았고 사람들은 친절했다. 사람들은 타고 간 라곤다를 공산주의로부터의 자유가 발표된 직후였기에 다가올 시대의 조짐처럼 여겼던지 더욱 흥미로워했다.

우리의 인간사가 항상 그렇듯이, 다가올 일이 더 잘 풀릴 것 같아 보일 때쯤에 우리는 동유럽의 아름다운 여름 풍경 속에서 이리저리 누비며 시간을 보내고 있었다. 주어진 숙제는 초대받은 파티에 시간을 맞춰 가는 것뿐이었다. 내 친구 제니(Jeannie)는 자기도 모르는 '알 수 없는' 이유로 친척으로부터 파이프에 있는 작은 산림지대를 유산으로 물려받았는데, 매년 6월 말이면 그녀는 자신의 그 숲에서 야외 파티를 열었고, 나는 초대를 받았다.

자동차는 한 가지를 제외하고 돌아오는 길에 문제없이 잘 달려주었다. 어느 날, 언덕이 많은 지역을 따라 신나게 달리고 있을 때 굉음과 끔찍하게 긁히는 소리가 들렸다. 소음기 지지대 중 하나가 파손되었다는 것을 알았다. 소음기는 배기관에서 떨어져 나갔고, 연기가 실내까지 들어오기 시작했기에 얼른 멈췄다. 나는 밖으로 나와 밑으로 기어들어갔고, 그곳에서 곧 무엇이 잘못되었는지를 깨달았다. 아크 용접기로는 5분 걸리는 작업이지만, 마지막으로 지나온 마을은 10마일 뒤쪽에 있었고 그 도로는 전혀 통행량이 없는 곳이었다.

성격이 낙천적인 딕은 오늘은 정말 좋은 날임을 선포하고, 마지막 목적지에서 구입한 와인 한 병을 오픈했다. 우리는 철학적인 사색 무드로 런닝 보드(running board, 옛날식 자동차나 전차 옆에 사람들이 설 수 있도록 조그맣게 깔아두는 판자) 위에 앉아 와인을 천천히 마셨다.

자세한 내용은 다루지 않겠지만, 다음과 같이 나는 두 개의 파이프를 망치로 치고, 공구함에 있던 울타리 줄로 지지대를 조작한 뒤 에폭시 수지와 길가에 있는 모래를 섞어 반죽을 만들어 파이프 연결부를 막아 이것으로 조작된 지지대를 안정시킬 요량이었다. 그러려면 교착시킬 표면을 깨끗하게 닦아야 했는데, 모터가 오래되었고 평생 디젤 엔진으로 운행되었기에 결코 쉬운 일이 아니었다. 어떤 차라도, 특히 디젤 엔진을 사용한 오래된 차 중에서 기름 침전물을 남기지 않는 차는 결코 없다. 화이트 와인을 천에 적셔서 접합부분이라고 생각되는 곳을 닦아

보았지만, 그것으로는 충분하지 않았다. 그러던 중에 좋은 생각이 떠올랐다. 트렁크에는 이탄(peaty) 맛이 너무 강해 체코인들이 좋아하지 않았던 위스키, 아드베그(Ardbeg)가 남아 있었다. 그 알코올 농도로는 어떤 교착물의 기름때도 거뜬히 녹일 수 있었다!

그렇게 수리된 소음 지지대는 여행하는 동안 그리고 그 후 몇 년 동안, 아무 이상 없이 잘 부착되어 있었다. 보헤미아, 작센, 네덜란드를 여행하는 동안에도 별다른 일이 생기지 않았고, 런던에 딕을 내려주고 밤새도록 운전하여 제니의 숲에, 내 생각으로는 아주 극적으로 잘 도착했다. 라곤다는 긴 여행으로 인해 얼룩져 있었고, 나만큼이나 먼지투성이가 되어 있었다. "늦었군요."라고 제니가 말했고, 연이어 "무슨 일이 있었어요?"라고 물었다.

CHAPTER 17

경제학자, 예술가와 시인
An Economist, an Artist and a Poet

　나는 항상 경제학은 일반인들에게 쉽지 않은 과목이라 생각했는데, 그렇게 말하는 것은 공평하지 않고, 사실이 아니라는 것을 알았다. 딱히 기분을 저하시키는 것이라 말할 수는 없지만, 그렇다고 치의학처럼 웃음을 위한 학문 또한 아니다. 최근의 경제학은 유익을 창출하기보다는 점점 이데올로기의 흐름에 많은 영향을 받으므로 파격적인 것으로 인식되어 간다. 하지만 항상 그런 것만은 아니라는 것도 알게 되었다. 어느 날 오후, 협회를 방문한 케네스 알렉산더(Kenneth Alexander)라는 사람은 뛰어난 스코틀랜드 경제학자이자 좋은 사람이었다. 반세기가 넘는 동안, 그는 단지 경제학 측면뿐만 아니라 여러 면으로 스코틀랜드 국민의 삶의 개선에 깊이 관여하고 있었다.

　켄(Ken), 그는 공식적으로 케네스 경(Sir Kenneth)이었지만, 내가 만난 모든 사람은 그를 그냥 켄이라고 부르지, 어떤 다른 이름으로 부르는 것을 들어본 적이 없다. 그것은 그와 다른 사람들의 관계가 어떠한 지를 충분히 잘 말해준다. 그는 수년 동안 하일랜드와 아일랜드의 개발위원회 위원장직을 맡았다. 그 직책에서 켄보다 주위 사람들을 배려하면서 그렇게 많은 일을 한 사람을 생각할 수 없을 것이다. 당시 협회는 오래되지 않았고 위스키 업계에서 지속적인 주목의 대상이었지만, 켄은 우리가 하는 일을 보아왔고, 그런 것들을 좋아했다. 그는 방문할 때 항상 선물이라며 손에 뭔가를 들고 왔던 따뜻하고 정이 많은 경제학자였다.

그의 많은 친구 중에는 글렌리벳의 어느 고지대에서 1788년의 소비세 법(The Excise Act, 불법 증류를 통제할 목표로 증류소 수와 크기 제한 및 곡물 소비량 규제, 무면허 증류에 대한 처벌 강화가 포함됨)의 어려움에도 불구하고 수년 동안 작은 증류소를 소유해 왔던 연로한 하일랜드 사람이 있었다. 그 늙은 친구는 뻔뻔스럽게도 법을 위반해 가면서 그의 증류기를 사용하여 자기만의 위스키를 직접 증류해서 마시는 습관을 갖고 있었다. 그러나 마지막 시간이 가까워 오는 것을 느낀 그는 켄에게 그 증류기를 선물하기로 마음먹었다. 당시 소비세 법은 "무허가 증류물은 모두 파기한다."라고 규정하고 있었기에 그것이 파기나 훼손되지 않도록 최선을 다하겠다는 조건하에 켄에게 그것을 넘겨주었다. 하지만 예외적으로 그리 흔치는 않지만 국세청은 증류기의 보유를 허용하는데, 증류기를 다시 사용할 수 없도록 바닥에 구멍을 뚫은 것을 확인한 후에 그렇게 했다(아마도 장래의 불법 증류자가 그 구멍을 납땜할 재치와 재주를 갖고 있지 않을 것이라는 가정하에 그랬을 것이다). 켄은 절대 구멍을 생기게 하지 않을 것이라 그에게 약속했다. 수세기 동안, 관료적 방해의 전통을 지닌 세관을 어떻게 설득했는지는 모르겠지만, 여태껏 파기나 훼손되지 않고 수년 동안 HIDB(The Highlands and Islands Development Board, 하일랜드와 아일랜드의 개발위원회)의 본사를 빛내오고 있다.

이것을 켄이 협회 회원이 되면서 감사의 선물로 기증했는데, 한 가지 조건이 있었다. 그것은 지금까지 그랬던 것처럼 온전하게 잘 유지되어야 한다는 것이었다. 나는 그것에 대한 확신을 갖는 데 아무런 문제가 없었다. 가장 간단한 방법은 아무 말도 하지 않으면 되고, 국세청이 알게 되면 위스키 증류기에 대한 오랜 전통이 그랬던 것처럼 상황이 나아질 때까지 그것을 눈에 보이지 않게 하겠다고 설명하면 될 것이다. 그것은 회원실의 캐비닛 위에 놓여 있었고, 나의 유일한 문제는 그것에 '광'을 내기 위해 열심히 닦아대는 협회의 바 직원인 더기(Dougie)를 낙담시키는 것이었다(그것은 불법 증류기이므로 불법 증류기처럼 보여야지 상점에서 판매되고 있는 것처럼 보이면 안 된다는 사실을 설명하는 것이다).

그 증류기는 일 년 정도 그 자리에 보관되어 있었다. 어느 날, 어떤 방문객이 찾아왔을 때 우리는 그것을 시험해 보고 싶은 충동을 억누를 수가 없었다. 그는 랠프 스테드만(Ralph Steadman)이라는 이름을 가진 신사였다. 그는 위스키에 관한 책을 쓰기 위해 몇 달 동안 수많은 양조장을 방문하고 많은 술을 마셨으며, 이제 막 그 마무리 작업을 끝내고 그날 오후에 약간의 위안을 찾기 위해 협회를 찾아왔다. 우리는 술집에 들렀고 깊은 대화를 나눴다. 랠프는 자신의 증류소 방문에 대해 말했고, 나는 그에게 협회에 대해 여러 가지 이야기를 해주었다. 틀림없이 나는 빅토리아 시대에 만들어 낸 스코틀랜드의 가짜 버전 증류주에 대한 위스키 업계의 마케팅 전략에 대해 언급했을 것이다. 그 당시 내 머리는 이런 것들로만 가득했기 때문이다.

랠프는 닐 건의 *Whisky and Scotland*라는 책에서 "스코틀랜드인의 진정한 국민 음료인 몰트위스키가 증류 업계의 무지로 인해 알려지지 못하고, 블렌디드 위스키로만 위스키 산업이 점철되어 왔다는 것에 대한 비난" 구절을 읽었다고 했다. 우리는 몇 잔을 더 마셨고 내 논리에 대한 증거를 하나씩 설명해 주었다. 랠프는 세심하게 나의 이야기를 들었으며, 이런 종류의 말을 듣는 것은 이번이 처음이라고 했다. 그것은 그의 마음속에 여태껏 품고 있던 의구심을 정확히 꼬집어 주었다고 말했다. 그가 증류소를 방문할 때마다 사람들은 그에게 부담스러울 정도로 친절하게 대해주었다. 왜냐하면 그는 만화 예술가로 잘 알려져 있었기에 위스키 업계의 홍보 면에서 그럴 만한 가치가 있다고 판단했기 때문일 것이다. 하지만 여전히 자신이 어딘가를 계속 겉돌고 있는 뭔가 '진짜' 이야기가 있을 것 같다는 생각을 떨쳐버릴 수가 없었는데, 그것이 바로 내가 들려주는 '그 이야기'였다는 것이다.

랠프의 반응은 이상하지 않았다. 우리 중 누구도 우리 '할아버지'의 죄에 대한 책임이 없으며, 그 상황은 현재의 스카치위스키 산업만의 책임이 아니라는 점을 무척 애를 써서 지적해 주었음에도 불구하고 내가 이 이야기를 할 때마다 많은 사람들은 '분개'했다. 물론, 나의 견해와 협회의 정책은 그 사실을 찾아냈고, 그 결과 비길 데 없이 우수한 몰트위스키를 마실 수 있다는 자체를 기뻐해야 한다는 것이다. 그렇게 함으로써 보다 높은 도덕적 자긍심을 확보하는 동시에 많은 즐거움을 누릴 수 있다는 사실은 아무나 가질 수 있는 특권이 아니다.

랠프에게는 더 이상의 설명이 필요 없었다. 그는 켄 알렉산더에 대해 여러 가지 이야기를 했고, 그 스틸을 자기에게 보여줄 수 있는지를 물었다. "작동하도록 만들 수 있겠어요?" 솔직히 말해서 이제는 못 보여줄 이유가 없었기에 내려서 보여주었다. 그것은 온전했고 마지막으로 사용한 이후 그대로였다. 물론, 웜(worm)과 웜텁(worm tub)을 가열할 방법이 필요했고, 우리가 스스로 만들지 않는 한 워시(wash, 발효가 끝난 후의 액체를 지칭)를 공급해 줄 스탠드 또한 필요할 것이다. 하지만 이런 것들은 모두 나중에 생각해도 될 세세한 사항들이었다. "이제는 베드타임이에요."라고 더기가 말했다. 바 관리인으로부터 자야 할 시간이라고 통지받을 때까지 이야기는 계속되었다. 그쯤에서 랠프도 바 관리인의 말에 동의할 수밖에 없었던 것은, 관례상 바 관리인들은 그런 말을 쉽게 하지 않는다는 것을 랠프는 익히 알고 있기 때문이다.

그는 아직 한 가지 일이 더 남아 있다고 말했다. 그는 출판사에 이메일을 보내 자신의 책 *Still Life with Bottle*(여기서 'Still'이라는 단어는 증류기와 잠잠함, 평온함이라는 복합적 의미를 시사함)의 출판을 보류하라 일러두고 오늘 저녁에 배운 모든 것을 마지막 장에 삽입해서 마무리하겠다고 했다. 다음날 아침, 출판사로부터의 회신은 "지금 '인쇄 중'이라 그것은 불가능합니다."였다. 퍽이나 안타까운 일이 아닐 수 없었다.

며칠 후, 랠프가 좋은 생각이 있다고 전화를 해서 자기에게 시간을 좀 내달라고 했다. "물론, 나는 좋은 아이디어를 거절할 사람은 절대 아닙니다."라고 답했다. 랠프의 계획은 다음과 같았다. 그가 그해 첼트넘 예술축제(Cheltenham Arts Festival)를 개최할 예정인데, 개막식 일부로 내가 '켄의 증류소'를 운영하는 것을 어떻게 생각하느냐고 물었다. 영국 남부의 글을 읽을 줄 아는 중산층 사이에 좋은 평판들이 있을 것이며, 그들은 분명히 우리 위스키 이야기에 호응하고 감사하게 될 것이라는 것이다. 두말할 필요도 없이 나는 그것은 확실히 아주 좋은 아이디어라는 것에 동의했다. 물론, 몇 가지 장애물이 예측되겠지만, 내가 할수 있는 일이 무엇인지 먼저 알아보겠다 했고, 우리의 대화 시간은 1분 정도였다.

가장 큰 장애물은 법이었다. 만일 내가 랠프가 제안한 대로 실행한다면 그것은 매우 공개적인 것이어서 세무서에서 발급되는 증류기 면허를 가져야 할 것이다. 영국 세무서는 어떤 경우에도 작은 증류기에서 위스키가 증류되는 것을 허용하지 않는다는 것을 명확히 밝히고 있다. 개인적으로 접근하는 것이 가장 좋을 것 같다는 생각으로 세무서에 전화를 걸었다. "사람들에게 위스키를 보고 냄새만 맡게 하고, 마시지 않는다고 약속하면 어떨까요?"라고 물었다.

이것으로 인해 퍼스로부터 빗발치는 분노의 전화가 왔다. 지난 200년 동안, 어느 누구도 이렇게 터무니없는 제안을 한 사람이 없었다며, 이것은 전통과 역사를 이야기하는 것이기 때문에 결코 있을 수 없다고 했다. 그리고 어떤 수감자에게 말하는 것처럼 엄격한 목소리로 "정의로운 길에서 한 치라도 벗어나면 당신에게 무슨 일이 일어날지도 모릅니다."라는 엄중한 경고 또한 받았다. 이는 여차하면 하늘이 무너지는 것을 겪고 나서 비록 비참하지만 보틀 던전(bottle dungeon, 중세 영국의 가장 악명 높은 감옥) 같은 머물 곳을 찾는 것만으로도 행운일 것이라는 경고이다. 다시 말하면 나의 삶은 끝나고 감옥에 갇히게 될 것이라는 말이었다. 여하튼 담당자가 말했다. "그 증류기는 어디 있는지요?"

"첼트넘(Cheltenham)에 있어요." 내가 말했다. "그게 어디죠?" 장래 나를 수감할 자가 물었다. "잉글랜드 남쪽 어딘가에 있어요." 나는 대답했다. "아~" 그가 말했다. "그렇다면 어차피 우리와는 상관없는 일이에요. 카디프(Cardiff)에 허가를 신청해야 합니다. 전화번호를 드릴게요."

스코틀랜드 전통에 따르는 증류 문제에 관해서는 부담을 느끼지 않았던 카디프는 그것은 좋은 생각이라고 여겼다. 누군가에게 로 와인(Low wine, 발효된 '워시'를 1차 증류하여 얻은 유백색의 증류액)을 제공받고, 우리는 그 와인을 증류하겠다고 제안했다. 카디프는 흔쾌히 "좋아요."라고 말했다. "증류세에 관해서는 사람들에게 증류주의 맛은 보지 않게 하고 냄새만 맡은 후, 하수구에 그냥 버린다면 어떨까요? 그것은 오래된 증류기이고 몇 년 동안 가동되지 않아서 어차피 맛이 나쁠 것이니 그리해도 손해는 없을 겁니다." "문제없어요."라고 카디프는 말했다. 계곡에서 향긋한 백합화 향기가 올라오는 것 같았다. 나는 항상 웨일스 사람을 좋아했지만, 지금 같은 경우는 행정 처리까지도 거의 성스러운 것 같았다. 며칠 뒤에 편지가 도착했는데, 이것은 아주 친근한 어투로 쓰인, 내가 원하는 어느 곳에서나 그 작은 증류기를 사용할 수 있다는, 즉 '개인 면허'가 주어졌다는 내용이었다. 아마도 내가 지난 200년 동안 처음으로 그런 허가를 받은 유일한 사람일 것이다.

몇 년 후, 퍼스에서는 내가 스코틀랜드에서 작은 증류기를 사용하여 증류하고 있다는 사실을 알게 되었다. "당신은 그렇게 할 수 없어요."라고 그들은 말했지만, 허가번호와 함께 면허가 있다는 것을 알려주었다. "그건 옳지 않아요."라고 그들은 대답했다. "도대체 누가 당신에게 면허증을 주었어요?" 나는 "카디프 사무실입니다."라고 대답했다. "아, 그러면 그렇지. 이제야 알겠네요."라고 어떤 심술쟁이가 말했다. "그들은 영국인이라 위스키 라이선스에 대해서는 아무것도 몰라요." "아니, 그들은 영국인이 아니고, 웨일스 사람들이에요." 나는 그렇게 정정해서 말할 수 있어 기뻤다.

내가 전화로 그 소식을 랠프에게 전했을 때 그는 매우 기뻐했다. 페스티벌의 공식 개막은 W. C. 필드의 페르소나(persona of W. C. Fields) 뒤편에 증류기 장치를 설치하여 진행하기로 합의되었다. 몇 가지 문제가 여전히 남아 있었지만, 해결하지 못할 문제는 아니었다. 나는 맥캘란 증류소에 있는 내 친구들에게 그 계획을 말했고, 그들은 모두 찬성해 주었다. 그들은 협회 초창기부터 지지해 왔는데, 이런 그들의 행동은 위스키의 증류와 숙성, 그에 따른 제품의 우수성에 대해 우리 협회와 마찬가지로 스코틀랜드 위스키 업체들의 나쁜 역사적 관행을 고발하는 행위에 동참한다는 의미였다. 그들은 단지 우리처럼 전면에 나서서 행동하지 않았을 뿐, 증류 계획을 들었을 때 증류할 수 있도록 다량의 로 와인을 무료로 공급하겠다고 제안했으며, 두말할 필요 없이 감사하게 받아들였다.

현재로서는 켄의 스틸은 그저 단순한 포트 스틸(pot still)에 불과했으므로 보조 장치가 필요했다. 배관 업체에서는 웜의 형태를 만들기 위해 구리 파이프 재료를 제공했다. 나는 그 형체를 만들기 위해 쓰레기통을 구리 파이프로 둘러서 돌려 구부러질 수 있게 하고, 동일한 공급선이 되도록 나사로 스틸 헤드에 연결했다. 용접공과 함께 한 시간 정도 작업한 후에 스틸로 증류기를 세울 수 있는 스탠드를 만들고, 캠핑용 가스스토브를 사용하여 합리적으로 안전한 열원을 제공할 수 있도록 했다. 오래된 캐스크 통을 반으로 잘라 웜텁(worm tub)도 만들었다. 나는 그것들을 라곤다 뒤 칸에 싣고 첼트넘으로 출발했다.

나는 이전에 한 번도 이런 종류의 예술축제에 가본 적이 없었다. 기대했던 것보다 훨씬 더 즐겁고 재미났다. 물론, 여러 가지 많은 책들이 있었고 내가 생각했던 것처럼 그리 재미없지는 않았다. 무엇보다 '나는 문학가요.'라며 거들먹거리고 다니는 에든버러의 밀른스 바(Milne's Bar)에서 종종 보는 그런 사람들은 없었다. 랠프는 기분이 좋았고, 그 역할에 맞게 옷도 잘 갖춰 입었다. 나는 그의 연단 왼쪽에 증류기를 설치하고 웜텁에 필요한 물을 찾으러 나갔다. 누군가 호스 파이프와 수도꼭지를 찾아주었는데, 그제야 나는 웜텁의 끔찍스러운 누수 가능성을 생각하게 되었다. 왜냐하면 나는 웜텁 밑바닥에 난 구멍을 막아야 하는 것에 대해 생각하지 못했기 때문이다. 하지만 나는 인생의 대부분을 보트 관련 일들을 하면서 시간을 보냈기 때문에 단순한 누수로 인해 어려움을 겪을 정도는 아니었다. 몇 개의 헝겊으로 파이프 주변 공간을 막아서 증류기를 채우고 가스레인지에 불을 붙였다.

군중이 모였다. 랠프는 필드(W. C. Fields, 1880~1946, 미국의 배우, 코미디언, 저글러, 작가)로 자칭하여 연설을 시작했다. 나는 필드 공연에 실제로 가서 본 적은 없었지만, 랠프의 모방성은 영화에서 보는 것과 흡사했다. 오히려 랠프가 더 재미있었다. 그는 내가 알기로는 자기소개 시간을 약 30분 동안으로 계획했는데, 스케줄 시작한 지 10분쯤에 증류기

의 물이 끓기 시작했다. 나는 불을 조금 줄이고, 약간 끓은 상태에서 웜
텁을 살짝 들어 두고, 그 옆에 앉아 있었다. 공기는 따뜻하고 고요했다.
아주 서서히 틀림없는 맥아 냄새가 강당으로 스며들기 시작했다. 나는
캔을 들고 첫 번째 증류 방울을 기다렸다.

랠프는 나중에 연설의 마지막 10분 동안 힘든 시간을 보냈다고 말
했다. 그는 처음 시작부터 사람들에게 내가 하고 있는 일에 대해 말해
주었고, 전체 청중의 관심은 점차적으로 연설자로부터 내가 하고 있는
일에 더 관심이 쏠렸다. 대부분의 사람들은 무엇을 기대해야 하는지 조
차도 상상할 수가 없었다. 그 당시 위스키 증류는 대부분의 사람들에게
미스터리였기 때문이다. 위스키에 대한 약간의 지식을 갖고 있는 사람
들에게는, 책 속에서 반짝이는 냄비 스틸과 지금 무대 옆에 설치된 오
래된 히스–로빈슨 장치(Heath-Robinson apparatus, 독창적이지만 불필요하게
복잡하기만한 비실용적인 장치)의 연관성을 생각하는 것은 쉽지 않았을 것
이다. 하지만 신은 우리 편이었다. 랠프가 막 그의 일을 마쳤을 때 처음
몇 방울의 증류주가 구리 파이프에서 떨어져 내려왔다.

나중에 그는 자신이 그날만큼 완벽한 축제를 경험한 적이 없다고
말했다. 그 후, 나는 완전히 사람들에게 둘러싸여 그들에게 냄새를 맡
아보라고 반복해서 설명하고, 절대로 술을 마시면 안 된다고 잘 일러주
었다. 그 증류기는 오래되고 더러운 증류기이지만, 그 위스키는 훌륭한
맥캘란 증류소에서 제공한 것이라고 설명했다. 물론, 나는 그들이 위스
키를 맛본 후, 그것을 삼키지 말아야 하며, 내 양동이에 반드시 뱉어야
한다고 맹세를 받아내는 방안을 생각하지 못한 데 대해 신경이 쓰였지

만, 몇 사람이 맛을 본 뒤 "정말 맛이 좋지 않아요!"라고 말하는 소리를 들은 후에는 더 이상 걱정하지 않아도 되었다.

상황은 다소 조용해져 갔고 군중도 떠나고 있었다. 숨 돌릴 여유가 생겼을 때쯤에 아주 나이 많은 한 신사가 나타났다. 그는 지팡이를 짚으며 걸었고, 크림색 리넨 슈트와 그에 어울리는 파나마모자를 우아하게 쓰고 있었다. 그의 옆에는 보조원으로 보이는 젊은 남자가 있었다. 노인의 몇 가지 질문으로 나는 그가 지금 여기서 일어나고 있는 일을 정확하게 파악하고 있다는 것을 알았다. 나는 그에게 증류주 한 잔을 주었다. 오크통 숙성의 필요성을 설명하고 나서 증류주를 코로 맡되, 맛보지 말라고 일러주었다. 그는 신중하게 그 일을 했다. 잠시 후, 그는 위스키 증류에 대해 자주 읽었지만, 실제로 본 것은 처음이라고 내게 매우 정중하게 감사를 표했다. 그는 보조원에게 작은 펭귄 문고판 책과 펜을 달라고 말했고, 책에 낙서 같은 것을 한 후에 내게 선물이라며 감사의 표시로 받아달라고 했다. 나중에 책을 보니 그것은 시집이었는데, 표지에 적힌 이름과 서명이 똑같은 로리 리(Laurie Lee, 시인, 소설가, 시나리오 작가로 잘 알려진 영국 작가)였다.

추신 : 내가 협회를 떠난 후 일어난 변화 과정에서 불행하게도 케네스 경의 그 '작은 증류기'가 사라졌다. 혹시 그 소재를 아는 분이 있다면 협회 운영진에게 연락주시면 감사하겠다.

CHAPTER 18

좋은 관계들
Good Relations

처음에 스카치위스키 기업들은 우리 SMWS에 별반 신경을 쓰지 않았다. 스카치위스키가 국내 생산으로 시작되어 스코틀랜드 경제의 중요한 부분이 된 2세기 동안 소규모 회사들이 잠시 생겼다가 사라지곤 했기 때문이다. 대기업들은 협회 또한 그 중의 한 무리일 것이라 아주 가볍게 생각했고, '침입자'들을 못마땅하게 여기며 눈엣가시처럼 지켜보고 있었다. 그들은 거대했고, 반면에 우리는 아주 작았다. 그들의 성가심과 겸손으로 이루어진 복합적인 태도에 우리는 개의치 않았는데, 그런 사실을 모르고 있었기 때문이다. 협회 초기에 앤 다나는 아마도 업계 사람들과 가장 가까운 사람이었을 것이다. 그녀는 영리하고 매력적이었으며 바깥 세상사에 능숙했기 때문에 업계 사람 중에 누구도 그녀에게 친절하지 않을 수 없었다. 그녀는 업계와 우호적인 관계유지를 통해 협회가 좋은 몰트위스키를 큰 문제없이 제공받을 수 있도록 하는 데 큰 역할을 했다.

세월이 흐르면서 두 가지 사실이 업계에 명백해졌다. 우리는 여전히 존재했고, 업계가 팔 수 없어 재고로 쌓아둔 위스키를 사들이기 위해 사람들을 설득하고 있었다. 많지는 않지만 우리는 업계에 몇 명의 두더지(밀정)가 있었는데, 업계 내부에서 무슨 일이 일어나고 있는지에 대한 정보를 잘 전달해 주었다.

어떤 한 업계의 이사회 회의 중에 짜증이 난 회장이 마케팅 이사에게 왜 협회의 매출은 오르고, 자신들의 매출은 오르지 않는지 그리고 어떻게 협회는 한 세대 동안이나 팔리지 못한 채 방치되어 있던 위스키를 마케팅할 수 있었는지에 대한 비결을 물었다고 했다. 쉽게 상상할 수 있겠지만, 이것이 마케팅 이사들에게 우리가 사랑받지 못하는 이유였다. 약이 오른 업계 사람들이 어떻게 반응했을지는 다음의 말로 충분히 예측할 수 있었다. "아무리 그래도 절대 그대들에게 우리의 위스키를 팔지 않을 것이며, 또한 판매 금지령을 내릴 것입니다."

다행스럽게도 협회는 중개인의 창고에서 위스키를 공급받기 때문에 그들이 그런 제약하는 범주에 걸리지 않을 것이며, 공급이 차고 넘치지는 않지만, 현재로서는 충분했다.

우리의 접근 방식은 두 가지였다. 앤 다나는 업계 내에 사람들을 키웠고, 나는 언론에 있는 친구들을 설득하여, 특히 일요일 광고지의 보충 칼럼에 협회 위스키에 대한 황홀한 찬사를 쓰도록 했다. 이름은 언급할 수도 있지만, 간접적으로만 하겠다. 그런 일이 있을 때면 마케팅 이사는 회장에게 "여러 신문사 Sunday Express, Telegraph, Times, Observer, Mail에서 언급한 그 무료 광고 내용이 우리에게 어떤 영향을 끼치는지 아시기나 합니까?"라고 답할 것이다. 결국, 회장단은 우리에게 할 말이 있을지도 모른다는 생각을 서서히 하기 시작했다. 위스키 업계가 아주 천천히 흰개미의 속도만큼이나 느리게 움직이기 때문에 이런 상황은 협회 자체뿐만 아니라 전체 스카치위스키에 대한 대중 인식을 고취시키기 위한 더 많은 시간을 가질 수 있으므로 좋은 기회로 여겨졌다. 그리고 우리는 업계에 맥캘란이나 글렌모란지와 같은 지지 세력들이 있었고, 이런 진취적인 회사 내에 막강한 영향력을 갖고 있는 젊은 사람이 많이 있어서 든든했다.

회사 규모가 클수록 설득하기가 더 어렵다는 것을 알았다. 그 중 가장 큰 회사인 유나이티드 디스틸러스(UD, United Distillers)보다 설득하기 어려운 회사는 없었다. UD는 전체 증류소의 절반 이상을 소유하고 있었으며, 그들의 위스키는 대부분 블렌딩으로 널리 사용되기 때문에 곳곳의 창고에 많은 양의 숙성된 몰트위스키 재고를 보유한 대기업이었다. 우리가 그 재고를 장기적이고 안정적으로 공급받아야 한다는 사실은 분명했지만, 그에 따른 자본을 갖고 있지 못했기에 그것을 가진 사람들의 호의에 의존해야만 했다.

여기서 가장 중요한 UD 이사는 턴불 허턴(Turnbull Hutton)이었다. 우리 협회의 존재가 그를 짜증나게 했기 때문에 그로부터는 아무것도 얻지 못할 것임은 자명했다. 문제는 그런 턴불이 지구상에서 가장 많은 몰트 재고를 장악하고 있다는 사실이었다. 우리 이사회는 손을 비벼가며 턴불에게 친절하게 대하자는 경향이 있었지만, 그는 성격이 매우 단호한 사람이기에 그것은 시간 낭비일 뿐이라는 결론이 나왔다(그는 우리 반대편 울타리에 서 있는 사람이긴 했지만, 개인 자체는 좋은 사람이었다).

UD가 자체적으로 처음 클래식 몰트를 출시한 것은 그때쯤이었다. 이것이 업계에서 말하는 소위 '포트폴리오' 마케팅으로 알려진 것이다. 브랜드 정체성을 고취시키며 그 안에서 여러 종류의 위스키 제품 중 어떤 것이 더 우수하다 내세우지 않고 모든 제품을 그룹 광고로 커버하는 경제적인 광고 방법이다. 그런 마케팅 콘셉트 이용은, 무료 광고로 가장 많은 위스키를 판매한 협회를 제외하고는 UD가 처음이었다.

어느 날, UD에서 클래식 몰트를 총괄하는 앤디 맥밀런(Andy Macmillan)이 찾아왔다. 나는 '황소의 뿔'을 잡을 기회가 왔다 생각하고, 그에게 술 한 잔을 주면서 이렇게 말했다. "당신은 우리에게서 그런 포트폴리오 마케팅 콘셉트를 빼앗아간 셈이군요." 누구도 이보다 더 단도직입적으로 말할 수는 없었을 것이다.

그가 웃으며 "좋아요. 하지만 좋은 아이디어에는 저작권이 없기 때문에 당신이 할 수 있는 일은 아무것도 없을 겁니다."라고 말했다. "하지만 그것을 인정했으니 숨겨둔 다른 물건을 우리에게 좀 팔면 어떨까요?"라고 나는 요구했다. "내 부서 소관이 아닌 것 같으니, 턴불에게 한 번 도전해 보시죠." 나는 그의 반응이 어떨지를 잘 알고 있었다.

턴불은 UD가 고급 블렌디드에 혼합되는 한두 가지 몰트위스키를 제외한 나머지 몰트위스키는 아무 소용이 없다고 생각하는, 엄청난 양의 신성하다고 할 정도의 완벽한 숙성 상태로 잘 보존된 몰트위스키 방석에 앉아 있는 사람이었다. UD가 동양제국이라면 그는 총독 중 하나였으며, 그가 보스로 인정할 사람은 '술탄(the Sultan)' 뿐이었을 것이다.

그런 턴불의 술탄은 선하고 위대하며 산업가이자 박애주의자로 매우 교활한 사업가인 맥팔레인 경(Sir Macfarlane)이었다. 그는 전임자의 일로 감옥에 투옥되었을 때 기네스(Guinness) 회장의 '독이 든 성배'를 스스로 받아 마셨다. 그런 다음 얼마 있지 않아 기네스가 UD를 인수했으며, 그 전체 기업에 드리워져 있던 어두운 구름은 의심할 여지없이 그 진실성을 알고 있는 맥팔레인에 의해 밝혀질 수밖에 없었다. 그 사람은 하이 토리(High Tory)이자 로열 측과도 연계가 있으며, 에든버러 왕립학회 회원이자 스코틀랜드 기사(Knight)였기 때문에 '대천사 가브리엘(Archangel Gabriel, 크고 중요한 일을 맡아줄 사람 또는 역할)' 같은 사람이 필요치 않았다.

내가 평소에 부담 없이 드나드는 회사가 아니었기 때문에 접근하려면 신중한 생각이 필요했다. 솔직히 말해서 그것이 어떻게 진행되었는지 기억이 어렴풋하지만, 어떤 형태로든 진행이 잘 되었기에 퍼스에 있는 UD 본부에서 그 위대한 사람을 만날 약속 날짜가 잡혔다. 약속한 날은 2월이었다. 날씨도 춥고 땅에 눈도 많이 쌓여 있어서 기차를 타고 갈까도 고민했지만, 그건 너무 소극적이라 판단했을 뿐만 아니라 다른 볼일도 있어서 승용차를 이용했다. 나는 퍼스에 도착할 시간을 충분히 남겨두고 출발했다. 이미 언급한 것처럼 내 차 라곤다는 얼음이나 눈을 좋아하지 않았고, 히터는 명목뿐이므로 날씨에 맞는 적절한 옷을 입었다. 운전하고 가는 중에 동상을 방지하기 위해 입은 차림이 대기업의 수장을 만나러 가는 데는 적합하지 않을 수도 있겠다는 생각이 들었다. 하지만 이미 때는 너무 늦었다. 내 투박스러운 부츠와 중간 길이의 작업복인 '동키 재킷(donkey jacket)'은 어쩔 수 없이 나름 역할을 잘 해내야만 했다.

라곤다를 세워둘 만한 주차 공간이 보이지 않아 현관문 밖에 주차하고 들어갔다. 로비는 크고, 1에이커의 대리석 반대편에는 리셉션이 있었다. 그녀가 나를 쳐다보고 한쪽 구석으로 안내할 준비를 하는 것을 볼 수 있었기 때문에 나는 먼저 들어갔다. "제 이름은 힐즈이고 맥팔레인 경을 만날 약속이 있습니다." 나는 그녀의 표정이 석연찮음을 읽을 수 있었지만, 그녀는 곧 프로답게 세련된 목소리로 내게 기다려 달라고 요청했다. 잠시 후, 그를 만났다.

그 '나이 든 소년'은 그렇게 상냥할 수가 없었다. 우리는 커피를 마시며 스콘을 먹었다. 둘 다 매우 맛이 있었다. 나는 스스로를 스콘 감정가라 생각하고 있는데, 그 스콘은 특별히 더 맛이 있었다. 알고 보니 그는 케네스 알렉산더의 친구였으며, 켄이 그에게 나에 대해 좋게 말을 했을 것 같았다. 대화는 아주 잘 진행되었고, 나는 그에게 협회는 그가 보유하고 있는 몰트위스키가 필요하다는 점 그리고 '스카치위스키'라는 이름을 위해 여러 곳에서 얼마나 의미 있는 일을 하고 있는지에 대해 이야기한 뒤 감사한 마음으로 떠났다. 나중에 들었지만, 그 '술탄'이 그 문제를 턴불에게 제기했을 때 턴불은 그다지 기뻐하지 않았다고 한다. 아무도 견고했던 둑이 터졌다고 말하지는 않았지만, 최소한 '균열'은 나타나기 시작했다. 그 결과, 우리는 오랫동안 햇빛을 보지 못했던, 비할 데 없는 양질의 위스키를 손에 넣을 수 있었다.

1990년대 초반에 또 다른 좋은 아이디어가 떠올랐던 것 같다. 항상 그렇듯이, 처음에는 좋은 아이디어인 것 같아 보인다. 재미있을 것이고, 바람직한 홍보를 얻을 것이며, UD를 행복하게 만들 것이고, 상당한 양의 위스키를 마시게 될 것이다. 아마도 약간의 실링(shilling, 영국 화폐 단위로 작은 돈을 의미) 또한 만들 수 있을 것 같았다. 항상 바라던 보트 여행도 할 수 있게 될 것 같았다.

내게는 저널리스트이자 「선데이 익스프레스(Sunday Express)」에 글을 쓰는 존 깁(John Gibb)이라는 친구가 있었다. 두어 잔을 마신 뒤 존이 위스키에 관해 뭔가 하고 싶다고 말하기에 내가 뭔가 반짝 아이디어를 생각해낸다면 「선데이 익스프레스」의 섹션에 사진과 함께 큰 기사를 실을 수 있을 것이라 생각했다. 마케팅 디렉터들이 군침을 흘리게 만드는 그런 일이니까 어떻게 할 수 있을지 알아보겠다고 했다. 덧붙이자면 당시 「선데이 익스프레스」의 발행 부수는 약 500만 부에 달했다. 며칠 후, 나는 모든 UD 몰트의 마케팅을 담당하는 친구를 만나기로 예정되었기에 그 제안은 매우 적절했다. 이 이야기가 어떻게 되었는지 말하기 전에 먼저 두 척의 보트에 대해 말하고 싶다.

보트 중 하나는 내 것이었는데, '카미노미치(Kami no Michi)'라고 불리는 에드워드 시대의 모터 요트였다. 이 배는 1911년에 타버트의 딕키(Dickies of Tarbert)에 의해 일본군에 파견되었던 영국 해군 장교를 위해 제작되었다.

당시 일본은 해양제국을 건설하고 있었고, 영국 정부는 이를 승인했다. 그 이유는 강력한 일본 해군이 극동에서 러시아에 대한 균형추역할을 할 것이고, 일본이 영국 총포와 기타 무기를 많이 구매하고 있었던 상황이었기 때문이다. 100년 동안, 러시아는 대영제국에 대한 주요 위협으로 인식되어 왔다. 정부는 히팔루틴 외교 정책(hifalutin foreign policy, 이상주의와 현실주의 사이의 긴장을 다루면서 20세기 초 사회 세력의 복잡한 상호 작용을 다루었던 정책)의 원칙은 아니지만, 오랫동안 잘 유지되었다. 많은 영국 해군 장교들이 효과적인 해군 운영 방법론을 가르치기 위해 일본에 파견되었으며, 그들 중 한 명은 그의 새 요트에 일본식 이름을 붙였다. 그 배는 길고 날씬하며 매우 아름다웠고 우아한 활과 카누 선미를 자랑했다. 무게는 약 25톤이었지만, 파도가 옆에서 들이치면 적당히 일렁이며 안전을 유지하는 배였다. 그 배는 1914년에 해군에 의해 징발되어 제1차 세계대전 동안 로지스(Rosyth)와 스캐파플로(Scapa Flow) 사이를 오가며 대함대를 위한 파견물자들을 수송했다. 이 이야기를 하는 당시 그 보트는 오반에 정박되어 있었고, 나의 계획에 사용하기에 적합했다.

또 다른 배는 올드리키(Auld Reekie)라고 불리는 '퍼퍼(puffer)'였다. 스코틀랜드 서해안을 아는 사람은 누구나 퍼퍼가 무엇인지 알고 있지만, 그 중 한 사람이 아닐 경우를 대비해 설명하겠다. 100년 전에는 스코틀랜드 서부 해안 및 인근 섬과의 교통이 주로 바다를 통해 이루어졌다. 도로가 매우 열악했고 말라이그(Mallaig) 전체를 운행하는 철도는 단 두 개뿐이었다. 철도로는 갈 수 없는 곳, 주로 증류소들은 보트로 가야만 했다. 퍼퍼는 작고 못생겼으며, 넓고 평평한 활을 가진 강철 선체 화물선이었다. 바닥이 평평했기 때문에 모래 바닥에서 건조될 수 있어서 화물은 말이 끄는 수레에 실렸다. 1990년대 초반에는 2, 3개만 남아 있었고, 그 중 1개만 여전히 원래의 증기 기관으로 구동되었다. 그것은 내 친구 데릭 배스게이트(Derek Bathgate)와 브라이언 배스게이트(Brian Bathgate) 형제의 소유였으며 크리난 분지(Crinan Basin)에 놓여 있었다.

나는 배스게이트 부부에게 선박 임대가 가능한지 물어보았다. 그들은 바닥에 도금이 필요하고 엔진이 수년 동안 작동하지 않았다는 점을 지적했지만, 이는 적절한 용선료로 커버할 수 있을 것 같았다. 나는 그 배로 라가불린(Lagavulin)으로 먼저 가서 가능하다면 탈리스커(Talisker)까지만 운행할 계획이었다. 그것도 날씨가 좋을 것이라는 가정 하에서만 가능하고, 그렇지 않으면 내 고객이 익사당할 수도 있기 때문이다. 다행히 합의가 이루어졌다.

존은 오반, 라가불린, 탈리스커 세 증류소 방문 기사 아이디어를 좋아했다. 방문은 매우 고급스럽고 오래된 보트 두 대를 타고 이루어졌다. 대서양 횡단 용어로 '고급스럽다'는 말은 아마도 퍼퍼에게는 부적절했을 것이다. 왜냐하면 그 배는 지저분하고 낡은 목욕통 같았기 때문이다. 그러나 브라이언은 그것이 돈이 된다면 그 보트를 청소해 주겠다고 말했다. 그리고 페인트로 한 번 도색해 줄 수도 있을 것이라고 했다. 내 생각에는 그건 아주 후한 제안인 것 같았다. 그 배는 확실히 클래식했다. 통상적으로 클래식이라는 말의 의미가 오래된 것이 그 가치를 존중받기에 불충분하다는 의도에서 붙여진 용어라면, 앞으로 방문할 세 증류소는 UD의 클래식 몰트에 속했기 때문에 이들은 클래식의 정의와 정확하게 맞아떨어진다고 할 수 있다.

존은 비용이 많이 들지 않을 것이라는 가정하에 '익스프레스'의 동의를 얻을 수 있을 것이라 확신했고, 나는 거래가 잘 성사되길 바란다고 말했다. 우리는 각자에게 부여된 임무를 준비해 나갔다. 우리가 다시 모였을 때 존은 편집자로부터 열광적인 승인을 받았고, 나는 UD에 있는 그분에게 가서 비용 견적과 함께 제안을 했다. 그가 흥정도 하지 않고 바로 동의했기에 나는 자연스러운 욕심에 '그것보다 더 높은 두 배로 요구할 걸' 하는 생각이 들었지만, 그것만으로도 엄청난 수익을 얻은 셈이므로 만족했다.

그 여행은 큰 성공을 거두었다. 두 보트는 완벽하게 성능을 발휘했고, 증기선을 가까이서 체험할 기회도 있었다. 퍼퍼에 관련된 두 가지 사실이 나를 놀라게 했다. 첫째, 증기 기관이 나의 우려와 달리 놀랍도록 조용했다는 사실이다. 나는 천둥소리와 같은 디젤 엔진에 익숙했기 때문에(어떤 디젤이든 모두 시끄러움) 당연히 증기 기관은 질질 끄는 소음과 그 위에 약간의 쉭쉭거리는 소리를 내든지, 아니면 그 이상일 수도 있을 것이라 생각했다. 둘째, 그것을 작동시키는 데 상당한 기술이 필요했다는 것이다. 증기 기관을 작동시키려면 불을 계속 타오르게만 하면 된다고 무지하게 생각했다. 많은 것이 불에 의존했기에 어떤 의미에서는 사실이었지만, 배가 어떤 세심한 방향으로 나아가려면 불을 완전히 잘 태워야 했는데, 그건 절대 쉬운 일이 아니었다. 평소대로 카미는 '순종'하며 고분고분 잘 나아갔다.

우리는 예정대로 오반을 방문한 다음 아일레이(Islay)와 라가불린으로 순항했고, 그곳에서 사진기자는 관리자가 작은 보트를 타고 노를 저으며 증류소를 지나가는 동안 위스키를 마시고 있는 나의 멍청한 모습을 찍었다. 무슨 이유에서인지 편집자는 그 사진을 선택했고, 그것은 「선데이 익스프레스」 신문에 대문짝만하게 실려 배포되었다. 사진에서 가장 눈에 띄는 것은 증류소의 라가불린 로고였으며, 말할 필요도 없이 UD측은 매우 기뻐했다. 그 광고 가치는 아마도 그들이 내게 지불한 것의 몇 배에 달했을 것이다. 그런 다음 날씨가 좋지 않아 사람들은 비행기를 전세 내서 탈리스커까지 날아갔기 때문에 여행 시간을 많이 절약할 수 있었다. 그 후, 턴불은 우리에게 눈에 띄게 더욱 친절해졌고, 아주 좋은 몰트위스키 또한 곧 출시시켜 줄 계획이라고 알려주었다.

CHAPTER 19

아메리칸 노트
American Notes

　협회를 시작한 지 약 5년 후에 우리는 몇몇 미국인들에게 알려졌다. 당시 미국에서는 흔하지 않았던 몰트위스키 애호가들이었다. 바누아투에서 돌아오는 길에 나는 샌프란시스코에서 와인 무역에 종사하는 몇몇 사람들과 이야기를 나눴는데, 그들이 미국 친구들에게 협회의 정보를 전달한 듯했다. 그것은 다음의 과정으로 일어났다.

　앤티퍼디스(Antipodes, 뉴질랜드의 남동쪽에 있는 섬들의 그룹)로 여행을 떠나기 전에 나는 캘리포니아에서 오칸타(Okanta)라는 여성과 서로 일관성 없는 교신을 하고 있었는데, 그녀는 내가 해안으로 갈 거면 자기를 꼭 만나보고 가라고 했다. 소위 태평양 횡단이 다시 험난해졌고, 나는 곧장 또 다른 비행을 하고 싶지 않았다. 로스앤젤레스에서 그녀에게 전화를 걸었고 그녀는 와서 묵고 가라고 초대했다. 나는 항공사로부터 샌프란시스코에서 뉴욕으로 경로를 재조정받았기에 LA에서 차를 빌려서 너무나 많이 듣고 읽었던 해안 고속도로를 출발했다. 스코틀랜드의 해리스 서해안 같은 수준은 아니었지만, 도로 상태가 조금 양호하다는 점은 인정했다.

나는 문학적인 이유로 몬터레이(Monterey)를 방문하고 싶었기 때문에 여행에 이틀을 할당했다. 어렸을 때 읽은 존 스타인벡(John Steinbeck)의 *Cannery Row*(캐너리 로)는 나로 하여금 서민적인 사람들에 대한 호감과 그들은 모든 재미있는 이야기의 발상지라는 신념을 갖게 해준 책이다.

나는 소나무 숲속에 지어진 놀라운 도시인 카멜(Carmel, 태평양에 접한 서부 캘리포니아의 한 마을로 예술가들의 휴양지 같은 곳)에서 하룻밤을 묵었다. 그들이 나무를 베지 않고 도시를 건설했다는 점에서 더욱 놀라웠다. 이튿날 아침에 몬터레이로 갔는데, 예상한 대로 실망스러웠다. 샌프란시스코(San Francisco)는 내가 이제까지 본 곳 중 가장 가파른 거리로 카멜보다 훨씬 더 놀라웠다. 그 생각을 하면서 나중에 파티에서 "눈이 오면 당신들은 무엇을 합니까?"라고 나는 물었다. 모두 웃음을 터뜨렸고, "여기는 캘리포니아입니다. 눈은 절대 오지 않습니다." 하고 여주인은 친절하게 설명해 주었다.

크리스마스 직후였고 샌프란시스코에서는 파티 시즌인 것처럼 보였다. 오칸타가 나를 데려간 파티에 참석한 사람들은 대부분 젊고 중산층이며 대학교육을 받은 사람들이었고 대화하기를 좋아했다. 대부분은 종교에 관한 것이었지만, 사람들은 제각기 다른 이름의 종교를 말하고 있었다. 그 중 어느 것도 내게는 별 의미가 없었으며, 그들의 대화는 끝없이 계속될 것 같았다. 대승불교에 잠시 관심을 갖기 몇 년 전에 나는 '역경'에 대해 피상적으로 알고 있었다. 스코틀랜드 대학에서 몇 개의 철학 학위를 취득했기에 그들이 사용하는 많은 용어가 내게 익숙했지만, 그다지 높은 식견은 없었다. 그런 나의 기초적인 이해를 바탕으로 그들의 어휘를 함께 엮어 대화 내용을 하나로 묶는 것은 어렵지 않았다. 그러나 아무도 어떤 것에 대해 논쟁하지 않는 관례가 있는 것 같은 대화에 나는 곧 지루함을 느끼기 시작했다.

그래서 나는 지루함을 달래기 위해 그 모든 것이 얼마나 '난센스'인지를 아주 부드럽게 지적하기 시작했다. 이것이 처음에는 놀랍고 나중에는 재미있다고 생각했다. 나는 논쟁에서 우위를 점했고 앵글로색슨 형용사와 잡다하고 저속한 용어를 사용했는데, 그 의미는 가끔씩 불투명했지만 회의주의에 대한 의도를 표현했다. 분명히 그 사람들 대부분은 자신이 소중히 여기는 신념을 비웃는 사람을 본 적이 없었을 것이다. 나는 자신이 왜 웃겼는지 설명해 주었다. 여러 가지 이상한 종교에 대한 대안을 물었을 때 나는 상식을 옹호하며 좋은 몰트위스키가 영적(spirit)인 요소를 제공할 수 있다고 논쟁해 나갔다. 사실 나는 대부분 말을 하면서 상황에 맞춰 이야기를 그럴싸하게 만들어 나갔다.

그 주가 지나감에 따라 파티 초대가 늘어나자 내 안주인은 많은 사람이 스카치위스키를 마시는 친구를 함께 초대한다고 내게 일러주었다. 나는 추종자들을 얻었고 많은 사람이 내가 말한 것을 매우 진지하게 받아들이는 것 같았다. 내가 말한 것의 대부분은 전혀 진지한 의도가 아니었기 때문에 약간 걱정스러웠고, 내가 '수행자'를 얻을 위험에 처해 있는 것처럼 보였다. 이에 대한 나의 반응은 처음에는 '경각심'이었고, 그다음에는 '동정심'이었다. 내가 재미 삼아 이야기한 말도 안 되는 것을 진지하게 생각하는 사람들이 있다는 생각에 경각심을 느꼈고,

뭔가를 믿고 싶어 하지만 멍청한 내가 재미로 말한 것 외에 달리 믿을 만한 만족스러운 뭔가를 찾을 수 없는 사람들이 많다는 사실에 경악했다. 며칠 후, 나는 동부 해안으로 가는 비행기를 타게 되어서 어느 정도 안도감을 느꼈다. 하지만 로키산맥을 지나갈 때 생계를 꾸릴 방법이 필요하다면 프리스코(Frisco)에 가서 새로운 종교를 시작하겠다는 생각을 했다. 그럴 필요가 여러 번 있었지만, 나는 내가 결코 하고 싶지 않은 몇 가지 일들이 있기에 포기했다.

1980년대 후반에는 몰트위스키가 북미에서 유행하게 되었다. 이 것은 현대 생활에서 바람직하지 못한 것들을 거부하며, 보다 독창적이고 오리지널을 요구하는 종류의 음식, 특히 음료를 요구하는 움직임이었다. 영국에서 리얼 에일(Real Ale)에 대한 수요가 생기기 시작한 시기였고, 예상대로 그 물결에 앞서 뉴욕 사람들은 소규모 양조장을 설립하고 있었다. 어떤 사람들은 증류주에서 이와 비슷한 특성을 찾고 있었는데, 당연히 싱글 몰트위스키에서 그 특성을 발견할 수 있었다. 경쟁이 많지 않았다. 보드카는 단지 알코올일 뿐이고, 진은 향료와 동일하며, 럼은 거의 알려지지 않았다. 위스키는 거친 농부들의 술과 숙성 과정에 실패한 버번(Bourbon) 캐스크의 맛이 났다. 이 증류주들의 미감이 부족하다고 말하는 것이 아니라 단지 그 당시 주변에는 몰트위스키와 같은 그런 증류주들이 거의 없었다는 것이다. 브랜디는 오랫동안 고급 주류로 자리 잡아 왔지만, 이들의 소비는 여유 있는 연령층의 선호도에 맞춰 블렌딩이 되었다. 그래서 몰트위스키가 많은 주목을 받았다.

글렌파클라스, 맥캘란, 글렌모란지 등 미국에서 실제로 매우 훌륭한 몰트위스키를 구할 수 있었지만, 이들에게 부족한 점은 몰트위스키의 인식을 돕는 관련 스토리였으며, 무엇보다도 협회가 갖고 있는 것은 그런 스토리들이었다. 적어도 이것은 더 볼츠로 향했던 미국인들을 통해 확실히 알 수 있었다. 몰트위스키의 진정성을 보장하는 이야기였고, 이를 듣고 협회 위스키를 시음한 사람들은 거의 설득이 필요하지 않았다. 그들은 모두 똑같은 질문을 했다. "미국에서 어떻게 이런 것들을 구할 수 있나요? 언제 뉴욕이나 로스앤젤레스, 볼티모어에 지점을 오픈할 예정인가요?"

우리는 미국에서 협회의 시장이 엄청날 것이라는 것을 감지할 수 있었다. 문제는 빈약한 자본으로 어떻게 거기에 도달할 것인가 하는 것이었다. 우리 같은 미래가 촉망되는 수출업자들을 돕는 여러 정부 부서가 있는데, 우리는 그들에게 공식적으로 연락을 취했다. 그들은 조언은 해주었지만, 나머지는 별로 도움이 되지 않았다. 문서 양식을 작성해야 하고 뭔가를 하는 것처럼 보이지만, 사실은 그렇지 않았고 끝없는 미팅에 너무나 많은 시간과 에너지를 소비해야 했다. 확실히 배운 몇 가지는 있다. 미국으로 위스키를 갖고 들어가려면 여러 가지 종류의 어려움을 뛰어넘어야 한다는 것이었다. 그즈음에 대부분의 증류소가 왜 위스키를 냉장 여과하는지 그 이유를 알게 되었다. 차가운 창고에 보관된 여과되지 않은 위스키는 침전물을 발생시키는데, 그 침전물은 엄격한 미국 식품의약국(FDA)의 기준에 맞지 않았기 때문이다. 사람들이 마약을 밀수입하는 이유를 알 것도 같았다. 의심할 바 없이 그들 중 일부는 범죄자이기 때문에 그랬을 것이다. 그러나 그들 중 상당수는 번잡한 양식들을 작성해야 하고 지켜야 할 까다로운 규정 등을 준수할 수 없기에 불가불 밀수업자가 되었을 것이라 확신한다.

결국, 이런 시스템을 잘 다룰 수 있는 사람이 필요했다. 와인과 위스키 수입업자로서 소규모이지만 아주 독특한 위스키 회사를 대표할 준비가 되어 있는 사람이어야 했다. 뿐만 아니라 그는 단지 우리를 공급 업체로 활용하는 것이 아니라 협회 존속 자체의 필수성을 함께 나누는 사람이어야 했다. 그때 앨런 셰인(Alan Shayne)을 찾았다. 아니, 더 정확하게 말하면 그가 우리를 찾아왔다. 앨런과 그의 매력적인 아내 매디(Maddie)는 와인과 증류주를 수입하는 소규모 회사를 소유하고 새로운 기회를 찾고 있었다. 앨런이 방문했고, 그에게 협회를 소개하면서 몰트위스키 몇 가지를 시음하게 했다. 협회의 성격과 회원의 가치가 직접 광고 금지와 어떤 연계가 있는지의 배후 상황에 대해서도 설명해 주었다. 이런 접근 방식의 효율성을 보여준 언론 보도 자료들도 보여주었다. 그는 협회 이야기가 미국 언론에서 어떻게 시사될지 쉽게 예측해낼 수 있었다. 그에게 최근 주최된 『디캔터(Decanter)』 잡지의 시음회에 대한 호평의 글을 보여주었고, 예정되었던 런던 위스키 시음회에 참석하여 진행 상황 또한 보여주었다. 나는 그를 애써 설득할 필요가 없었다. 왜냐하면 앨런과 같이 키가 크고 훤칠하며, 몸짓이 활발한데다가 매너 또한 유쾌하며, 친절하고 유창한 성격의 소유자는 미국 협회의 이상적인 프런트맨이 될 것이라 예견되었기 때문이다.

그 후, 상황은 빠르게 진행되었다. 앨런은 우리를 뉴욕에서 만나자고 초대했다. 다음 달에 우리 중 몇 명이 뉴욕으로 건너갔다. 그의 회사는 시가 담배와 증류주를 수입했는데, 미국에서는 두 제품이 자연스럽게 공존했다. 그는 대부분 중년의 부유한 뉴요커들이 함께 증류주와 시가를 시음하는 '더 빅 스모커(The Big Smoker, 라스베이거스에서 매년 열리는 유명한 시가 축제)'라는 제목의 이벤트에 우리를 초대했다. 나는 시가를 피우는 동안만큼은 누구도 좋은 위스키 맛을 분별할 수 없다고 주장했기 때문에 시가에 대해 약간의 의구심을 갖고 있었다. 그때의 나는 지금보다 훨씬 단호했으며 인간의 후각 능력을 폄하하고 있었다. 라프로이그에서 바이올렛 풍미를 느낄 수 있다면 시가 연기를 통해서도 위스키의 맛을 알 수 있다. 그렇다 해서 결코 그것을 권장하는 것은 아니다. 본인이 아닌 다른 사람이 피운 시가 냄새를 맡아야 한다는 것은 정말 괴로운 일이기 때문이다. 앨런은 얼마 지나지 않아 미국에서 '스카치몰트위스키 협회'를 오픈했고, 그 이후로 많은 위스키 애호가들이 모여들었다. 운영 방식은 영국과는 다소 다르지만, 큰 차이는 없다. 예를 들면, 내가 아는 한 그들은 계속 시가를 피운다.

언론에서 많은 관심이 표명될 것이 명백해졌다. 앨런은 업계의 모든 사람을 잘 알고 있었기 때문에 「뉴욕 타임스」, 「월스트리트 저널」, 『포브스』, 「와인 스프리츠」, 「와인 푸드」 및 기타 여러 언론지에는 협회에 관한 소개가 결코 빠지지 않았다. 그들 모두는 협회의 위스키를 직접 마셔보고 인정하지 않을 수 없었다. 우리는 위스키 판매를 위해 그들을 설득할 필요가 없었다. 앨런은 뉴욕에서 로스앤젤레스까지 미국 전역에서 시가와 함께 위스키 시음회를 개최했다. 나는 그 중 몇 군데에 참석했고 평소대로 말장난 같은 이야기들을 하며 아주 즐겁게 잘 끝냈다. 이곳이 위대한 스카치위스키 최고 제품을 마케팅하는 소규모

독립 회사라는 개념으로 거의 모든 사람이 공감할 수 있는 콘셉트로 진행되었다. 그것은 최상급 술을 서비스해 주는 기업가적 자본주의였다. 이보다 더 나은 것이 어디 있겠는가? 위스키를 마시는 사람들의 모임은 '뉴에이지 크리스탈 치료법'보다는 '전통적인 치료법'을 추구하는 사람들의 모임이다.

앨런이 뉴욕에 마련한 장소 중 하나가 세계무역센터에 있었다. 남쪽 타워 꼭대기 층에는 '윈도즈 온 더 월드(Windows on the World)'라는 레스토랑이 있었는데, 여기서 위스키 시음회가 열렸다. 바닥에서 천장까지 쭉 뻗은 창문으로 보이는 풍경이 정말 멋졌다. 행사가 끝난 후, 나는 창가에 서서 바라보고 있었다. 로어 맨해튼(Lower Manhattan)을 넘어 자유의 여신상 쪽을 바라보며, 같은 건물 55층에 사무실이 있는 뉴욕 변호사와 이야기를 나눴다. 나는 발 너머로 1,200피트 아래의 광장을 바라보며 말했다. "정말 놀랄 만큼 멋지지만, 테러리스트가 폭탄을 터뜨린다면 나는 여기에 있고 싶지 않겠어요." "걱정하실 것 없어요."라고 그는 안심시키듯 대답했다. "작년에 지하실에서 폭탄이 터졌는데, 저는 그 소리조차 듣지 못했거든요. 이 건물은 결코 파괴할 수 없어요." 나는 가끔 그가 어떻게 되었는지 궁금하곤 했다.

그 후 몇 년 동안, 나는 미국을 여러 번 방문하면서 앨런과 함께 여러 주요 도시를 여행했다. 장소는 예외 없이 호화로웠는데(swanky, 화려하고 비싼 또는 보여주기 위한 사치를 표현할 때 사용하는 말로 품격 있고 우아한 고급적인 사치와 구별하여 사용됨), 이는 영국식 영어로 정확히 일치하는 용어가 없는 대서양 횡단 용어(transatlantic term, 미국과 영국에서 널리 사용되는 말)로 사치를 의미하지만, 일반적으로 유럽에서 사회적 지위에 어울리는 사치와 다소 차이가 있는 것 같다는 느낌이었다. 다만, 그런 장소들은 기억에서 금방 사라진다는 것 외에, 나는 이 점에 대해 아무런 문제가 없다. 아마도 모든 호텔이 대기업에 의해 소유되고 운영되기 때문일 것이다. 내 경험으로는 거대 기업은 내가 재미라고 부르는 것을 즐기기에 적합한 곳은 결코 아니다.

모든 장소 중에서 플로리다가 기억에 남는다. 나는 어느 날 밤, 문자 그대로 열대성 폭풍우의 뒤를 따라 마이애미로 날아갔다. 이는 허리케인보다 한 단계 낮은 수준이지만, 보퍼트(Beaufort) 풍력 규모의 10~11배로 추정되었다. 후텁지근한 날씨의 습한 분위기는 터키식 목욕탕과 비슷했다. 야자수가 발끝에 닿아 있었고, 호텔 입구는 마치 재난 영화의 한 장면 같았다. 하지만 앨런의 태도로 볼 때 이것은 전혀 이상한 일이 아니었고, 마치 아무 일도 일어나지 않은 것처럼 위스키 시음이 진행되고 있었다. 나는 그들의 태연자약함에 정말 감탄할 수밖에 없었다. 손님들 중 어느 누구도 조금의 동요도 보이지 않았기 때문이다.

다음날 아침, 앨런은 날아가 버린 나무들과 부서진 건물들 사이로 나를 데리고 마이애미 시내에 있는 시가 공급 업체 중 한 곳을 방문했다. 건물은 호화롭지 않았으며, 그보다 더 초라한 것 또한 상상하기 어려울 것이다. 그곳은 빈민가로 분류되지는 않았지만, 아주 초라한 마을 한가운데에 흰색의 낮은 건물들이 몇 개 모여 있었다. 앨런은 이 회사가 세계에서 가장 좋은 시가를 공급하며 모두 손으로 말기 때문에 그에 따라 가격이 비싸다고 확신에 찬 목소리로 설명해 주었다. 그는 담뱃잎의 원산지에 대해서는 약간 은근슬쩍 하는 태도였지만, 그것이 쿠바산이라는 것은 명백했고 그에 따른 합법성도 약간 의심스러웠다. 건물 안의 남녀노소 모두 매우 쾌활했고 실제 손으로 시가를 말면서 담배를 피우고 있었다.

그들은 내게 하나를 건네주었지만, 천식을 핑계로 미안해하며 거절했다. 그들은 무척 동정적이었는데, 그들 세계에서는 담배가 가장 좋은 품질이기 때문에 담배를 피울 수 없는 나의 무능력은 그들의 동정심을 자아내기에 충분했다. 나를 위로하려고 한 아름다운 여인이 럼 병을 가져와서 연노랑과 붉은 기가 있는 브라운 액체 한 잔을 내게 부어 주었다. 이것 또한 쿠바산이었을 것이기 때문에 기꺼이 받았다. 나는 딸에게서 배운 기초적인 스페인어로 "맛이 정말 훌륭해요."라고 말했으며, 쿠바 럼을 마셔본 경험이 있었기 때문에 그것이 '좋은 맛'을 가졌다는 것을 이미 알고 있었다.

약 20년 전, 내 인생에서 짧은 기간 동안 정규직으로 일하던 시기에 사업상 런던에 갈 기회가 있어 여동생 집에서 묵었다. 당시 누이와 함께 살고 있던 딕 모턴(앞 장에서 언급함)은 다양한 쿠바 혁명가들을 친구로 두었으며 혁명 이후 쿠바에서 유전학자이자 돼지 전문 사육사로서 시간을 보냈다. 그는 작고 깡마른 쿠바 돼지를 윌트셔(Wiltshire) 돼지와 교배시켜 음식물 쓰레기를 지방과 단백질로 전환시키는 능력을 향상시켰다. 질병에 대한 자연 면역력을 잃지 않고, 그들의 조상 돼지처럼 크고 뚱뚱하게 만드는 것이 목적이었다. 내가 아는 한 그것은 성공적이었다.

그들은 평소처럼 나를 환영해 주었고 내게 그날 저녁에 쿠바 대사관 파티가 있는데 같이 가자고 했다. 나는 쿠바 대사관에 대해 무엇을 기대했는지 잘 모르겠지만, 최소한 '빨간 깃발' 정도는 보지 않을까 생각했다. 일반적으로 웨스트 런던의 현실은 모든 것이 매우 형식적이기 때문에 다소 실망스러운 면이 있다. 나는 외국 대사관 파티에 대한 경험이 많지 않았지만, 이것이 아마도 예외는 아닐 것이라 짐작했다. 확실히 진행 과정은 매우 지루했다. 샴페인으로 시작하고 몇 가지 연설, 저녁 뷔페, 잡담과 칵테일이 이어졌다. 내 눈길을 끌었던 유일한 것은 아무에게도 말하지 않고 주변에 서 있는 덩치 큰 남자들이었다. 그들은 매우 컸고 그들 중 일부는 피부가 매우 검었다. 모두 더블브레스트 재킷의 멋진 양복 차림이었는데, 무기를 소지한 왼쪽 겨드랑이 부분이 비대칭으로 불룩해 보였다. 딕이 나중에 설명해 주기를, 혁명 이후 몇 년 동안은 쿠바인들이 CIA에 의해 암살될 심각한 위험에 처해 있었기 때문에 대사관 직원들이 그렇게 일상적으로 무장을 한다고 했다. 그들 대부분은 시에라마드레(Sierra Madre) 산에서 카스트로(Castro, 쿠바 공산주의 혁명가)와 함께 있었기 때문에 모두 사격에 능하다고 했다.

칵테일은 대부분 진을 기반으로 한 것으로 보였다. 나는 그들이 쿠바의 우수한 럼을 사용하지 않은 것에 다소 의아해졌다. 그럼에도 불구하고 나는 나머지 파티 참석자들과 함께 잔을 돌려가며 마셨고 모두 기분이 좋아졌다. 정확한 순서는 기억나지 않지만, 어느 순간 나는 쿠바 대사관 파티에서 진 따위를 기대하지 않았는데, 도대체 럼은 어디 있느냐고 큰 소리로 말하고 있었다. 그런 다음 나는 '곰 두 마리'에게 몸이 들려졌기 때문에 적어도 쫓겨나거나 최악의 경우 지하실에 갇혀 있다가 '외교 행낭'에 담겨 시베리아로 보내질 것이라고 생각했다. 하지만 그 중 곰 한 마리는 내가 상상할 수도 없는 행동을 했다. 그는 내 이마에 입을 맞추고 다른 동료에게 넘겨주었다. 그런 다음 놀랍게도 많은 병이 나타났고, 사람들은 칵테일 잔에 럼을 즐겁게 붓기 시작했다. 혁명 이후, 대사관 직원들은 모두 시에라 출신 동지들이었는데, 그들은 대사관직의 경험은 한 번도 없었다. 하지만 대사관을 제대로 운영하여 외국 정부에게 멍청이로 보이지 않기 위해 최선을 다하고 있었다. 그 노력 중의 하나가 자기들이 좋아하는 럼이 아닌 외국인들이 좋아하는 진을 기본으로 칵테일을 만들어 내놓는 것이었다. 혁명 이후, 쿠바 대사관 역사상 럼을 요구한 사람은 나 한 사람 밖에 없었던 듯했다.

코트를 가지러 휴대품 보관소에 갔을 때를 제외하고 나머지 저녁 시간은 기억이 흐릿했다. 내 코트는 무겁고 훌륭했다. 새끼 사슴의 멜턴(Melton) 소재로 큰 주머니와 모자가 달려 있다. 그것은 구명정 자선 상점에서 중고품으로 구입했다. 어떤 해군 장교의 제복 코트였다. 재킷 소매에 달린 고리를 보면 그가 제독이었다는 것을 알 수 있다. 그때 입었을 때는 평소보다 더 무겁게 느껴졌는데, 이것은 내가 취했기 때문일 거라고 생각했다. 우리가 택시에 탑승하고 나서야 각 주머니마다 깊숙이 럼이 한 병씩 들어 있는 것을 발견했다. 어깨 권총을 소지하고 있던 그 곰 친구들이 내게 준 멋진 선물이었다.

CHAPTER 20

아메리칸 페이퍼
American Papers

앨런의 시가를 피우는 사람들은 미국 벤처에 유익한 기반을 제공했으며 그들 중 상당수가 협회 회원으로 등록했다. 흡연자들은 말할 나위 없이 위스키 시음에 열중했고, 분위기는 약간 불투명했지만 모든 것이 달콤하고 가벼웠다. 더 볼츠로 미국 회원이 방문했을 때 오래전부터 금연 정책이 법안으로 제정되어 있기에 담배를 피우지 말아달라고 일러줄 때마다 약간의 마찰을 겪곤 했지만 요청에 따라주었다. 남은 체류 기간에 공산주의자 같다며 무례하게 구시렁거리기도 했다. 하지만 대서양 횡단 회원들 대부분은 서로 관습이 다르다는 부분을 존중했고, 위스키와 시음장의 분위기를 위해 불편했겠지만 잘 참아주었다. 그들은 모두 협회를 좋아했다.

나는 첫 번째 미국 방문 이후, 홍보에 거의 신경을 쓰지 않았다. 미국 언론으로부터 받은 반응을 고려하면 머지않아 새로운 이야기에 굶주린 작가들로부터 소식을 들을 수 있을 것이라 생각했다. 어느 날, 식품 및 음료 사업에 종사하고 있는 폴 레비(Paul Levy)라는 사람이 전화를 해왔다. 그는 「월스트리트 저널」에 글을 쓰는데, "우리를 방문해 주실 수 있을까요?"라고 물었다. 당연히 나는 그러겠다 대답했고 약속이 잡혔다. 서로 만났을 때 나는 그에게 평소와 같은 이야기들을 해주었다. 그는 일전에 영국 신문에서 협회에 관한 기사를 읽었고, 자기는 상당히 회의적인 성격이라 만나서 확인을 함으로써 최소한 협회가 가짜는 아님을 확인했고, 이런저런 이야기 끝에 그와 사진작가가 더 볼츠를 방문하기로 결론이 내려졌다. 그 후, 나는 그가 만족하면 신문 저널에 우리에 관한 기사를 쓰게 될 것이기에 몇 군데 증류소에 데리고 갔다.

그는 평범한 저널리스트와는 사뭇 달랐다. 시작부터 그는 지식인이었고, 분명히 값비싼 교육을 받은 사람이었으며, 내가 만난 직업 전문인 중 이름의 유래를 이야기할 때 국제 음성 알파벳을 사용하여 자신의 주장을 밝히며 말했던 유일한 사람이었다. 그가 원했던 것은 협회가 평범한 위스키의 영리한 선두주자가 아니라 '리얼 맥코이'임을 확신하는 것이었다. 나는 그를 데려가서 스스로 판단하게 하는 것이 가장 좋은 방법이라고 생각했다. 그래서 짧은 '소풍'을 계획했다. 그와 사진작가는 에든버러에 와서 우리와 함께 하루나 이틀을 보낼 것이다. 그런 다음 우리 셋은 함께 하일랜드 주변을 돌아다니고, 증류소 몇 군데를 방문하며 에든버러에서 마지막 저녁 식사를 한다는 계획이었다.

나는 협회와 그에 관련된 지나간 이야기들을 들려주었는데, 그는 감회 깊게 들으며 좋아했다. 그는 들은 것을 이해했고 그것이 사실인지 확인할 수 있을 만큼 충분히 지난 내막에 대해 알게 되었다. 저녁 식사를 하기 위해 그를 어디로 데려갈지 잠시 생각해 보았다. 그때도 지금처럼 에든버러에는 괜찮은 레스토랑이 여럿 있었고 리스에도 몇 군데 있긴 했다. 내 생각에는 그런 곳들은 그의 마음을 사지 못할 것 같아 쿠쉬 인디언 레스토랑에서 식사를 하기로 했다. 그곳은 관광 가이드에 거의 등장하지 않는 에든버러의 흥미로운 장소 중 하나였다. 펀자브(Punjab) 음식을 제공하며 인도에서 의학을 공부하러 온 학생들을 위해 1947년에 오픈한, 스코틀랜드에서 가장 오래된 인디언 레스토랑이었다. 원래는 의대 건물 바로 옆 로디언 거리에 있었으며 의대생들이 요구하는 모든 것을 제공했다. 내가 처음 그곳에서 식사를 했을 때 쿠쉬 부인은 김이 모락모락 나는 커다란 가마솥에 모든 요리를 직접 했고, 늦은 오후에 그녀의 아이들은 교복 차림으로 테이블 중 하나에 앉아 숙제를 하곤 했다. 그 레스토랑은 주류 판매 허가증이 없으므로 맥주를 원한다면 길 건너 펍에서 사와서 마신다. 나는 카레와 함께 곁들여 먹는 것은 케이 부인의 라시(lassi, 요구르트나 버터밀크, 물, 향신료, 과일, 감미료를 넣은 인도 음료)를 더 좋아했다.

대학이 제도적으로 확장되면서 로디언 거리는 없어지고, 레스토랑은 길 바로 아래 드러먼드 스트리트(Drummond Street)로 이전하여 오늘날까지 남아 있다. 테이블은 양쪽에 벤치 좌석이 있는 부스 형태로 마련되어 있으며, 식탁보는 없다. 식사를 마치면 누군가가 행주를 갖고 나와서 식탁을 닦는다. 계산대에서 식사를 주문하면 남자가 테이블로 음식을 가져다준다. 모든 음식은 몇 시간 전에 미리 준비해 두기 때문에 주문한 음식이 나올 때까지는 채 1분도 안 걸린다. 낮고 가난한 계층의 프롤레타리안(proletarian)적인 분위기에도 불구하고 나는 그들의 음식이 얼마나 좋은지 알았다. 나중에 폴이 말하기를 쿠쉬 때문에 개종해야 할 것 같다며 훌륭한 음식 맛을 호평했다.

　나는 다음날 그 둘을 스페이사이드에 데려가기로 약속하며 교통수단을 제공하겠다고 했다. 내가 라곤다를 타고 나타났을 때 그들은 약간 놀라는 듯했지만, 싫어하지는 않았다. 나는 장비를 싣고 그들을 뒷좌석에 앉힌 다음 그들 주위에 흑곰 깔개를 깔아주면서 추울 것이라 알려주었다. 4월 초의 맑고 화창한 날이었으며, 도로에 눈은 없었지만 여전히 추웠다. 그램피언 산에 올라갈수록 더 추워졌지만, 하늘은 여전히 맑았다. 첫 번째 목적지는 아비모어 북쪽이었다. 나는 급브레이크를 밟아 정지해야만 했는데, 폴이 "무슨 일이에요?"라고 물었다. 나는 "잠시만요." 말하고 차에서 내려서 왔던 길을 100야드쯤 되돌아가 큰 산토끼의 귀를 잡고 차로 돌아왔다. 털은 흰색이었고 죽은 지 오래되지 않았다. "그걸로 무엇을 할 건가요?" 폴이 물었다. "잘 모르겠지만, 낭비하기엔 너무 아깝잖아요."라고 말하며 트렁크에 짐과 함께 넣었다.

　우리는 증류소를 방문했고, 내 생각에 토마틴(Tomatin)의 어떤 호텔에 하룻밤을 묵었는데, 기억에 남는 것은 하나도 없다. 다음날 아침, 우리는 글렌파클라스 방향으로 A96을 따라 내려갔다. 이 도로는 약간 구불구불한 지점이 있는데, 그 중 한 곳을 지나다가 다시 멈췄다. 이번에는 분명히 앞차에 치여 죽었음에 틀림없는 아직 온기가 있는 꿩 한 마리를 갖고 돌아왔다. "또 다른 로드킬(road kill)?" 폴이 물었다. "예."라고 나는 말했다. 그러다가 퍼뜩 '오늘 우리가 집에 가면~, 너는 내 집으로 와, 내가 로드킬 스튜(걸쭉한 요리)를 만들어 줄게'라는 비틀즈 노래 가사가 떠올랐다.

글렌파클라스와 맥캘란 증류소의 방문은 순조롭게 진행되었으며, 증류소 사람들의 태도와 반응을 통해 협회가 하고 있는 일의 진정성에 대해 폴이 갖고 있던 의구심이 사라졌다. 그다음 에든버러로 향했는데, 매우 늦게 도착했다.

다음날, 나는 정육점에 가서 삼겹살을 사다가 요리해서 폴과 그의 동료와 함께 점심을 먹었다. 저녁에는 우리 집에 오기로 약속했다. 토끼와 꿩의 껍질을 벗겨서 토끼를 쿠커 위에 올려서 먼저 요리했다. 꿩보다 시간이 훨씬 오래 걸릴 거라 예상했다. 삼겹살, 양파 조금, 마늘, 당근 조금, 셀러리 두 개를 잘게 썰어 볶았다. 나는 토끼 고기에 꽤 좋은 레드 와인 한 병과 냉장고에서 찾은 버섯 몇 개를 더 넣었다. 적당히 익었을 때 꿩을 넣고 파슬리 덤플링을 만들었다. 그것은 어려운 요리라고 할 것이 아니어서 완벽하게 잘 되었다. 폴은 마침내 자신의 '헛소리'에 대한 의구심을 없앨 수 있었던 것은 '로드킬 스튜'였다고 나중에 말했다. 그는 「월스트리트 저널」 거의 전체 페이지를 할애해서 글을 썼으며, 그의 글을 읽고 사람들로부터 협회의 세부 사항을 알기 원하는 요청이 쇄도하게 되었다.

개인적으로 주선된 '맞춤' 증류소 방문은 미국 내 언론 보도를 확보하는 가장 효과적인 방법인 것으로 나타났다. 내게도 괜찮았고, 게다가 적절한 동반자가 있다면 더욱 재미있을 수도 있다. 단지, 문제는 우리에 관해 글을 쓰고 싶은 사람들 대부분은 이미 일전에 증류소 견학 경험이 있어서 당연히 외부인의 관점에서 보면 한 증류소와 다른 증류소 간에 큰 차이가 없다고 생각했기에 관광 자체는 약간 지루하게 느껴질 수도 있겠다 생각했다. 나는 그들의 관심이 대체적으로 증류소가 아닌, 다른 것에 있다는 것을 알고 있었다.

폴 파컬트(Paul Pacult) 또한 예외는 아니었다. 폴은 미국에서 증류주 전문가로 널리 알려져 있으며 그의 「스피릿 저널(Spirit Journal)」 기사도 상당한 영향력을 갖고 있기에 몇 가지 사항을 체크한 후에는 위스키의 품질을 금방 알 수 있다. 그리고 그는 우리 이야기가 절대적으로 사실임을 확신할 만큼 위스키 숙성에 대해서도 충분히 알고 있었다. 나는 그를 기쁘게 하거나 관심을 끌 것이라 생각되는 색다른 곳에 데려갔다. 나는 스코틀랜드에는 위스키에 대한 관심에 버금가는 토착 요리법이 없다는 것을 설명해야 했다. 지금은 있을 수 있지만, 그때는 없었다. 스코틀랜드 진수인 스콘조차도 소문난 맛집을 찾기가 쉽지 않다. 내 기억으로는 아로차(Arrochar)의 우체국 옆에 정말 맛있는 스콘 가게가 있고, 물론 아드베그 증류소 관리자 와이프가 훌륭한 맛의 스콘을 만들었는데, 아무나 먹을 수 있는 음식은 아니다.

20세기를 대표하는 여전히 전통의 맛을 유지하고 있는 스카치 베이킹을 찾을 수 있는 곳 중 하나는 아브로스(Arbroath) 북쪽 오크미티(Auchmithie)에 있는 밧엔벤(But'n'Ben)이라는 놀라운 레스토랑이었다. 그곳은 절벽 가장자리에 자리 잡은 동해안 어촌 마을 중 하나이며, 레스토랑 건물은 일련의 낮은 오두막으로 각 오두막에는 원래 안뜰과 바깥뜰 또는 스코틀랜드 언어의 밧(but)과 벤(ben)이라는 두 개의 룸이 있다. 레스토랑 자체는 나이가 적당하게 찬 풍성하고 편안해 보이는 부잣집 안방마님(통통하고 먹성 좋은 여성 스타일)들이 해산물과 케이크 요리를 서빙하며 운영되었다. 약간은 어울리지 않는 조합처럼 들리지만, 그럭

저럭 영업은 잘 되었다. 해산물은 모두 신선하고 지역산이며, 게와 랍스터는 문 앞에 있는 바다에서, 훈제 생선은 해안에서 몇 마일 아래 아브로스(Arbroath)에서 직접 가져오기 때문이다. 크림과 곡물은 북반구(northern hemisphere)에서 가장 훌륭한 농업 지역인 앵거스 힌터랜드(Angus Hinterland)에서 가져온다.

나는 폴에게 컬렌 스킨크(Cullen Skink, 살짝 훈제한 생선, 주로 대구, 감자, 양파, 크림으로 만든 생선 수프)를 주문해 주었다. 폴은 이것이 그가 먹어본 최고의 해산물이라고 선언했는데, 그의 경력으로 비춰 보건대 그것은 그가 줄 수 있는 최고의 찬사였다. 「스피릿 저널」은 우리 위스키에 대한 무료 기사를 게재해 주었고, 앨런은 이에 대해 무척 기뻐했다. 컬렌 스킨크 생선 수프 덕분이라는 생각이 든다.

한동안 미국에서 출간되는 저널로부터 무료 광고는 넘쳐났다. 앨런은 그 가치를 알고 있겠지만, 협회 이사회 구성원들 중 일부는 그 출판사에 대해 거의 알지 못했기 때문에 그렇지 않았을 수도 있다. 하지만 『플레이보이(Playboy)』 잡지의 경우에는 그렇지 않았다. 그 잡지에는 데이브 마멧(David Mamet)이 협회 방문에 관해 5페이지 분량의 에세이를 실었다. 즉, 그들은 데이브 마멧에 대해서는 모르더라도 『플레이보이』에 대해서는 안다. 왜냐하면 퓰리처(Pulitzer)상을 받은 작가, 극작가, 시나리오 작가, 영화감독 및 프로듀서가 그들의 부류와는 사뭇 다른 영역이기 때문이다. 나는 『플레이보이』를 섹스를 하기보다는 그것에 대해 생각하기를 좋아하는 남성들을 위한 잡지라고 생각했기에 그런 부류의 사람들을 꼭 협회에 참여시킬 것인가에 대해 회의적인 마음이 있었다. 하지만 앨런은 전혀 개의치 않았다. 한번은 그가 내게 "『플레이보이』의 사설 5페이지가 얼마나 가치가 있는지 아시나요?"라고 물었다. 나는 예상대로 "아니, 얼마죠?"라고 말했다. 그러나 앨런조차도 그것으로 이익을 얻는 것에는 행복했지만, 전혀 몰랐다.

데이브는 영화 제작자였던 나의 전 부인 레슬리(Leslie)의 스코틀랜드 친구의 딸과 결혼했다. 레슬리의 영화 사업 파트너인 트레버(Trevor)는 데이브가 방문할 예정인데, 도대체 그를 어떻게 대접할지 모르겠다고 했다. 그녀는 데이브가 위스키를 좋아했기 때문에 협회는 자연스러운 선택이었다. 나는 그를 더 볼츠(협회)로 데려가서 같이 위스키를 몇 잔 하겠다고 가볍게 자원했는데, 그게 끝이 아니었다. 공교롭게도 그가 에든버러에 머무는 기간에 시음회가 두 차례 예정되어 있었기 때문에 나는 위원회 구성원들에게 그를 참석시키자 제안했고 그들은 동의했다. 이것으로 일단 트레버의 가장 큰 문제 한 가지는 해결된 셈이다.

당시 시음위원회는 많이 진보된 단계에 있었고 테이블 주위에는 '밝은 불꽃'이 튀고 있었다. 데이브 다이체스가 그 중 하나였고, 이렇게 하여 각각의 데이브는 다른 사람들의 작품을 읽어가며 좋아했고 상호 교감이 잘 이루어졌다. 그 외에도 그들은 서로 공통점이 많아 잘 어울렸는데, 특히 데이브 엠(David M.)은 전문가들의 틈새에서 자신은 아마추어 수준 정도라는 것을 깨달았고, 강한 증류주를 마시며 즐거운 시간을 보내는 젊은 대학 시절 같은 분위기에 매료되었다.

위스키는 훌륭했고, 스탠더드 수준보다 훨씬 우수했다. 데이브 마멧은 당시 미국에서는 블렌드 위스키 외에는 스카치위스키에 대해 알지 못했기 때문에 우리가 함께 시음한 훌륭한 몰트위스키의 맛은 그를 깜짝 놀라게 했다. 병 라벨에 표기된 알코올 도수를 보기 전까지는 마신 후에 뱉으려 하지 않았다. 나는 그날 아침, 커피를 마시면서 그에게 협회의 이론적 근거를 설명해 주면서 시음 과정에서 빠뜨린 부분도 설명해 주었다. 물론, 그런 이야기들을 들으면서 놀라는 데이브의 반응은 내게는 매우 친숙한 것이었다. 위스키 업체들이 몰트위스키 시장을 인지하지 못하고, 그토록 훌륭한 제품을 블렌디드 아래 열등품으로 숨겨 놓았다는 사실에 놀라움을 금치 못한 것이다. 그래서 서구 세계에 잘 알려진 어떤 지식인이 그들 세계에서 주도적인 여성 잡지 중 하나에 협회에 대한 기사를 내주었다. 비록 나는 콧방귀를 뀌며 까다로운 척했지만, 우리는 행복했다.

『포브스』 잡지는 나중에 나왔다. 초창기 한 미국 여행에서 앨런은 내게 뉴욕 위스키 시음회 중 일부를 소개했다. 그들은 예외 없이 예리하고 활기차며 박식했기에 나는 그들을 매우 좋아했다. 사실 그들은 내가 전혀 알지 못하는 많은 것들에 대해 잘 알고 있었고, 내가 조금 알고 있는 것들에 대해서도 많이 알고 싶어 하는 것 같았기 때문에 그들에게 호감을 느꼈다. 그들은 또한 일반적인 증류주, 특히 스카치위스키에 대해 잘 알고 있었지만, 몰트위스키에 대한 우리의 접근 방식은 그들의 고급 시장 스펙과 잘 어울린다. 앨런이 나를 포브스 건물로 초대했고, 함께 어떤 일을 할 수 있을지에 대해 서로 이야기해 보자고 했다.

잠시 『포브스』에 대해 설명하겠다. 이것은 주로 미국뿐만 아니라 전 세계 부자들의 취향과 관심을 충족시키는 잡지이다. 그것은 나 같은 일반적인 사람들을 엄청난 부와 연관시켜도 천박함을 전혀 주지 않는다. 왜냐하면 이 잡지는 부유함과 동시에 교양을 누리기를 원하는 부자들과 또 그러기를 열망하는 사람들을 타깃으로 하기 때문이다. 그렇긴 하지만 이 회사는 고객의 근본을 부끄러워하지 않고 자신을 자본주의의 보루(a bastion of capitalism)라고 부끄럼 없이 주장하는데, 그 솔직함이 오히려 매력적이다. 구독 판매만 가능하고 길모퉁이 신문 가판대에서 구입할 수 있는 그런 종류가 아니므로 호이 폴로이(hoi polloi, 보통 사람, 대중들)와는 거리가 멀다.

격주로 발행되는 이 잡지는 돈, 비즈니스, 정치, 기술, 과학 및 법률뿐만 아니라 라이프스타일과 관련된 이야기들을 다루고 있다(여기서 내가 알고 있는 '라이프스타일'에 대한 정의는 자신들은 비록 돈이 많지는 않지만, 부티나고 좀 '있어 보이는' 사람처럼 되고 싶은 일련의 추구와 열정을 의미한다). 우리가 포브스를 방문하기 얼마 전에 포브스 경영진들은 라이프스타일 관련 대목을 'Forbes FYI'라는 별도 항목으로 관리하기로 결정했다(참고로 FYI는 'For Your Information'의 약자이다. 즉, 부자로서 어떻게 살아야 하는지에 대한 참고 정보이다).

포브스에 가기 얼마 전에 나는 내 친구이자 역사가인 앵거스 칼더, 2장에 등장하는 리치의 아들과 점심을 함께했다. 나는 미국에 한두 번 가본 적이 있었는데, 가장 흥미로운 것은 스코틀랜드와의 관계였다. 왜냐하면 초기에는 스코틀랜드인들이 영국에서 미국 식민지로 이주하는 사람들의 큰 부분을 차지했기 때문이다. 나는 소수 민족에 관해 몇 가지 질문을 갖고 있었다. 그것은 앵거스도 알 만한 종류의 일이다.

나는 앵거스에게 물었다. "왜 미국에는 스코틀랜드 소수 민족이 없지? 이탈리아인과 폴란드인, 아일랜드인과 히스패닉계(Hispanics)는 모두 식별 가능한 소수 민족으로 인정되지만, 스코틀랜드인은 그렇지 않아. 미국인들이 재미있는 옷을 입고 스코틀랜드인처럼 하는 퍼레이드와 모임은 많이 있는데, 그들이 소수 민족이라는 느낌은 들지 않아."

앵거스는 웃으면서 말했다. "나는 당신이 어려운 걸 물어볼 줄 알았는데, 그건 아주 쉬워요. 그들은 사회에서 지배층의 필수적인 부분을 형성하고 있기 때문이지요. 그들은 초창기부터 그곳에 있었고 사회적 결속력이 강해서 서로를 도왔고, 또한 그들의 장로교는 자본주의와 잘 결속하여 많은 돈을 벌었지요. 미국에는 소수 민족이라 칭할 만큼 가난한 스코틀랜드 사람들이 많지 않아요."

포브스는 오래된 아버딘샤이어의 이름이다. 가족은 20세기 초에 출판 사업을 시작하여 크게 번성했으며, 여전히 창업자의 후손들이 소유, 관리하고 있다. 그들의 사무실은 뉴욕 3번가의 한 블록 전체를 차지하고 있는데, 잡지의 명성에 비해 상당히 소박했다. 몇 번 방문한 후, 나는 그 건물에는 사업체의 본사뿐만 아니라 박물관도 있다는 매우 흥미로운 사실을 알았다. 그것은 포브스 가족이 수년에 걸쳐 획득했으나 그것들을 갖고 뭘 해야 할지 몰랐던 것으로 어느 하나도 '잊혀지고 싶지 않은' 물건들이 진열되어 있는, 황당할 정도로 매우 작은 규모의 가족 박물관이었다. 바른 정신을 가진 사람이라면 아무도 이런 멋진 장난감들을 아이가 갖고 놀도록 결코 내버려두지는 않을 것이다.

결국, 내가 보고 싶었던 파베르제(Fabergé)를 잠깐이나마 엿볼 수 있게 되었다. 알다시피 파베르제는 19세기 말 유럽 왕족들을 위한 장난감과 장신구들을 만들었던 파리의 유명한 보석상이었다. 볼셰비키(Bolsheviks)에 의해 총살당하기 전까지 모든 러시아 황제 로마노프(Romanoffs, 1613~1917) 가문 수장들의 머리 위에 올려져 있던 관들이 그들의 손에서 만들어진 것들이었다. 포브스 가족은 여러 세대에 걸쳐 시장에 나돌아 다니는 모든 로마노프 시대의 보석을 사들인 후, 완벽하고 멋진 컬렉션으로 만들어 개인 박물관에 소장해 두었다. 좀 더 오래 보고 싶었지만, 다른 더 중요한 일 때문에 그러지를 못했다.

'포브스 에프 와이 아이(Forbes FYI)'에서는 스카치 몰트위스키 협회에 대한 특집을 비용 관계없이 다루어 주기로 했다. 이와 관련해서는 레이 힐리(Ray Healey)와 덩컨 크리스티(Duncan Christy)가 맡아서 하기로 했다. 아예 그들은 나중에 우리와 미국 일부 도시의 시음 투어에 동행하게 되었다. 또한 포브스 팀이 스코틀랜드를 방문했고 그들을 몇 군데의 증류소로 안내했다. 영국 언론의 인색함에 익숙했던 나로서는 반가운 소식이었다. 그것이 더욱 좋았던 것은 덩컨과 나는 문화적인 면에서 매우 달랐다는 점이다. 대부분의 사항에 동의했지만, 그러지 못한 부분은 끊임없는 대화와 상호 존중으로 일을 진행시켜 나갔다.

나는 미국을 좋아하고 그들에 대해 호의적이지만, 덩컨은 그 중 최고이다. 그의 행동은 절제적이고 말쑥한 외모에 문학적이며 언변이 좋다. 탐구심 또한 많지만, 무엇보다 재미난 성격의 소유자이다. 그는 미국이라는 '이방 나라'에서 나의 가이드가 되어 주었고, '이방 나라' 스코틀랜드에서는 내가 그의 가이드가 되어 주었다. 두 가지 예를 들어본다. 앨런은 로스앤젤레스 근처에 있는 베벌리힐스(Beverly Hills)라고 불리는 평범하게 호화로운 호텔에서 위스키 시음회를 준비했다. 부유한 사람들의 참석이 많았고, 이는 앨런의 사업뿐만 아니라 협회 사업에도 도움이 되었다. 평소와 같이 나는 협회 창립자로 소개되었고, 내가 잘 알지도 못하고 공통점도 거의 없는 많은 사람에게 친절해야만 했다. 나는 미국인을 좋아하기 때문에 그것은 어려운 일이 아니었다. 그러나 한 번의 만남이 나를 방해했다. 그녀는 키가 작고 나이가 많은 여자였는데, 그녀에게 매달린 황금으로 추측하건대 분명히 부자였을 것이다. 충격적인 것은 그녀의 얼굴이었다. 피부가 모두 쪼그라들어 피골이 상접하여 마치 죽음을 앞둔 해골머리를 연상케 했다. 잠시 후, 덩컨과 내가 조금 한적한 발코니에 서서 "아이구 덩컨, 저게 도대체 뭐죠?" "나의 사랑하는 챕(chap, 친구)이에요." 했다. 그는 가끔씩 매우 영국인처럼 대답했다. "저건 네 번의 성형 수술의 결과이지요."

포브스 갱단이 스코틀랜드에 왔고, 나는 그들의 가우라이트 (gauleite, 히틀러 치하의 독일 지방 주지사로서 위압적이고 권위주의적 방식으로 행동하는 사람)로 아일레이(Islay)를 방문하기로 했다. 우리는 증류소를 둘러보고 위스키를 실컷 마셨다. 『포브스』잡지의 중요성을 잘 알고 있는 증류소 소유주들은 기꺼이 협조하는 그 이상이었다. 항상 그렇듯이, 위스키의 증류와 숙성에 대해 말하는 사람들은 너무 길게 말하는 것이 문제이고, 그 내용들이 비슷하여 디테일한 사항에 관심 있는 열광자가 아닌 이상 곧 싫증나게 만들었다. 포브스 사람들 또한 그랬고, 나는 그들이 점점 산만해지는 것을 볼 수 있었다. 나는 곧 섬 여기저기에 흩어져 있는 멋진 켈틱 십자가를 가리키며, 스코틀랜드의 초기 켈트교회에 관한 역사를 간략하게 알려주었다. 그들은 이것이 흥미로웠고 가이드북 몇 권을 구입한 후, 많은 돌을 찍기 시작했다. 내가 전문 역사가는 아니므로 증류소에 관련된 질문 외에는 답을 줄 수 없다고 선언했음에도 초기 켈트교회에 관한 질문에 더 많은 시간을 보내고 있는 나 자신을 발견하게 되었다.

신기할 정도로 매우 아름다운 푸른 돌 십자가가 하나 있었는데, 저녁에 술집에서 덩컨이 나를 시험하고자 그 십자가가 얼마나 오래되었을 것 같으냐고 물었다. 나는 전혀 아이디어가 없었지만, 방문자들의 '심리'에 근거하면 나의 대답이 협회 및 여태까지 했던 모든 이야기들에 대한 신빙성과 관련될 것이기 때문에 어떻게든 답해야 했다. 나는 그 돌에 대해 직접적인 지식이 없고, 이전에 본 적도 없고, 읽어본 적도 없기 때문에 늘 그렇듯이 진행하면서 즉흥적으로 스토리를 만들어 갔다. 나는 그 돌이 5세기나 6세기의 것으로 예측하기에는 너무 멀쩡하고, 거대했던 초기 십자가와 달리 그 돌은 너무 섬세하다고 생각했다. 반면에 중세 이후라고 하기에는 너무 고풍스러워 보였다. 나는 가능한 한 최선을 다해 초기에서 후기로 시대를 깎아 내려가며 생각을 했는데, 약 15세기로 추측되었다. 가장 권위 있는 가이드북에 따르면 내 말이 맞았다. 이것으로 내가 여태까지 그들에게 말한 모든 것 또한 옳았다는 것이 검증된 셈이다. 이 기사는 많은 사진과 함께 '포브스 에프 와이 아이'에 게재되었다. 앨런뿐만 아니라 증류소 주인들도 모두 기뻐했고 나는 안도의 숨을 쉬었다.

우리는 스코틀랜드 여행 후, 파베르제 보석들에 관해 마지막 세부 사항을 마무리 짓기 위해 3번가에 있는 포브스에서 회의를 가졌다. 앨런과 레이(Ray), 덩컨 그리고 뜻밖에 전체 책임자인 밥 포브스(Bob Forbes)도 참석했다. 나는 회의에 참석하러 갈 때 마기, 나의 아내에게 같이 가자고 했다. 비행기 안에서 그녀에게 파베르제에 대해 말하자 마기가 그것을 구경할 수 있는지 물어보겠다고 했다. 거절당했을 수도 있었겠지만, 다행히 나의 매력과 아름다운 전술이 성공했다. 밥이 레이에게 "난 여기에 없어도 되겠지?"라고 말했다. "당신이 보스이니 당신이 결정하세요."라고 레이가 대답했다. 밥은 "그렇다면 나와 함께 가요, 마이 디어(my dear) 마기."라며, 세계 최고의 보석 컬렉션에 자진하여 개인 가이드로 내 아내를 데리고 나갔다.

『포브스』 잡지의 관계자들은 내게 관심을 가졌다. 그들 중에는 대서양 이쪽에서 찾아보기 힘든 용이한 점이 있었다. 레이가 말했듯이, 밥은 세계에서 가장 부유한 가문의 한 사람일 뿐만 아니라 사장으로서 급여를 지급하는 사람이었다. 그럼에도 불구하고 나는 아주 만족스러울 정도로 편안함을 느꼈다. 그러면서 나는 18세기의 족장(chief)과 씨족(clansmen) 관계에 대해 생각하게 되었다. 씨족들은 족장의 권위에 대해 결코 의문의 여지가 없으며, 같은 조상 아래 사회적 평등이 근본적으로 이미 형성된 관계에서 태어나기 때문에 아주 편안하게 족장을 대할 수 있는 그런 관계 같다는 느낌이 들었다.

미국 여행에 대한 마지막 이야기이다. 마기와 내가 뉴욕으로 간다는 것을 알았을 때 내 여동생은 즉시 "딕과 나도 같이 가겠어요. 우리는 코네티컷(Connecticut)에 있는 펠릭스(Felix)의 집에 가서 머물 수 있어요.”라고 말했다. 그녀의 친구 펠릭스는 우연히 억만장자가 되는 바람에 전 세계 곳곳에 집을 소유하고 있는 오랜 친구였다. 우리는 코네티컷과 같은 이국적인 곳에서 휴가를 보내는 것에 반대할 이유가 전혀 없었기에 그러기로 했다.

우리는 포브스 일정이 끝나면 모두 함께 음식과 음료, 가정부가 예비된 코네티컷으로 가기로 약속했다. 리무진 운전기사가 매일 아침 와서 그날 어디로 가고 싶은지 물었다. 어느 날, 우리는 그에게 우리가 전혀 모르는 주로 안내해 달라고 요청했다. 숲을 통과하여 한 두어 시간 차를 타고 가다가 사람들로 붐비는 넓은 장소를 보았다. 우리는 그것이 무엇 때문인지 물었고 운전기사는 ‘카 부츠 세일(car boots sales)’이라고 답했다. 물론, 여성들은 “좋아요. 가자.”라고 말하며 운전기사에게 세워 달라고 부탁했다. 그는 마지못해 그렇게 했다. 우리는 모두 밖으로 나와 이리저리 돌아다니며 잡다한 쓰레기를 사들고 리무진을 찾았으나 운전기사만 거기에 있고 차는 보이지 않았다. 그는 당황한 표정으로 “이제 리무진이 필요하겠군요.”라고 말했고, 물론 우리는 “예!”라고 ‘합창’으로 답했다. 그는 차를 어딘가에서 가져왔다.

얼마 후, 우리가 그와 좀 더 친하게 되었을 때 그는 이렇게 설명해 주었다. “이 나라에서 부자들은 카 부츠 세일 같은 곳에 절대 가지 않아요.” 그래서 그는 당황한 나머지 리무진을 사람들 눈에 띄지 않는 곳에 주차해 두었던 것이라 했다. 예상했던 것과 같이, 그것은 또 다른 나라의 이야기였다.

CHAPTER 21

번즈 나잇
Burns Night

200여 년 동안 이어지며 쇠퇴할 기미가 보이지 않는 흥미로운 스코틀랜드 전통이 있다. 스코틀랜드 국민 시인의 생애를 매년 기념하는 '번즈 만찬(Burns Supper)'이 그것이다. 이는 소위 스코틀랜드의 전통이라 불리는 상업화된 킬트나 씨족을 대표하는 직조 무늬(타탄, clan tartans)와 달라서 번잡하고 '천박'한 곳이나 대중 관광 일정표에는 등장하지 않는다. 이런 저항운동은 시인 자신의 본성, 옹호했던 가치, 시를 통해 돈을 벌 수 있다는 생각조차도 못하는 관광 산업의 무능력에 기인한다. 일 년에 한 번, 스코틀랜드 전역에서 사람들은 독학으로 공부해낸 '그' 농부를 기리기 위해 모여서 먹고 마시고 그의 시를 낭송하며 노래를 부른다. 그것은 어떤 문명 세계에서도 유사한 일이 없었기에 그 내용이 매우 궁금했다.

최악의 경우 번즈 만찬은 공포가 될 수도 있다. 자만심에 빠진 부르주아가 인생에서 만나고 싶지 않은 사람과 어울리면서 스스로를 자축하는 모습은 결코 보기 좋지 않기 때문이다. 이것은 자신들을 위로하기 위해 만들어 낸 일종의 국가적 신화의 표현이라고 할 수 있다. 하지만 그렇게 정의하기에는 그 배후에 더 많은 것이 있다. 시를 낭송하고 듣는 것은 번즈 만찬의 필수 사항이며, 연사는 시인 사회 그리고 당시 사회가 그 시인을 어떻게 대했고 왜 그랬는지에 대한 이유를 이야기한다. 풀어내는 어법은 시적인 언어로 쉽게 인지될 수 있도록 변형되는데, 강요되지는 않는다. 왜냐하면 스코틀랜드와 같이 서로 친밀하지만 비판적인 견해를 가진 사람들은 그런 진실성 없는 허위적인 어법은 금방 알아차릴 수 있기 때문이다.

행사의 형식은 관습에 따라 규정되어 있다. 이는 18세기 클럽 디너의 전통 유물이며 정당한 이유 없이 규정은 변경할 수 없다. 연설과 건배가 있으며 모든 건배는 지식이 풍부하고 재미를 창출해낼 재능 있는 연사가 한다. 행사의 핵심은 즐거움이기 때문이다. 메뉴 또한 규정되어 있다. 이는 과거의 유물이기 때문에 지금의 슈퍼마켓이나 레스토랑에서 거의 볼 수 없다는 것이 특징이다. 흥미롭게도 음료에 대해서는 병행 처방은 없지만, 위스키가 없는 번즈 만찬은 이상하다는 것을 넘어 범죄로 규정될 수 있다. 저녁 식사는 스카치 드링크에 대해 글을 쓴 사람을 기념하기 위해 거행되기 때문이다. 그의 불멸성을 알리는 것뿐만 아니라 국민과 국가 모두를 상징한다. 협회에는 회원실이 훌륭하게 잘 갖춰져 있었기 때문에 번즈 만찬을 개최해야 한다고 나는 오래전부터 생각하고 있었다. 우리는 철저하게 스코틀랜드식이지만 비정통적이고 중도 좌파적이며 지적이거나 아니면 지능적인 정신을 연출해내기 위해 많은 노력을 기울였다. 그 일편으로 노래와 때로는 시를 장려하기도 했다. 자만심으로 가득한 부르주아적인 사람들은 뭔가 다른 것, 예를 들면 다소의 안도감 같은 것을 얻기 위해 협회에 오는 것이 분명했는데, 협회의 분위기는 결코 그렇지 않다. 또한 우리 스스로를(더 정확하게 말하면 '나는' 우리 스스로를) 스코틀랜드 '대중문화' 변혁의 일부로 여기고 있으며, 모여서 기념하는 이유는 바로 그 '혁명 정신' 때문이다.

나는 1월 25일에 협회에서 번즈 나잇을 진행하자고 이사회에 제안했다. 일부 회원들은 예상 외로 미온적이었고, 어떤 한 회원은 "누구를 초대하려고요?"라고 회의적인 목소리로 물었다. 나는 그를 심각한 표정으로 바라보며 마음속으로 '형님, 당신은 결코 아닐 것입니다.'라고 말했다. 이 행사에 불참자 수를 최대한으로 줄이기 위해서는 초대장 발행에 세심한 주의를 기울여야 한다고 설명했고, 평소에 하던 대로 초대장을 발행하면 불참자들이 그리 많지 않을 것이라고 했다. 이것은 '야당'의 무관심 덕분에 통과되었으며 "의장의 번즈 나잇이 될 것"이라는 코멘트를 받았다. 그런 다음 나는 이 기회를 통해 '스코틀랜드를 위해 평생 봉사할 것'을 맹세하는 협회의 '종신 명예회원'을 선출하여 그 대가로 협회 위스키 한 상자를 먼저 선물하고 매년 위스키 한 병씩을 평생 받게 하자고 제안했다. 뒤에 느꼈지만, 나는 그때 너무 관대했다는 생각이 들었다.

"생각해 둔 사람이 있나요?"라고 그들이 물었다. 나는 "예, 먼저 하미시 헨더슨(Hamish Henderson)과 데이브 다이체스부터 시작하겠습니다."라고 말했다. 일부는 멍한 모습을 보였다. 하미시는 「Freedom Come-All-Ye」의 저자였고, 데이브는 1960년대에 몰트위스키를 되살리기 위해 다른 누구보다 더 많은 일을 했으며 *Scotch Whisky*를 포함하여 40여 권의 책을 집필했다. 그래서 모두 동의했다.

먼저 해야 할 것은, 하미시와 데이브 중 누구를 선정할 것인지였는데, 제비를 뽑아 결정하기로 했다. 나는 하미시를 선택했다. 그가 데이브보다 훨씬 나이가 많았고 둘 중 하나가 만료되기 전에 둘 다 얻고 싶었기 때문이다. 사실 나는 그들의 나이를 잘못 알았다. 그 문제는 얼마 후에 데이브가 설명해 주었다. 평생 일 년에 위스키 한 병이라는 선처가 아주 관대한 것처럼 들리지만, 두 후보자 모두 이미 연로하기에 사실은 생각보다 그리 비싼 것은 아니다. 그래서 하미시가 되었다.

어느 날 저녁, 내가 샌디 벨 바에서 하미시에게 그 사실을 말해주었을 때 그는 어리둥절해했지만, 또한 매우 기뻐했다. 시음위원회에 참여하게 될 뿐만 아니라 남은 인생 위스키에 '샤워'할 기회가 주어진 것은 확실히 그의 기대 이상이라고 했다. 그는 협회의 종신회원 자격을 큰 영예로 생각했고, 우리는 그가 수락해 준 것에 감사했다. 하미시는 대처 정부가 그에게 MBE(Member of the Order of the British Empire, 대영제국 훈장 수훈자) 또는 그 비슷한 상을 수여하겠다고 했을 때도 정중하게 거절장을 보낸 사람이었다. 명예회원 중 그를 잘 알지 못하는 멍청이들은 하미시가 그 상을 수락할 것이라 생각하기도 했다.

그날 저녁, 그의 집에 전화를 걸었지만 받지 않아 그를 찾으러 나섰다. 그를 찾는 것은 어렵지 않았다. 그가 에든버러에 있다면 거의 항상 샌디 벨에서 찾을 수 있었기 때문이다. 내가 들어갔을 때는 저녁 무렵이었고, 펍은 다소 비어 있었다. 이 펍은 내부와 외부의 두 부분으로 나뉜 구조로 되어 있는데, 문에 들어서자 이상한 울부짖음 소리가 들렸다. 알고 보니 하미시와 친구가 낸 소리였다. 친구는 파이퍼(piper)였고 두 사람은 술에 취한 상태로 피리 곡을 주고받으며 서로 노래를 부르고 있었다. 가장 최근의 피브록(pibroch, 스코틀랜드 고지대에서 유래한 하일랜드 백파이프를 위한 클래식 음악 장르)이 끝났을 때 나는 불쑥 들어가 그들이 무엇을 마시고 있는지 물었다. 유나이티드 디스틸러스(UD, United Distillers)의 몰트위스키 중 하나인 잘 알려지지 않은 인치고어(Inchgower)를 마시고 있었다. 나는 또 다른 세 병의 인치고어를 사서 그들과 합류했다. 하미시는 또 다른 곡을 불렀다. "그게 무슨 곡이지요?" 파이퍼가 물었다. "나도 그런 노래를 들어본 적이 없어요. 딱 한 번 들었어요." 하미시가 대답했다. "살레르노(Salerno)의 교두보에 있었어요. 포탄과 박격포 사격이 많았고 우리는 머리를 숙이려고 노력했지만, 모래사장이라 쉽지 않았어요. 우리 옆에는 고든(Gordon) 가문의 대대가 있었고, 나는 그들 중 한 파이퍼가 이 곡을 연주하는 것을 들었어요. 나는 '교두보에서 새로운 연주를 시도하는 용감한 사람이 있네.'라고 생각했고, 그가 엉망으로 연주했을 수도 있었지만 제법 들을 만했어요. 그리고 잠시 후, 포탄 터지는 소리와 함께 더 이상 그 연주 소리는 들리지 않았어요."

여기서 한 가지 언급되지 않은 것은, 그 파이퍼가 처음으로 그 곡을 그런 상황에서 연주했고, 하미시는 그 파이프 곡이 생소하다는 것을 알아차렸다는 것과 그것을 잘 기억하여 반세기가 넘은 지금까지도 술집에서 그 곡을 재현하며 노래할 수 있을 정도로 그는 충분히 정신이 생생하다는 사실이다.

번즈 나잇은 큰 성공을 거두었다. 회원실은 견딜 만하게 사람들이 적당히 가득 찼다. 데이브 다이체스는 「불멸의 기억(Immortal Memory)」을 발표했다. 나뿐만 아니라 다른 누구도 들어본 적이 없는 랍비 번즈(Rabbie Burns)의 찬양을 더 재치 있고 더 박식하며 더 서정적으로 연설해 주었다. 사실 데이브는 이날 저녁 행사 초청을 적어도 12번은 더 거절했다. 왜냐하면 그는 스코틀랜드뿐만 아니라 전 세계적으로 번즈 나잇에서 가장 인기 있는 연사 중 한 명이었기 때문이다. 이것은 그가 번즈와 스코틀랜드 문학에 있어 세계 최고의 권위자이며, 유대인이었기 때문에 더 흥미로웠다. 그의 아버지는 원래 데이비드 흄(David Hume)의 철학을 공부하기 위해 에든버러에 왔고, 스코틀랜드와 사랑에 빠져, 머물기로 결정하여 스코틀랜드에서 최초의 랍비가 되었다. 그는 작게는 스코틀랜드 유대인 공동체뿐만 아니라 에든버러 전체 사람들로부터 큰 존경을 받았다. 스코틀랜드인들이 전통적으로 다른 인종과 피부색이 다른 사람들에게 베풀어 온 환대에 비해 유대인 공동체가 스코틀랜드에서 성소를 찾을 만큼 대부분이 그들의 공동체를 환대했다.

그것은 아마도 구약성서에 깊이 빠져 있는 스코틀랜드 인구의 상당수가 그들 자신이 아마도 이스라엘의 잃어버린 지파 중 하나라고 생각했다는 사실 때문이었을 것이다. 아주 최근까지 대부분의 스코틀랜드인은 칼빈주의 개신교 기독교인이었으며, 그들 중 많은 사람이 스코틀랜드인이 이스라엘의 잃어버린 지파의 후손이라고 실제로 믿었다. 사실은 그 잃어버린 지파는 DNA 검색으로 확인된 바, 에티오피아의 '팔라샤(Falashas)족'이었다고 한다. 팔라샤는 에티오피아의 흑인 유대인 씨족으로 현재 다수는 이스라엘로 이주해 살고 있다. '낯선 사람', '땅이 없는 또는 놀라운 사람'을 뜻하는 경멸적인 의미를 갖고 있어서 에티오피아 유대인들 스스로는 결코 사용하지 않는다.

내가 주최한 네 번의 번즈 만찬에 대한 기억이 모두 희미할 뿐이라는 점을 유감스럽게 생각한다. 이것은 최소한의 불미스러운 일도 없었고, 엄청난 양의 위스키가 소비된 상황과 위스키 덕분이다. 데이브는 첫 번째 행사가 끝난 후에 내게 자신이 참석한 행사 중 최고였다고 말했다. 확신하건대 백 번도 넘는 많은 번즈 만찬에 참석했을 데이브처럼 뛰어난 사람의 이 코멘트는 참으로 극찬 중의 극찬이었다. 하미시는 여러 노래를 불렀는데, 모두 자신이 작사 작곡한 것들이었다. 그 중, 특히 「Freedom Come-All-Ye」와 「The Banks of Sicily」를 인상적으로 기억한다. 가수이자 민속학자인 마거릿 베넷(Margaret Bennett)은 스코틀랜드어와 게일어(Gaelic)로 신성한 노래를 불렀고, 그녀의 아들 마틴 (Martyn)은 4, 5가지 악기를 훌륭하게 연주했다.

내가 기억하는 첫 번째 번즈 만찬에서는 여성들에게 먼저 건배를 한 것으로 안다. 연사는 항상 남자였는데, 여성들에게 먼저 찬사를 보내며 건배를 한다. 그 자리에 있는 모든 남성은 일어나야 하는 것이 오늘날 기준으로 보면 성차별적이라 할 수 있겠지만, 상호 부정적인 감정 없이 품위 있는 특정 사회의 상호 수용 분위기와 함께 확고하게 자리 잡아 갈 것이다. 다만, 그런 기준이 충족되기 위해서는 재치 있게 잘 진행되어야 할 것이다. 우리 중에는 과소평가받는 것을 절대 참지 못하는 여성들이 있다는 것을 잘 알고 있기에 그렇다.

나는 마이클(Michael)에게 협회의 시작을 여성들을 위해 건배하도록 지시하면 이런 요구 사항은 충족될 것이라고 생각했다. 마이클은 매우 영리한 사람이고, 뛰어난 역사가이며, 활기차고 재치 있는 사람이다. 그는 보수당원이자 스코틀랜드 역사에 대한 단순한 좌파적 비판의 주범이었다. 이는 그가 다른 게스트들과 의견이 다를 수 있다는 것을 의미했고 또한 균형을 이루기 위한 것이었다. 그는 독신이었지만, 연설하는 것을 좋아했고 덕분에 나는 마음이 편안했다. 그러나 얼마 후 마이클이 무례한 행동을 하기 시작하자 나는 마음이 불편해지기 시작했다. 그가 과음하여 불쾌한 태도를 취하기 시작하면 무슨 말을 할지 걱정될 정도였다. 그는 데이브의 연설 중에 짜증을 내기까지 했는데, 데이브 같은 신사로서는 솔직히 참을 수 없었다. 그래서 마이클이 연설을 시작하기 바로 직전에 나는 그에게 연설을 맡겨서는 안 되겠다는 결론에 도달했다. 문제는 어떻게? 나는 이런저런 이야기를 나누면서 곰곰이 방안을 생각하고 있었는데, 근처에 앉아 있던 오랜 친구 오언 핸드(Owen Hand)와 눈길이 마주쳤다. 젊었을 때 오언은 리스에서 남극 대륙으로 항해하는 마지막 고래잡이 어선을 탔던 친구로서 초창기에는 사랑받는 포크 가수이기도 했지만, 이제 중년이 된 그는 덩치가 커지고 흰색 턱시도를 곧잘 입었다. 나는 오언과 시선을 맞추고 마이클이 짓궂은 행동을 하고 있는 오른쪽을 바라보다가, 곧장 문 쪽으로 시선을 돌리며 오언에게 신호를 보냈다. 오언은 즉시 이해했고 마이클이 화장실에 가려고 일어나자 그의 뒤를 따라나섰다. 몇 분 후, 그는 돌아와서 내게 고개를 끄덕여 보였다. 이제부터의 문제는 연설자가 없어져 버렸으니 내가 직접 연설을 해야 하는 상황이 되어 버렸다.

나는 내 인생에서 이보다 더 성공적인 연설을 해본 적이 없다고 생각한다. 예정된 연설자가 술에 취해 혹시라도 무례한 실수를 할까 봐

쉬게 했다는 것을 공표함으로써 연설은 시작되었다. 이에 대해 온통 환호가 터졌다. 이것은 나만 그렇게 생각했던 것이 아니었다는 것을 의미했다. 그러다가 갑자기 무슨 말을 해야 할지를 생각하게 되었다. 정확히 무엇을 말했는지는 가물가물하지만, 결코 걱정할 일은 아니었다. 그들은 내가 무얼 말하든지 무조건 박수를 보냈으니, 아마 내가 신문기사의 한 구절을 읽어댔다 하더라도 갈채를 보냈을 것이다.

그런 다음 하미시에 대한 수상자 발표가 있었고, 「Tam o' Shanter」의 노래, 더 많은 노래, 그다음 「Holy Willie」, 작곡가가 누군지는 알고 있는데 그 낭독자가 누구였는지 기억이 나지 않는다. 아침에 두통이 없었다고 말하지 않겠지만, 질 낮은 블렌디드 위스키를 마셨을 때만큼은 아니었다.

다음 해에는 데이브가 종신 명예회원 자격을 받을 차례였다. 그에 대해 말할 거리가 너무 많아서 안타깝지만, 조금만 언급하고 지나가야겠다. 간단히 말해서 가장 중요한 것은 위스키에 관한 *Scotch Whisky, Its Past and Present*라는 그의 책이다. 이 책은 적절한 시기에 출판되었으며 예리하고 정확하며 서정적이다. 닐 건에 연이어 증류업자들이 인식한 것처럼 몰트위스키를 병입해야 하는 필요성을 강조한 책이다. 이 책을 위해 연구하면서 데이브는 많은 증류소를 방문했다. 그 당시 일반인은 거의 찾아오는 사람이 없었고, 위스키를 마시는 사람이라면 수도원을 방문한다는 기분으로 간다고 할 정도였다.

어느 날, 데이브는 방문 허가 요청서를 쓰고 아일레이(Islay)에 있는 보모어(Bowmore)를 방문했는데, 그들은 극대의 환영과 환대로 그가 보고 싶었던 모든 것을 보여주었다고 말했다. 견학 관광이 끝난 후, 그는 가족 소유 증류소의 스탠리 모리슨(Stanley P. Morrison)이 그에게 술을 권하는 샘플실로 이동했다. 그것은 보모어가 확실하게 부상할 수 있도록 해준 잘 알려진 블렌디드 위스키였다. 데이브는 몰트위스키를 마셔볼 수 있는지 물었고, 당연히 그들은 한 잔을 따라 주었다. 그것을 한 모금 마시고 "훌륭하다"고 칭찬해 주었다. 그때 데이브의 말을 정확히 인용하자면 "모리슨 씨는 몰트위스키가 그 자체로 마실 만한 가치가 있는지"를 물었다고 한다. 데이브는 자연스럽게 "그렇다."고 대답했다. 그 증류소 주인인 모리슨도 그 몰트를 시음해 보았는데, 놀랍게도 정말 매우 맛이 있다고 인정했다. 결론은 이제 피할 수 없는 놀라운 상황으로 변해갔다. 증류소 주인조차도 여태껏 자신의 제품을 싱글 몰트위스키로 마실 생각을 해본 적이 없었으며, 1968년 그가 마셨던 위스키는 모두 블렌디드 뿐이었다. 이것은 여기까지 오기 전, 협회가 얼마나 많은 일을 했는지 보여주는 중요한 일화이다.

또 다른 예시가 있다. 하지만 이것은 위스키와 관련이 없긴 하다. 나는 「체리 과수원(The Cherry Orchard, 1903년 러시아 극작가 안톤 파블로비치 체호프(Anton Pavlovich Chekhov)의 마지막 희곡)」을 보러 극장에 갔었는데, 여전히 이전처럼 지루했다. 다음날, 데이브와 나는 협회에서 만났고 그에게 "데이브, 체호프에 대해 이야기해 줘요."라고 했다. "내가 뭘 잘못 알고 있는 건지, 정말 그 사람이 소문만큼이나 대단한 사람인가요?"

그는 미소를 지어 보였다. "예, 아마도."라고 그는 말했다. "나는 처음에 그의 책을 독일어로 읽었고 너무 감명을 받아 원작으로 체호프를 읽으려는 목적으로 러시아어를 배웠어요.”

“오~,” 나는 감탄했다. 그는 자신이 쓴 체호프에 대해 내게 소개해 주겠다고 제안했지만, 나는 그것이 낭비일 뿐이지 내가 「체리 과수원」을 결코 좋아하게 될 것이라고는 생각하지 않았다.

그다음 해의 번즈 나잇은 기억 속에서 흐릿하다. 그러나 참석자들의 즐거움과 행복함은 여전했다. 다음으로 시인 노먼 맥케이그(Norman MacCaig)에게 종신 회원권이 주어졌다. 노먼은 자신이 아무리 달갑지 않은 상황에 있어도 남을 웃기는 특이한 능력을 지니고 있다. 그의 유머는 다소 지적인 것이었다. 때때로 나는 그가 말한 내용을 몇 시간 후에야 알아차리고 혼자서 웃곤 한다. 노먼은 내 설명과 정확히 일치하는 연설을 했다. 나머지 손님들도 같은 공감대로 즉석에서 환호를 보내주었다. 설령 노먼이 지루한 성경 구절을 낭송했다 하더라도 나이 든 좋은 신사라 생각하며 환호로 응원해 주었을 것이다.

다음 해에 우리는 한 경제학자에게 상을 수여했다. 단지, 세계적인 사람이라는 면에서가 아니라 그가 매우 훌륭한 사람이었기 때문이다. 그는 앞서 언급했던 켄 알렉산더(Ken Alexander)였다. 그 해를 마지막으로 안타깝지만 이런 번즈 나잇의 관행은 일련의 말썽의 소지도 있고, 원하지 않는 매니지먼트 체계로 바뀌면서 중단되고 말았다.

스코틀랜드가 얼마나 작은 나라인지 보여주는 짧은 다이체스의 일화이다. 내게는 존 맥린(John Maclean)이라는 오래되고 소중한 친구가 있다. 존은 멀 맥린(Mull Macleans)의 후손이며, 그의 직계 조상 중 한 명이 ‘붉은 전투의 헥터(Red Hector of the Battles, 스코틀랜드 게일족 출신, 맥린 씨족의 6대 수장으로 당시 최고의 검객 중 한 명)'라는 멋진 칭호를 사용했다는 사실을 몇 년 전에 알게 되었다. 다행스럽게도 지난 몇 세기 동안 그런 전투는 거의 없었고, 지금의 존은 만날 수 있는 어떤 친구보다 더 평화로운 친구가 되었다. 삶은 연속되는 많은 일의 산물이지만, 어떤 삶은 다른 삶보다 더 흥미로운 결과를 낳는다.

존은 고대 직물 복원 전문가가 되었는데, 오래되고 큰 집에서 수년 동안 귀중한 카펫을 보존하는 일을 맡고 있었다. 그가 어떻게 그 일을 하게 되었는지는 알지 못한다.

어느 날, 존은 시엔느(Sciennes)에 사는 노부인으로부터 전화를 받았다. 시엔느는 에든버러 남쪽에 있는 지역으로 플로든(Flodden) 전투 이후 1517년에 그곳에 건설된 도미니카 수도원에서 그 지명이 유래되었다. 이곳은 많은 스코틀랜드 기사들이 전투에서 죽어 나갔고, 미망인들은 남편들이 희생된 그 땅이 쉽게 정복되거나 잊힐 땅이 아니라는 것을 보여주고 기념하기 위해 수도원을 지었다(스코틀랜드인들은 영국군에 승리한 반녹번(Bannockburn) 전투에 관해서는 아주 잘 기념하지만, 스코틀랜드의 '꽃'이 학살되고 에든버러의 인구가 심각하게 감소한 플로든 전투에 대해서는 그렇지 않은 경향이 있다). 19세기 초에 시엔느에는 다이체스의 가족을 포함하여 에든버러의 유대인 인구 대부분이 살고 있었다.

유대인이었던 이 노부인은 값진 카펫을 많이 갖고 있었고, 그 중 대부분은 상태가 좋지 않았다. 그녀는 카펫으로 무엇을 할 것인지에 대해 전문가 존의 의견을 듣고 싶었다. 존은 자기 의견을 제시했고 그러다 결국 자신이 그 중 상당수를 수선하게 되었는데, 그것 때문에 돈을 잃게 되었다. 하지만 그는 그런 사람이다. 그가 몇 달이 걸려 일을 마쳤을 때 그 대가로 노부인은 19세기에 랍비 다이체스(Rabbi Daiches)를 통해 에든버러에 들어왔던 카펫을 그에게 주겠다고 고집했다(내 맞춤법 검사에서는 방금 Rabbie Daiches라고 쓰여졌는데, 스코틀랜드의 국민 시인 다이체스(Daiches)는 유대인 성직자가 아님을 분명히 해야 할 것 같다).

카펫은 정말 좋았다. 그것은 실크와 양모로 만든 페르시아식 정원 카펫으로 아마도 100년도 더 전에 이스파한(Isfahan)에서 제작되었을 것이다. 주요 색상은 빨간색과 녹색이지만, 녹색은 퇴색되었고 매우 약해져서 망가지기 쉬우므로 존은 자신의 큰 아파트 벽에 그것을 걸어 두었다. 약 20년 전쯤 서해안의 작은 섬인 아이오나(Iona)로 이사하게 되면서 존은 자기의 작은 집에는 그 카펫을 놓을 만한 자리가 없다고 그것을 내게 주었다.

나는 그것을 약 20년 동안 집 벽에 걸어 두었는데, 그 후 나 역시 공간이 넉넉하지 않은 집으로 이사하게 되어 몇 년 동안 침대 밑에 말아서 보관하고 있었다. 이것을 어떻게든 처리해야 한다는 생각이 들었다. 이유야 어찌 되었든, 이렇게 멋지고 전통 깊은 카펫의 운명이 나의 침대 밑에 누워 있어서는 안 된다고 생각했다. 그렇다고 품위 있게 팔 수도 없었다. 지금까지 사랑으로 그 명맥이 이어져 왔으니, 내 손으로 그 사슬을 끊는 사람이 되고 싶지는 않았다. 더욱이 데이브 다이체스는 나의 절친이 아닌가!

친구 데이브의 딸, 제니 다이체스(Jenni Daiches)는 리치의 아들, 앵거스 칼더(Angus Calder)와 결혼했다. 나는 그녀의 전화번호를 찾아 전화했다. 그녀는 다소 놀랐다. 오랜 친구가 갑자기 전화해서 "귀하의 가족에게 귀중한 가보를 무료로 전달해 드리겠습니다."라고 제안하는 일은 매일 있는 일은 아니지만, 여하튼 일이 그렇게 되었다. 그녀는 그것을 갖고 싶어 했다. 그래서 어느 날 그 카펫을 차에 싣고 남쪽으로 내려가 그것을 전달해 줄 수 있게 되어 기뻤다. 정말이지 어떤 물건은 너무 많은 책임이 부여되어 소유하기에 부담이 된다.

CHAPTER 22

버나드 Bernard

　내 친구 존 매킨토시(John Mackintosh)는 스코틀랜드의 가장 훌륭하고 유능한 정치인 중의 한 사람이다. 버윅(Berwick)과 이스트로디언(East Lothian)이 본래는 보수당의 선거구임에도 불구하고 노동당 소속인 존이 지역들을 장악하고 있는 이유는 그들이 존이 신사라는 것과 헛소리를 하지 않는다는 것을 모두가 잘 알고 직접 경험하여 그에게 투표했기 때문이다. 수년 동안, 존은 「스코츠맨(Scotsman)」 신문의 월요일 중앙 칼럼난에 연재했다. 그는 대부분의 사람들이 막연하게 알고 있는 현재의 관심사들을 다루면서 왜 그런 일이 일어났는지, 그것에 대해 무엇을 해야 하는지를 독자들에게 설명해 준다. 예를 들면, 그의 기사를 읽고 나면 독자의 사업이 얼마나 단순한 것인지를 곧 깨우치게 될 것이고 그것을 이해한 사람이 무척 뿌듯하게 느끼게 될 것이기에 존에게 감사를 표한다. 네더 리버튼(Nether Liberton)에 있는 그의 집에서 나는 밤새 토론한 후, 숙취에서 덜 깬 상태로 아래층으로 내려가면 서재에서 만년필로 「스코츠맨」 신문의 기사 쓰기에 몰두하고 있는 존을 발견한다. 작업을 마치면 만년필의 얼룩을 닦고 기사 원고를 접고 봉투에 넣어 아들 스튜어트(Stuart)에게 준다. 아들은 자전거를 타고 노스 브리지(North

Bridge)로 내려가서 그것을 신문사의 우편함에 넣는다.

성실한 국회의원이 되어 유권자의 복지를 돌보는 것 외에도 그는 아직 어린 자녀를 부양하며 우나(Una)와 가정생활을 유지했다. 영국 헌법에 관한 최종 서적을 집필하고, 분기별 정치란을 편집하며, 많은 기사와 학술지를 집필했다. 논문을 작성하고 에든버러 대학교에서 정치학 교수로 활동하고 있었던 그는 학생들에게 영감을 주는 것이 교수의 본분이라고 생각하여 제1 정치학 강의를 오전 9시에 자원해서 진행했다. 대부분 오전 9시 강의에는 학생들의 출석률이 저조한데, 존의 강의에는 앉을 자리가 없을 정도였다. 게다가 그는 아주 재미있고 비록 이 땅에서 가장 위대한 사람으로 인정받고 있지만 여가 시간에는 옛날 친우들과 함께 보내는 시간을 무척 좋아했다. 나도 그 중 한 사람이 되는 특권을 누렸다. 그가 48세에 세상을 떠난 것은 가족과 친구, 국가에는 대단한 비극이라고 할 수밖에 없다.

존이 웅장한 도서관을 떠난 후, 런던에 있는 버크벡 칼리지(Birkbeck College)의 정치학 교수였던 그의 동료 버나드 크릭(Bernard Crick)이 도서관 목록 작성을 위해 북쪽으로 올라왔다. 얼마 되지 않아 버나드는 은퇴하게 되었고 목록 작성 작업은 잘 진행되었다. 또한 존의 미망인 우나와도 잘 지내는 관계가 되었다. 때문에 그는 에든버러로 이사하기로 결정했다. 버나드는 평판이 좋았고 그가 필요하다는 생각이 들면 재미있는 사람이 된다. 그의 학문적 명성과 더불어 이 두 가지 장점으로 인해 그는 에든버러 사회에서 사랑을 받았다. 가끔씩 터무니없는 그를 나는 좋아했다. 그가 나를 좋아했는지 모르겠지만, 그도 그랬을 것이라 믿는다. 나는 자주 그를 놀리곤 했는데, 그럴 때마다 그는 분하다며 치를 떠는 과잉 제스처를 보이며 웃곤 했다.

버나드는 신디케이트의 회원이 되었고, 그다지 도움이 되지는 않았지만 협회 이사회의 일원이라는 사실만으로 만족했다. 그는 이사회의 목적이 사업을 수행하는 것이라는 개념을 이해하지 못하는 것 같았다. 버나드는 이사회를 토론회로 취급했으며, 나도 그랬지만 그는 더더욱 다른 사람이 자기가 이야기하고 있는 도중에 방해를 하면 아무리 중요하고 긴급한 상황이라 하더라도 아주 불쾌해하는 경향이 있었다. 학자의 강한 자아 때문인지 모르겠지만 그렇게 몇 년을 유지했고, 그의 죽음에 대해 우리 모두는 매우 안타까워했다.

버나드의 말년에 나는 포르투갈 남부에서 발견한 노르웨이 조정 보트를 소유하고 있었고, 그것을 스페인 국경 근처 어떤 곳에서 비용이 많이 드는 수리를 하고 있었다(수년에 걸쳐 나는 여러 척의 배를 소유했고, 아주 오래된 배를 좋아했다. 대부분 내 손에 들어왔을 때는 대대적인 수리가 필요했다. 항해는 비용이 많이 드는 것으로 악명이 높지만, 오래된 나무배를 복원하는 것에 비하면 요트가 저렴하다). 이 특정 보트에는 두 개의 나무 돛대가 필요했는데, 그곳에서 좋은 목재를 찾을 수 없어 스코틀랜드에서 제조된 돛대를 사용하기 위해 그것을 알가베(Algarve)로 이송하기로 결정했다.

나는 이미 여러 개의 돛대를 제작해 봤기 때문에 내가 무엇을 해야 하는지 알고 있었다. 첫 번째 문제는 적합한 나무를 찾는 것이었다. 보트의 돛대로 사용할 수 있는 나무는 많지만, 강한 바람의 타격에 견딜 수 있는 좋은 재질은 흔치 않으므로 목재 선택이 중요했다. 나는 아브

로스(Arbroath)에 있는 매케이(Mackay)의 마당에서 그 일을 할 수 있는지를 문의했는데, 찰리 리들(Charlie Riddel)에게 이야기해 보라고 했다. 찰리는 은퇴할 나이가 되었고 또한 스스로 은퇴할 것이라고 계속 말은 하지만, 그럴 생각이 전혀 없어 보였다. 그는 포파(Forfar) 근처에 작은 제재소를 갖고 있으며 그곳에서 통나무를 쪼개며 친구들, 지인들과 이야기를 나누는 데 많은 시간을 할애했다. 대화가 잘 통하고 새로 벌목한 목재에서 아주 신선하고 향기로운 냄새가 났기 때문에 그곳을 방문하는 것은 언제나 즐거웠다. 찰리는 스코틀랜드 북부 지역에 있는 모든 종류의 나무에 대해 잘 알고 있는 것 같았다. 나의 요청을 찰리에게 문의했고 그는 자신이 무엇을 할 수 있는지 알아보고 전화를 주겠다는 약속을 남기고 떠났다.

몇 주 후에 나는 전화를 받았다. 누구라고 자신을 알리지는 않았지만, 그 목소리는 의심할 여지없이 찰리였다. 그는 "너에게 도움이 될 만한 막대기 두 개를 찾았어."라고 말했다. "피트로크리(Pitlochry)에 있는데 같이 가볼래?" 나는 확실하게 "그래, 언제?"라고 물었다. "일요일에." 그가 말했다.

우리는 내가 차를 갖고 찰리를 픽업해서 피트로크리로 올라가기로 계획했다. 화창한 아침이었고 가는 길에 찰리는 가끔 산을 가리키며 다음과 같이 말하곤 했다. "나는 저 언덕에서 만 톤의 시트카 가문비나무(Sitka spruce)를 가져왔지." 때때로 찰리는 자기가 조달한 돛대와 목재에 대해 아는 척하는 젊은이들 중에서 놀라울 정도로 형편없는 지능 수준을 가진 이를 발견한다는 이야기도 했다. 날씨는 온화했고 포파에서 피트로크리까지 가는 길은 다른 어떤 곳과도 비길 수 없는 아름다운 루트이기 때문에 시간은 기분 좋게 흘러갔다. 게다가 나는 목재에 나선형 결을 가진 돛대가 항해에 미치는 영향에 지대한 관심이 있었다. 그것은 텔레비전 퀴즈에서 나오는 그런 일반적인 지식은 절대 아니다.

피트로크리, 아니 던켈드(Dunkeld)였던가? 생각이 잘 안 나지만, 우리는 옆길로 빠져나갔다. 대부분의 스코틀랜드 숲과 달리 이 지역의 하일랜드에는 숲이 매우 우거져 있었으며 풍경은 완전히 자연 그대로인 것처럼 보였다. 하지만 산림을 조금이라도 아는 사람이라면 이곳은 잘 관리되고 있다는 것을 한눈에 알 수 있다. 숲은 대부분 침엽수림이지만, 모두 같은 종류는 아니며 다양한 종으로 조림되었다. 옆길은 몇 마일 동안 나무 사이로 계속되었고 산림 관리인과 주인을 만나기로 약속한 공터에 멈췄다. 후자와 전자는 같은 사람으로 중년에 샌디머리(sandy hair)를 하고 마르고 키가 큰 남자였으며, 초기 스코틀랜드 역사 이야기에 자주 등장하는 바버(Barbour)였다.

"여기서 멀지 않은 곳에 노르웨이 가문비나무가 있는데, 거기에 당신이 찾는 적절한 좋은 나무들이 있을 것입니다." 우리는 랜드로버를 타고 약 20분 동안 숲을 통과했다. 매우 큰 나무들로 뒤덮인 원뿔형 언덕 앞에 멈춰 섰을 때 햇빛이 비치는 언덕은 동화 속의 좋은 삽화자료로 사용될 수도 있을 것 같이 아름다웠다. 이제 직선성에 준하여 나무를 선택해 본 경험이 있다면 나무의 전반적인 외상은 완벽한 수직성을 이루는 것 같아 보이지만, 자세히 살펴보면 모든 나무는 어떤 방식으로든 구부러져 있음을 알 수 있다. 완벽한 직선성은 찾아보기 드물다. 보트의 돛대는 반드시 직선이어야 하는데, 놀랍게도 여기에 있는 나무들은 완벽한 돛대를 만들 수 있을 정도로 수직성을 보여주고 있었다. 바버 씨는 "내가 보기에 가장 적절하다고 생각하는 두 나무에 표시를 하긴 했는데, 만일 다른 것을 선호한다면 말씀해 주십시오."라고 말했다. 나는 좀 더 자세히 살펴보았다. 나무 줄기의 갈색과 바늘같이 생긴 잎사귀의 녹색은 내가 열렬히 찾고 있던 종류의 나무라는 것을 강력하게 시사했다. 하여, 간단하게 살펴본 뒤 "둘 다 괜찮은 것 같아요. 감사합니다."라고 말했다.

버나드의 장례식을 진행한 사람이 누구인지는 모르겠지만, 나는 아니었고 아마도 그의 가족 중 어떤 사람이었을 것으로 추측된다. 다른 어느 누구도 그런 뻔뻔한 장례식을 치를 수는 없을 것이기 때문이다. 버나드는 죽기 몇 년 전에 우리 집에서 도보로 몇 분 걸리는 곳으로 이사했다. 조문객들은 버나드의 집에 모여 약 0.5마일 떨어진 화장터로 이동할 예정이었다. 우리는 그날 아침에 걸어가서 버나드의 많은 친구와 합류했다. 영구차를 담당하는 사람이 우리에게 말했다. 이는 좀 특별한 일이었지만, 지금까지 버나드가 살아왔던 것으로 보면 놀라운 일이 아니다. 장례 행렬을 주도한 것은 에든버러에서 흔히 예상되는 파이프 밴드가 아니라 뉴올리언스(New Orleans) 재즈 밴드였다. 나는 그것을 주선한 버나드를 충분히 이해했으며 완벽하게 버나드에게 어울리는 일이라고 생각했다.

조용하고 화창한 어느 날 아침, 나는 자주는 아니지만 몇 번 만난 적이 있어 어렸을 때부터 알고 있는 샬럿(Charlotte)과 그녀의 남편인 프리랜드(Freeland)와 셋이서 이야기를 나누며 걸었다. 샬럿은 나의 죽은 친구 존 매킨토시의 딸이었으며, 프리랜드는 훌륭한 음악가였다. 얼마나 천천히 걸었던지 지나가는 차들이 우리가 지나갈 때까지 멈춰 있어야만 했던 그런 교통의 불편을 다소 즐겼다. 그녀는 몇 년 전에 우리가 마지막으로 만난 이후 무엇을 했는지 내게 물었다. 나는 얼마 전에 피트로크리에 가서 돛대로 사용할 나무를 탐색하고 돌아왔는데, 그곳의 아름다운 장소와 훌륭한 주인에 대해 진지하게 이야기를 해주었다. 미소를 지으며 대응하는 프리랜드는 나를 깜짝 놀라게 했다. "나는 그곳을 잘 알고 있어요. 하일랜드 사유지인데, 내게는 필요하지 않아서 내 동생에게 주었어요."

CHAPTER 23

보트 Boats

여기까지 읽었다면 내가 다른 일을 하지 않을 때는 항상 보트 위나 아래서 살고 있다는 사실을 알았을 것이다. 선호하는 것은 오래되고 나무로 된 보트라는 것도 알았을 것이다. 하지만 과도하게 그것에만 집착하는 광적인 보트 애호가들과 달리 현대 보트 또한 좋아한다. 실제로 나는 '다시는 플라스틱 보트를 타고 있을 때 선체와 갑판의 이음새를 통해 물이 들어오는 배는 타지 않겠다.'고 맹세한 적이 있으나 그것은 결코 오래가지 않았다. 보트는 사랑하고 싶은 욕망의 대상을 찾았을 때 나타나는 설레는 마음 같은 것이라 생각한다. 여성 외에 내게 그런 마음이 들게 하는 것은 낡고 오래된 보트이다. 아마도 내 인생 속의 여성들은 '그것이 뭐 자랑거리냐.'고 말할 수도 있겠지만, 그것은 결코 의도된 것은 아니다. 내 감정생활에서 여성과 보트는 전혀 상관관계가 없다. 앞서 언급한 클란고든의 바닥에 타르 칠을 한 여배우들은 내 감정과는 아무 관련이 없고 단순히 행복한 우연이었을 뿐이다. 보트와 위스키의 관계 또한 한동안 의도적일 때도 있었지만, 대부분은 우발적이었다.

앞서 언급한 가넷은 나의 첫 번째 보트는 아니었다. 첫 번째는 열다섯 살 때 5파운드에 구매했던 18피트짜리로 참나무 틀 위에 낙엽송 판자를 깔아 만든 전통적인 스코틀랜드 스타일로 제작된 돛대 하나만 달린 작은 배였다. 그 보트는 이름도 엔진도 없었기 때문에 나는 단순히 보트라고 부르고, 다른 사람들은 '핍의 보트'라고 불렀다. 엔진도 없는 배를 포스(Forth)의 지류인 카론(Carron) 강에 두었다는 것은 심각한 문제가 되었다. 강 한쪽 기슭에는 부두가 있었지만, 다른 쪽 기슭에는 5마일 정도 떨어진 킨카딘 다리까지 넓은 진흙 둑이 펼쳐져 있다. 그 위로 조수가 빠르게 흐르고, 보트에는 엔진이 없다는 것이 심각한 단점이었다. 당시 내가 가진 것의 전부인 5파운드를 지불하고 구매한 중고 보트였기 때문에 그 배의 익숙한 항해 방법을 터득하는 것 외에는 다른 선택의 여지가 없었다. 다른 친구들은 담배와 로큰롤에만 관심이 있었지 항해에는 전혀 관심이 없었다. 나는 구명조끼조차 없이 혼자 항해하는 법을 배워야 했다. 사실 구명조끼를 입어야 한다는 일말의 생각조차도 해보지 않았다.

익사라는 긴급한 상황이 일어날 수도 있다는 생각을 했기에 나는 빨리 배워야 했다. 어느 날, 썰물 때 강을 따라 내려가다가 배가 진흙에 빠졌다. 나는 그 배가 더 멀리 흘러가는 것을 방지하기 위해 돛을 내리고 노를 사용하여 그 배를 밀어내려고 했지만, 소용이 없었다. 썰물과 함께 진흙 늪에 빠질 것이 분명했기에 옷을 벗고 진흙탕에 뛰어들었다. 내가 그렇게 하자마자 내 몸무게만큼 가벼워진 보트는 위로 솟아올랐다. 그것을 밀어내려던 찰나에 보트를 놓치면 물은 허리까지 차게 되고, 무릎은 끈적끈적한 진흙에 파묻혀 움직일 수 없게 된다는 사실을 순간적으로 깨달았다. 그래서 나는 고물 보에 매달린 채 천천히 진흙에서 한 발씩 빼내서 약간 깊은 물속으로 밀고 간 후, 다시 배에 올라탔다. 순간에 일어난 사건이었지만, 바로 익사할 수도 있었다는 것을 처음으로 깨닫게 되었다.

하지만 그 배와 함께했던 모두 시간이 진흙탕 같은 것은 아니었고, 항해할 때는 순조롭게 아주 잘 나아갔다. 항해하기가 번거롭기는 했지만, 그런대로 익숙해졌고 몇 년 뒤에 비로소 보트를 고맙게 생각하게 되었다. 잔잔한 물위에서 움직이는 배의 순수하고 강렬한 매력을 맛보았을 때가 바로 그 순간이다. 도저히 내 말의 능력으로는 표현할 수 없는 어떤 평온한 만족감 같은 것을 아직도 기억한다. 항구로 내려가 거대한 석유 굴착기 공급선이 정박지를 떠나는 것을 보거나 연못에 띄워진 아이들의 장난감같이 움직이는 보트들을 볼 때마다 여전히 반세기 전에 느꼈던 그 감정을 다시금 느끼게 된다.

낡은 배에 강한 애착을 느끼는 것에 대해 또 다른 사연이 있다. 어느 가을, 나는 작은 요트 클럽의 슬립 위에 나무 보트가 하나 올려져 있는 것을 보았다. 그것은 겨울을 지나며 보트의 나무판자 하나가 봄이 되자 말라 비틀어져 튀어나와 배를 사용할 수 없게 되었음을 의미했다. 나는 그런 일에 대해 아무것도 몰랐기 때문에 자연스럽게 잘 알 것으로 생각했던 요트 클럽 어른들에게 조언을 구했다. 그들은 모두 지식이 풍부한 것 같았는데, 똑같은 말들을 했다.

"이건 거의 낡아 빠졌으니 그냥 태워버리는 게 좋을 것 같지 않니?" "그런데 고칠 수 있는 방법은 없을까요?" 내가 물어보면 "아니." 라고 한결같이 대답했다. 그들의 확실한 만장일치는 정복될 수 없었기에 마음이 우울했지만 나 역시 수리 후 보트가 어떻게 될지에 대한 별 지식이 없었으므로 그냥 포기해야만 했다.

만일 내가 오늘 그런 문제에 직면했다면 튀어나온 판자 뒤에 아프론을 씌워 고정시키고 고정판을 몇 개 만들어 고정시키는 데 하루 작업이면 충분할 것이다. 아프론과 템플릿을 못으로 고정하고, 페인트칠을 하고, 코킹(caulking)하고, 페이(pay)하고, 다시 칠을 해주면 작업이 완료된다. 그러나 그 당시 기껏 내가 할 수 있었던 것은 슬퍼하는 것뿐이었고 나의 무능력으로 인해 그 낡은 요트는 폐기되고 말았다. 내 인생의 일부를 어떻게 보낼 것인지 결정하는 것은 사소한 일처럼 보이지만, 그런 문제에 있어서 우리에게는 선택의 여지가 거의 없다고 생각한다. 그렇다고 나는 불평하지는 않겠다. 많은 돈을 들여 가끔 물에 젖기도 했지만, 나는 '핍의 보트'와 함께 즐거운 시간을 많이 누렸기 때문이다. 그리고 그 일은 내게 '저 사람들은 어떤 것에 대해 분명히 아주 잘 알고 있을 거야.'라는 신념에 찬 확신은 금기라는 것을 가르쳐 주었다.

딕 모턴이 보트에 대한 나의 집착에 대해 어느 정도 영향을 끼쳤다. 앞서 언급했듯이, 딕이 파푸아뉴기니에 새로운 직장을 가지면서 내게 "가넷 가질래요?"라고 전화를 해왔다. "나는 보트가 필요 없는데."라고 대답했는데, 사실 어떤 면으로는 보트가 필요한 것은 아니었지만 거절할 수 없는 상황이었다. 나는 그에게 호의를 베푸는 차원에서 그러겠다고 했다. 딕은 가넷으로 세계 일주를 할 목적으로 크루저로 전환하고 있었고, 나는 그 요구를 방관할 수 없었다. 딕도 내가 어떤 부탁을 하면 분명히 들어줄 것임을 알고 있기 때문이다. 그는 목공과 보트를 책을 통해 배우느라 시간을 많이 소비하므로 실제로 현장 실습을 할 경험이 부족하긴 했지만, 지식 면으로는 케임브리지에서 강의할 수준이라고 해도 과언이 아니었다. 뿐만 아니라 그는 대담했고 관대했다.

나는 이미 가넷의 한 벤처에 대해 이야기했다. 그 후, 한동안 나는 신체 활동에 문제가 생겨 더 이상 보트를 탈 수 없게 되어 그 배는 더 친절한 새 주인에게 보냈다. 몇 년 후, 나는 테이포트(Tayport) 해변에 정박되어 있는 클란고든을 발견했다. 나는 항상 움직이는 배들에 관심이 있었고, 스코틀랜드에 줄루들(Zulus)이 아직도 있는지 알아보고 있었다. 줄루는 19세기 3/4분기에 스코틀랜드 동부 해안에서 개발된 일종의 어선으로 양쪽 끝이 뾰족하고 참나무 프레임 위에 낙엽송 판자를 튼튼하게 올려서 지은 멋진 배이다. 이것은 러그(lug) 돛을 가졌기 때문에 두 개의 마스터가 있고 지지대는 없다. 그 돛대는 항해력이 엄청나다(스코틀랜드 어선에 증기 기관이 처음 도입되었을 때 이것은 추진용이 아니라 돛을 올리고 그물을 끌어올리는 데 사용했다). 보트는 훌륭하게 잘 항해했는데, 사실은 좀 컸다. 그것은 이산들와나(Isandlwana) 전투 즈음에 소개되었기 때문에 이름이 그렇게 붙여졌다(스코틀랜드 대중은 줄루가 작은 군대뿐만 아니라 영국 군대까지도 잘 물리칠 수 있을 만큼 훌륭한 장정들이라 믿고 있다).

나는 클란고든이 비록 길이가 40피트 미만이지만, 줄루인 것 같아 매우 기뻐했는데, 알고 보니 그것은 청어 잡이를 위해 개발된 보트인 로크 파인(Loch Fyne)의 작은 배였다. 비록 많이 망가진 상태였지만, 이것을 고치는 데 18개월 정도이면 충분했다. 하지만 10년이나 걸렸다. 그것은 두 개의 스크랩(scrap) 더미로 되어 있었다. 하나는 스토노웨이

(Stornoway) 부두에 수년 동안 정박되어 있었고, 다른 하나는 작동하는 J4 켈빈 디젤 엔진의 잔해였지만 누가 보아도 훌륭한 엔진이었다. 하지만 더 자세히 말하고 싶은 것은 그 돛대에 관한 것이었다. 물론, 돈만 있으면 누구나 돛대를 얻을 수 있어 보트 제작자 앞에서 준비된 돈뭉치를 흔들고 돛대라고 말만 하면 된다. 그것은 너무 재미없는 일일 수도 있지만, 시간 절약 측면에서 이점이 있다는 것은 인정해야 한다.

그 보트를 수리 건조한 후, 8년쯤 되었을 때 나는 돈뭉치를 흔들어대는 것과는 다른 수단으로 돛대 재료를 조달하기로 마음먹었다. 대부분의 일을 시작할 때 항상 그랬듯이, 나는 친구들에게 먼저 수소문해보는 것으로 시작했다. 내가 이미 언급했듯이, 나는 폭넓은 지인들을 갖는 축복을 받았다. 그들 중에서 적절한 나무를 가급적이면 물 가까이에 접근하게 해서 쉽게 운반할 수 있도록 하는 데 도움이 되는 사람을 찾았다. 나는 작은 화폐로 지불하는 방법뿐만 아니라 위스키 한 병으로 대신 지불하는 방법을 제안했다.

어느 날 저녁, 라가불린과 비교하여 아드베그의 장점을 논의하던 중에 내 친구 제이미(Jamie)가 이런 이야기를 했다. "여러분들이 스코틀랜드 사람이라면 이제 '제이미'가 남자라는 것을 알고, 부모가 상류층이거나 골동품 수집가이거나 아니면 둘 다라는 것 또한 알 것입니다. 왜냐하면 제이미는 제임스(James)를 줄여서 부르는 이름이고, 현재 스코틀랜드에서는 부유한 상류층 사람들이나 의식 있는 골동품 수집가들에 의해서만 통용되고 있습니다. 나머지 '모든 제임스(Jameses)'는 지미(Jimmy)라고 불립니다. 그리고 세 번째 형태로 제임시(Jamesie)라고 불리는 극소수들이 있는데, 이는 주로 제 오랜 친구 토니 로퍼(Tony Roper) 덕분입니다. 그는 이 형태를 랩 네즈빗(Rab C. Nesbitt)의 조력자로 만들어 냈죠(그런데 이야기가 또 옆길로 빠지는군요)."

제이미는 "네가 필요로 하는 적절한 나무를 아주 편리한 장소에서 제공해 줄 수 있는 사람을 알고 있어."라고 했다. "그게 누구야, 어디에 있어?"라고 물었다. 제이미는 "마르 백작(The Earl of Mar). 그 사람은 내 친구인데 다음 주에 상원에서 그를 만날 예정이야. 그는 알로아(Alloa) 근처에 소나무와 낙엽송으로 가득한 작은 숲을 갖고 있어."라고 했다. 제이미는 부유한 상류층이라 이미 말했고, 세습 귀족이고 상원이라는 타이틀이 이름 어딘가에 붙어 있다.

제이미가 그의 친구에게 물어보겠다는 것으로 이야기가 진행되었다. 그 친구는 매우 친절했고 그의 산림 관리인에게 너한테서 전화가 올 거라는 이야기를 해두었다고 했다. 나는 그에게 전화를 걸었고 농장 숲을 방문할 약속이 잡혔다. 나는 마음에 드는 좋은 낙엽송을 골랐으며, 산림 관리인은 기꺼이 자진해서 그것을 베어 주었고, 운송 준비는 완료되었다.

다시 말하지만, 돈이 있으면 40피트(약 12미터) 나무를 운반하는 것은 전혀 문제가 되지 않는다. 대신에 많은 재미있는 일을 창출해낼 기회는 없게 될 것이다. 저상 트럭을 가진 자 앞에서 현금을 주면 시간에 맞춰 배달해 줄 것이지만, 내게는 그렇게 하는 것은 따뜻한 인간적인 친밀감이 없는 일이고 의지가 약해 보일 뿐만 아니라 비용도 많이 드는 부적절한 일이라 여겨졌다. 그래서 나는 친구 데비 브랜드(Davy Brand)

와 운송 문제에 대해 의논했다. 데비는 뉴헤이븐(Newhaven) 항구에서 일하면서 고기 바구니로 바닷가재와 게를 잡고, 겨울에는 고둥이나 골뱅이를 잡아서 아일랜드 사람에게 팔고, 내가 알기로는 한국으로도 보낸다. '고귀한 백작'의 숲이 강과 가깝다는 점을 고려하여 우리는 그런 문제를 쉽게 해결할 수 있었다.

약속한 날, 나는 랜드로버를 타고 포스 상류에 있는 작은 산업도시 알로아로 갔다. 그 마을에서 그리 멀지 않은 숲에서 길이가 45피트나 되는 나무가 가지가 잘린 채로 나를 기다리고 있었다. 강은 1마일 정도 떨어져 있었기 때문에 우리가 해야 할 일은 그것을 강으로 옮기는 것이었다. 현재는 사용되지 않는 작은 빗장길이 있었는데, 자체 공공주택이라고는 하나, 마르 백작의 땅 범위 내에 있었기 때문에 이것은 마르스 바(Mars Bar)로 알려져 있다. 관건은 어떻게 45피트 길이의 통나무를 마르스 바까지 가져가느냐 하는 것이었다. 긴 트레일러가 없으니(빌릴 수는 있었지만, 시간과 비용이 소요됨) 할 수 있는 유일한 일은 스틱의 한쪽 끝을 견인 히치에 연결하여 끌고 가서 간단히 물속으로 던져 넣는 것이었다. 그 통나무의 길이는 내가 필요한 길이보다 6피트 정도 더 길었기 때문에 마찰로 인해 끝부분이 손상된다 하더라도 조금 잘라내면 큰 문제는 아니라 판단했고 출발했다.

우리가 가야 할 길은 알로아 주택 단지의 가장자리를 둘러 가는 시골길이므로 생각보다 강까지는 멀지 않았다. 모든 것이 순조롭게 진행되었다. 랜드로버는 45피트 길이의 긴 통나무를 견인하고 있음에도 놀라울 정도로 잘 달리고 있었는데, 뒤에서 익숙한 경찰차 소리가 본격적으로 들려왔다. 이 시점에서 나는 익숙한 데자뷔(déjà vu) 상황을 연출하고 있다고 느꼈다. 경찰관은 우리가 위반한 것에 대한 정확한 법령을 알 수 없어 분명히 당황했지만, 그들은 심각했다. 그냥 협조해 준다는 차원으로 차에서 내려 상황 설명을 해주었다. 우리 목적지는 겨우 100야드 떨어진 곳에 있으며, 견인 히치에 대한 부착물은 검사 후 안전했고, 나무의 비용 지불 보증서를 보여주었다. 경찰은 조용한 일요일 아침에 심술궂은 체포를 시도하려 했지만, 위반 법령이 생각나지 않아 "알았으니, 계속하십시오."라고 했고, 일은 그렇게 정리되었다.

일요일이라 '마르스 바(Mars Bar)'뿐만 아니라 초콜릿(마르스 바 초콜릿을 염두에 두고 하는 표현)을 파는 가게조차도 문을 닫아 유감스러웠다. 하지만 언제나 그랬듯이, 나는 화폐나 위로금 또는 둘 다의 목적으로 사용하기 위해 위스키 몇 병을 챙겨왔다. 새로운 킨카딘 교량 건설의 안전문제 보호 담당자인 데비의 친구가 작업선을 운항해 도착했고, 그는 긴 통나무를 다리까지 견인해 주었다. 책임감이 강한 데비는 그의 바닷가재 보트를 그랜턴까지 띄워서 우리를 따라왔다. 그것을 코린트 슬립(the Corinthian slip) 경사지를 이용하여 끌어올려 요트 클럽으로 들였을 때 협회에서 가져온 위스키를 마시며 축하식을 했다.

그리고 여러 다른 보트도 몇 척 더 있었다. 카미노미치(Kami no Michi)에 대해 언급했지만, 그 배는 간신히 파멸을 면했다. 하지만 그 일에 대해서는 자세히 언급하지 않겠다. 내가 보트 문제로 도움을 요청했던 유일한 경우였다. 나는 아무것도 모르는 무력한 승무원 한 명과 함께 카미호에 있었는데, 밤에는 엔진이 꺼지고 라디오용 배터리 전원 없이, 거친 강풍이 몰아치는 해안에 있었다. 나도 발목을 심하게 삐어서 한쪽 다리만 겨우 쓸 수 있었으므로 민폐를 끼칠 충분한 명분은 있었다고 생각된다. 버키 구명정이 도움을 주었고 나중에 그 승무원에게 협회 위스키 12병을 보냈다. 그들의 비서로부터 "그렇게 하지 않아도 되었는데, 모두가 매우 감사해하고 있다."는 친절한 메모를 받았다. 만일 당신 배가 다시 난파되기를 원하는 경우에는 꼭 컬렌 헤드(Cullen Head)에서 해달라고 코멘트 또한 덧붙였다.

CHAPTER 24

떠남 Leaving

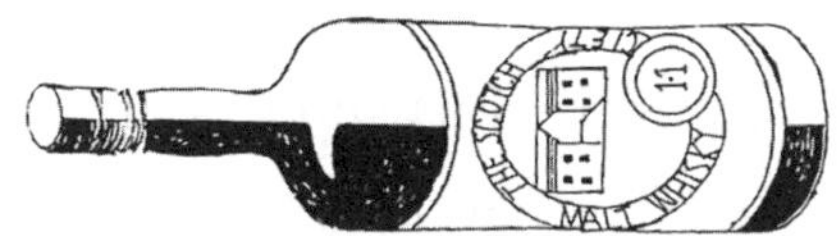

이제 우리는 아픈 부분, 내가 어떻게 협회를 떠나게 되었는지와 왜 그래야만 했는지에 대해 이야기할 때가 된 것 같다. 몇 주 전에 '차밍' 한 닐 윌슨(Neil Wilson)은 나와 협회 관련하여, 친절하지만 완곡한 표현으로 나의 회장직 퇴임을 언급했다. 그런 게 아니었는데, 정말 안타까웠다. 나는 스스로 그만둔 것이 아니라 밀려 나왔다. 이것이 좋은 것인지 아닌지는 관점의 차이이겠지만, 나 자신도 내가 어느 관점으로 상황을 바라보고 있는지를 잘 몰랐다.

한 가지 확실한 점은 그 당시 협회는 회원들 간에 상당한 감정의 불협화음이 있었고, 당연히 감정은 객관성의 촉진제가 될 수 없기에 잊지 말아야 할 부분임에도 많은 부분을 잊었다. 자연스럽게 협회의 창립자요, 회장으로서 나는 그런 감정 회오리의 중심에 있다는 것을 깨달았다. 이로 인해 객관성 유지 능력이 뛰어났다 알려진 나조차도 무너지고 말았다. 그러나 시간이 흐르면서 날카로운 후회의 감정은 무뎌졌고, 이제 당시 상황이 어떻게 전개되었는지 최선을 다해 밝히고자 한다.

협회 창립 초기부터 이사회 회원들 간에 태도의 차이가 있었다. 어떤 이는 아주 작은 연못에서 잔물결 정도의 국부적인 것으로 간주한 반면에 큰 분란을 일으킬 여지가 있다고 생각한 사람들도 있었다. 앞서 언급했듯이, 나는 협회가 캐내기만 하면 되는 금광으로 생각했다. 그 가능성은 엄청났다. 만일 당신이 그런 금광을 발견한다면 어떻게 하겠는가? 주변의 모든 광부, 즉 대기업들이 당신이 발견한 것의 가치를 이해하고 그것을 당신에게서 가져갈 때까지 살금살금 돌아다니겠는가? 나는 그것이 조만간 일어날 수 있다는 것을 알 수 있었다. 왜냐하면 품질 좋은 몰트위스키의 공급은 우리가 창출한 시장을 인식하지 못하고 있는, 그 위스키를 보유하고 있는 증류소들에 의존하고 있었기 때문이다. 그래서 그런 기회를 빨리 포착해야 한다는 것을 잘 알고 있었다. 나는 그 엄청난 가능성을 깨달았고 처음부터 업무 실행은 다른 사람에게 맡기는 것에 만족했다.

이 시점에서 언급해야 할 것은 처음부터 내가 일을 시작했고, 또한 주도하고 있었지만 이사회 관련 부분에서 만큼은 뒷자리를 차지하는 것으로도 만족했다. 스카치 몰트위스키 협회의 회장이 대단한 자리라고 생각하는 사람들에게 차례로 그 자리를 기꺼이 양보했고, 그들 모두는 세속에 얽매인 자들이라고 생각했다.

하지만 결국 날아오르려면 내가 직접 그 자리를 맡아야 한다는 것을 깨닫기 시작했다. 그것은 쉬운 일이 아니었다. 왜냐하면 나는 신디케이트를 갖고 평등한 지분을 바탕으로 회사를 시작했기 때문이다(일반 회사 발기인에게는 이것이 순진하게 들리겠지만, 내가 이 모든 것을 협동벤처로 생각했다는 것을 기억해야 한다). 나는 어렸을 때 마키아벨리(Machiavelli)와 카스틸리오네(Castiglione) (즉, 마키아벨리적 방법은 권력을 얻기 위해 무자비한 수단을 사용하는 동시에, 권력을 유지하기 위해서는 카스틸리오네 가문의 신하처럼 세련되고 도덕적이며 설득력 있는 태도를 취하는 것)를 읽었고 정치에 참여했다. 이사회 미팅에서 대개 내 주장을 전달했는데, 이런 일을 하는 것은 누군가를 적으로 만들어야 하는 아픔이기도 했다.

이사들은 나처럼 일의 수행 능력을 보이는 사람들과 일이 유지되기만을 바라는 사람들로 나뉘어 있었다. 아쉽게도 우리는 후자가 많이 있었는데, 아마도 그들 대부분은 다른 바쁜 삶을 살고 있어서 협회 사업을 운영할 시간이나 의향이 없었기 때문일 것이다. 또 이런 관점 차이뿐만 아니라 사회적 측면 이슈도 있었다. 나는 스카치위스키 기업들의 최고급 제품을 그들의 코앞에서 훔쳐 사업을 시작하면서도 그 회사에 대해 다소 무례한 경향이 있었다. 그 사람들이 바라는 것은 자기들과 합류하는 것이었다. 스코틀랜드의 골프 클럽과 같은 곳에서 위스키 회사의 이사는 사회적 주목을 받게 된다는 것을 알아야 한다. 하지만 좋은 조건으로 제안이 들어왔을 때 나는 거절했기에 그것은 결코 생산적인 미팅이었다고 할 수 없었다.

그러므로 나는 고집이 세고 카리스마틱한 리더십을 가졌다는 평판을 얻었다. 차이점이 너무 커서 하고자 하는 모든 일에 동의를 구하기가 점점 더 어려워졌다. 예를 들면, 건물이 사용된 후 수년 동안 현재 회원실인 대강당은 비어 있었다. "회원 전용 바(bar)를 하나 만들어 시음용으로 활용합시다."라고 제안했는데, 강한 반대에 부딪혔다. 반대자들은 그들답게 "아니요."라고 했다. "그것을 갖추는 것은 엄청난 비용이 들 것이므로 결코 돈을 벌 수 없을 것입니다."라고 그들은 주장했다.

내가 착각하지 않았다면 지금 그곳은 전 세계 협회의 정신적인 요충지이자 심장부이지만, 그것은 일종의 투쟁이었다.

그런 반대에도 불구하고 우리는 협회 일을 추진해 나가면서 많은 즐거움을 누리고 있는 반면에 보수적이고 고집 센 세력은 그러지 못했다. 왠지는 확실하게 단정 지을 수 없지만, '성격이나 태도의 문제가 아닐까' 하는 생각이 든다. 어떤 사람들은 재미있고, 어떤 사람들은 그렇지 않다. 내가 볼 때 협회가 성공할 수 있는 이유는 사람들이 협회를 재미있는 곳이라 생각하기 때문이다. 이렇게 말하는 것이 어쩌면 무책임하게 들릴 수도 있겠지만, 사실 그렇지는 않았다. 사람들은 바로 그 무책임한 듯한 분위기에 매료되었기 때문이다.

자부심이 강한 대부분의 시니어가 위스키를 마셔대는 것과 그러면서 본인이 위스키 감정가가 된 것을 스스로 축하하는 것은 확실하게 다른 이야기이다. 나는 현 경영체제 아래 협회가 진보되기 이전의 방향으로 노선을 잡았고, 거기에는 노인들과 그들에게 돌아갈 많은 혜택도 포함되어 있기에 마음이 흐뭇하다.

수년 동안, 영국 협회의 회원 수는 꾸준히 증가했다. 사람들은 위스키의 스토리와 순수한 품질에 매료되었고, 후자는 전자의 진실성을 확정해 주는 역할을 했다. 그것은 상호 보완의 긍정적인 순환 관계였다. 게다가 우리는 즐거운 시간을 보내고 있었고, 그것이 보였으며, 사람들은 그것에 반응했다. 기억해 보면 그때는 1980년대였기에 별로 관심을 가질 만한 재밋거리가 많지 않았기 때문인 것 같기도 하다. 종종 외국인들이 협회에 나타나 "왜 미국, 프랑스, 독일, 일본에서는 이런 위스키를 구할 수 없나요? 언제 해외 진출을 할 예정인가요?”라고 물었다. 앤 다나가 떠난 후, 우리는 국내뿐만 아니라 해외에서도 협회가 형성될 수 있도록 적극적인 열망을 가진 활기차고 진취적인 전무이사 데니즈 넬슨(Denise Nelson)을 찾았다. 그리고 데니즈 역시 재미가 무엇인지를 아는 사람이었다.

나는 앞서 미국 벤처에 관해 언급했는데, 비록 현금 조달이 수년 동안 어려웠지만 그런 대로 잘 진행되었다. 또한 일본어를 구사하는 이사 팀 스튜어드(Tim Steward)를 도쿄로 파견하여 그곳에 지점을 개설했다. 아쉽게도 당시 일본은 호황을 누렸지만, 경제가 여전히 불황기 직전에 있었기 때문에 우리도 적자 운영을 해야만 했다. 돌이켜보면 그때 더 강력한 재무 관리를 했어야 했다는 것은 명백했다. 하지만 우리 은행은 지원을 아끼지 않았고, 정말 열정적이었으며, 필요로 하는 당좌 대월 편의를 기꺼이 제공해 주었다. 돈을 잘 벌기 때문에 협회가 성장하지 못할 이유가 없었다.

협회가 앞으로 더 나아가려면 많은 현금이 필요하다는 사실이 곧 명백해졌다. 회원들에게 주식을 제안했는데, 그 결과 약간 해갈이 되긴 했지만 충분하지는 않았다. 그래서 나는 오랜 친구 에이드리언 다크(Adrian Darke)와 함께 잔여 주식 전부를 사들였고 미래 투자를 효과적으로 하게 되었다. 데니즈가 떠났을 때 에이드리언은 한동안 전무이사로 있었는데, 그는 우리와 전혀 다른 세계에서 왔다. 그는 컴퓨터를 팔았다. 내 말은 그가 컴퓨터를 파는 가게를 갖고 있다는 것이 아니라 주요 공항에 컴퓨터 시스템을 완전히 세팅해 주며 엄청난 돈을 버는 그런 스케일을 의미한다. 어느 날, 싱가포르 공항을 통과하던 중 에이드리언이 약 0.5마일에 달하는 체크인 데스크를 내려다보며 이렇게 말했다. "내가 이렇게 많이 팔았어." 내 생각에 그는 협회와 같은 작은 규모에 전혀 적응하지 못하고 있었고, 얼마 후에 그는 다시 원래 돈을 벌던 스케일로 되돌아갔다. 그런 다음 나는 글렌모란지에서 일했던 적이 있고 협회 일에 열정적으로 관심을 보인 리처드 고든(Richard Gordon)이라는 친구를 고용했다. 리처드는 이사회의 불협화음 때문에 스트레스를 받았지만, 전체 운영은 점차적으로 안정되어 갔다.

그때까지도 일이 문제없이 잘 진행되는 것 같았다. 현금 출혈은 멈췄고 당좌 대월이 여전히 높았음에도 불구하고 국내외 전망은 양호했다. 나는 우리가 언덕 너머에 서 있다고 확신했다. 그런데 이유는 기억이 나지 않지만, 우리를 항상 도와주던 은행 지점장이 갑자기 바뀌어 버렸다. 런던 본사의 어떤 괴짜로 대체되었다. 그는 우리 계정을 살펴본 후, 못마땅해했고 결정했다. 그를 설득하기 위해 몇 차례 미팅을 했으나 아무 도움이 되지 않았다. 당좌 대월금을 메꿀 대체금을 찾아보았지만, 실패했다.

나머지 부분은 기억이 약간 흐릿하다. 이사회가 소집되었고, 주주들은 도당을 결성하고 은행 측과 대화를 나눴다. 결국, 은행이 협회를 지원하기로 합의했는데, 물론 내 '머리'를 희생했다. 그리고 모든 일이 일사천리로 진행되었다.

리처드는 부양해야 할 가족이 있었고, 그의 커리어를 생각해서 자연스럽게 미래가 보이는 곳으로 떠났다. 어떤 모임에서 내게 협회 회장이라는 명목상의 직위나 아무 힘도 영향력도 없이 품위 손상만 되는 자리는 다른 시니어 회원들에게 교황직처럼 넘겨주라는 제안이 있었다. 당연히 나는 그들에게 말도 안 되는 소리라며 "꺼져 버리라."고 말했지만, 그게 내가 할 수 있는 전부였다. 몇 년 후, 재정 건전성과 상업적 통찰력의 모범인 협회의 은행, 로열 뱅크 오브 스코틀랜드(The Royal Bank of Scotland)가 국유화되면서 파산위기에 처했을 때 내가 어떤 심정으로 그들을 지켜봤을지 쉽게 상상할 수 있을 것이다.

CHAPTER 25

후문 Afterwords

    수년의 세월 동안, 전심으로 꾸려왔던 회사를 떠나야 한다는 것은 충격이긴 했지만, 놀랄 일도 아니었다. 그 일로 인해 남은 인생을 어떻게 살아갈지 고민할 기회도 가졌기 때문이다. 분명히 나는 생계를 꾸려나가야 할 것이고 위스키 업계에는 내가 설령 취업하고 싶어 하더라도 나를 고용할 만한 사람이 없다는 것을 잘 알고 있었다. 나는 다시 고용인이 되는 것은 원하지 않았다. 왜냐하면 어린 동물은 길들일 수 있지만, 늙은 동물은 길들일 수 없다는 것을 터득할 만큼 충분한 세월을 살았기 때문이다. 마음에 떠오르는 생각은 책을 쓰는 것이었다. 한 권 이상의 책이 될 것이다.

    앞서 말했던 내용을 보면 조직적인 거짓이 얼마나 나를 짜증나게 만드는 것인지를 분명히 안다. 나는 그것이 자연적인 성정에서 비롯된 것이 아니라 내가 관심을 갖고 있는 일이 그렇게 오랫동안 극소수의 사람에 의해 잘못된 길로 인도되고 있었다는 것에 대한 짜증이었다. 협회를 시작한 이후 몇 년 동안, 자연스럽게 우리가 했던 일들이 어떻게 가능했는지를 회고하며 이해하려고 노력했고 나는 *Scots on Scotch*라는 책에 그 내용을 구체화했다. 이 책은 스코틀랜드와 위스키에 관한 에세이집으로 대부분 내 친구들이 글을 쓰고, 내가 소개한 책이다. 이 책의 뒷부분에는 스카치위스키 기업이 스코틀랜드 문화의 진실성을 조작하여 주류 대중에게 마실 만한 위스키는 열등한 블렌디드 위스키뿐이라고 믿게 하므로 잘못된 문화 가치관을 형성하는 과정들을 사실대로 적었다. 관심이 있다면 메인스트림(Mainstream) 출판사에서 사본을 구하여 읽어 보는 것이 가장 좋은 방법일 것이다.

내가 진실로 마음에 둔 책은 *Appreciating Whisky*(위스키 감상)이다. 이것은 또 다른 자극에 대한 나의 '반응'에서 비롯되었다. 위스키에 관한 대부분의 책은, 마시기 전에 왜 그 위스키가 마실 가치가 있는지에 대한 이유, 즉 위스키의 맛과 취하는 경향에 대해 언급하지 않는다. 술은 많이 마실수록 더 취하기 때문에 후자에 대해서는 미스터리가 그리 많지는 않다. 하지만 위스키 맛의 기원은 거의 손대지 않은 분야였기 때문에 이에 대해 글을 썼다. 나는 책에 관해 나보다 훨씬 더 많이 아는 사람들로부터 많은 도움을 받았다. 여러분이 상상할 수 있듯이, 이런 연구를 하는 것은 정말 신나는 일이었다. 하퍼콜린스(HarperCollins) 출판사는 주로 유명 작가 중 한 사람의 추천을 받아 출판 제작을 한다.

이 책을 여기서 이렇게 언급하는 것은 별 의미가 없다. 이 책은 당시에 성장해 가는 몰트위스키 애호가 그룹과 업계로부터 충분한 호평을 받았다. 후자는 긴 잠에서 깨어나기 시작했고, 위스키 협회에서 우리가 했던 일에 영향을 받아 새로운 몰트위스키 브랜드를 출시하기 시작했다. 알고 보니 그 책이 최근에 재인쇄되었다고 하는데, 만일 출판사가 저작권 로열티를 지불할 의향이 있다면 위스키 협회를 통해 내게 연락해 올 것이다.

나의 다음 모험은 와인에도 똑같은 일을 하는 것이었다. 와인에 관해 찾을 수 있는 모든 책을 모아 읽었다(위스키에 관한 많은 책을 읽기가 쉽지 않은 것과 마찬가지로 와인 책들 또한 읽기가 쉽지 않다). 놀랍게도 맛과 향에 대해 언급하고 있는 책은 거의 없다. 뿐만 아니라 와인 맛의 유래에 대해 설명한 책은 더더욱 없다는 것을 발견했다. 따라서 와인 관련 지식이 상대적으로 초보이긴 하지만, 와인을 이해하려는 나의 새로운 접근 방식에는 독자층이 반드시 형성되어야 한다.

나는 연구를 하면서 즐거운 2년가량을 보냈다. 와인 맛의 기원에 대해 많은 연구가 이루어졌다. 의심할 여지없이 양조업자는 증류업자와 마찬가지로 대중은 그런 것에 관심이 없다고 치부해 버리는 상황이었다. 와인을 만드는 사람들은 그 와인이 칭찬받을 만한 확실한 근거를 갖고 있었고, 방문한 곳은 그들이 발견한 것을 내게 알려주는 것을 매우 기뻐했다. 나는 유럽과 미국 전역의 포도원과 와이너리를 두루 여행했고 어디를 가든, 특히 젊은이들은 이런 품질 양상에 대해서 지대한 관심을 표했다.

가끔씩 나의 이런 와인 연구는 위스키의 관심과 맞물릴 때가 있다. 맥캘란(Macallan)이 내게 그들이 스페인에서 한 일에 관심이 있다면 비용을 지불할 테니 함께 가자고 했다. 그들은 나를 헤레스(Jerez)로 데려 갔는데, 그들은 그곳 일부 셰리 캐스크의 오너였다. 그들은 셰리를 숙성한 후에 그 캐스크를 위스키를 숙성하는 데 다시 사용한다. 여러분이

기대할 만한 수준의 전문적인 체계를 갖추고 있으며, 맥캘란에서 그러
했듯이, 빈틈없는 진국이었다. 헤레스로의 여행은 가장 적절하게 이루
어졌다. 왜냐하면 나의 스페인어가 형편없어서 통역사 역할을 해줄 딸
스테파니(Stephanie)와 함께 리오하(Rioja) 지역을 여행할 계획이었기 때
문이다. 그래서 나는 헤레스에서 바르셀로나로 날아가 거기서 차를 빌
려 타고 떠났다.

스페인 와인 메이커들의 관심을 끌고 싶다면 예쁜 딸을 동반해 가
는 여행이 최상임을 추천한다. 스페인 남자들은 아름다운 여성들에게
반응을 잘 보이지만, 관계에 끼어드는 것은 경계한다. 그러나 딸과 함
께 여행하는 아버지는 그 모두의 존경심을 보장하며, 그 나라의 확고한
관례에 따른 존경과 예의 바른 대접을 보장받기 때문이다. 즐거운 시간
을 보냈고 좋은 와인을 많이 맛볼 수 있었기 때문에 여행은 두 배로 성
공적이었다. 책에서 얻을 수 없었던 많은 것을 배웠다고 말할 수는 없
지만, 리오하에 관한 한 토대를 굳히고 왔다.

내가 *Appreciating Whisky*를 출판한 이후, 이 주제에 대해 더 모험
적인 관점에서 책의 내용을 다뤄야겠다는 생각이 들었다. 물론, 이것
도 위스키 맛에 관한 것이었지만, 다른 각도에서 본 것이었다. 그 아이
디어는 위스키에 존재하는 풍미를 분석하는 것이었다. 최대한 과학적
이며 객관적 방법으로 맛을 분석 및 조합하여, 어떤 위스키가 자신의
취향에 맞는지 소비자들이 한눈에 알아볼 수 있도록 위스키의 맛을 그
래픽으로 제시하는 방법이었다. 이 책의 제목은 *The Scotch Whisky
Directory*이며 몰트와 블렌디드 위스키를 공평하게 다루려는 목적도

포함되어 있다. 왜냐하면 그때쯤 나는 몇몇 사람들이 싱글 몰트위스키 붐을 이용하여, 일반적인 블렌디드 위스키보다 훨씬 품질이 떨어지는 싱글 몰트를 훨씬 더 비싼 가격에 판매하며 돈을 벌고 있다는 소문을 들었기 때문이다. 그것은 상당히 야심찬 프로젝트였지만, 나는 한동안 깊이 고민하다 그것에 대해 내가 무엇을 해야 할지를 몇몇 사람들과 의논했다. 메인스트림 출판사에서 그 책을 출판하겠다고 제안했다.

우선적으로 위스키를 맛볼 사람이 필요했다. 업계에 아는 사람들에게 물었다. "업계에서 가장 민감한 코를 가진 4인은 누구입니까?" 반응은 거의 비슷했다. 특별한 순서 없이 윌리엄 그랜트(William Grant)의 데이브 스튜어트(David Stewart), 화이트 & 매케이(Whyte & Mackay)의 리처드 패터슨(Richard Paterson), 맥캘란(Macallan)의 데이브 로버트슨(David Robertson), 보모어(Bowmore) 출신의 짐 매큐언(Jim McEwan)이었다. 나는 네 사람 모두에게 "나를 위해 300가지 위스키를 라벨을 보지 않고 주어진 풍미 텀에 따라 맛의 등급을 매겨줄 수 있는지요?"라고 물었다. 모두 바쁜 일정이 있는 사람들이었지만, 놀랍게도 기꺼이 모두 동의해 주었다.

그런 다음 나는 이 프로젝트를 스카치위스키 연구소의 친구들에게 가져갔다. 이 연구소는 당시 스코틀랜드의 가장 중요한 산업이었던 위스키 업체들에 대한 탄탄한 과학적 기반을 제공하기 위해 설립된 사립 기관으로 그 연구소 주인 또한 이 프로젝트에 참여했기에 과학적 정보를 제공하는 일에 매우 협조적일 수밖에 없었다.

프랜시스 잭(Frances Jack)은 그곳에서 내가 메인으로 접촉했고 많은 도움을 주었다. 그녀는 몇몇 동료들과 마찬가지로 위스키 풍미 텀의 최종 목록을 만드는 데 열정적이었다.

그 목록은 모든 스카치위스키의 맛과 향을 분류해낼 수 있는 (풍미) 텀들이었다. 꽃(floral), 과일(fruity), 바닐라(vanilla), 캐러멜(caramel), 견과류(nutty), 달콤함(sweet), 스모키(smoky), 시리얼(cereal), 알데히드(aldehyde), 나무(woody), 송진(resinous), 유황(sulphury), 새콤/시큼함(sour), 비누(soapy), 곰팡이(musty)의 15가지 텀이었다. 처음 5개의 텀은 항상 유쾌하고, 중간 5개의 텀은 첫 번째 그룹의 강도에 따라 유쾌할 수도 있고 그렇지 않을 수도 있다. 마지막 5개의 텀은 일반적으로 나쁘지만, 낮은 농도에서는 견딜 만하다. 모든 텀이 표기되고, 그 위에 풍미의 강도가 바 차트로 올려진다(복잡하게 들리지만, 실제로는 간단하다). 이렇게 해서 위스키의 맛을 시각적으로 나타낼 수 있다.

나는 모든 스카치위스키 기업에게 서면으로 계획을 설명하고 샘플을 요청했다. 잘 알려지지 않은 브랜드를 구입하는 데 어려움을 겪을 것이라 생각했지만, 반응이 좋아서 놀랐다. 표준 면세 샘플 병인 25센티리터 샘플을 요청했다. 나는 세무당국으로부터 정류자격을 취득했기 때문에 면세 샘플을 받을 수 있었다. 일부 증류소에서는 정식으로 인증된 샘플 사이즈를 보냈지만, 대부분 그 사이즈는 흔하지 않았기 때문에 전화로 "우리는 요청하신 샘플 사이즈가 없어서 한 병으로 보내드려도 될까요?"라고 물어왔다. 병은 관세가 이미 지불되었기에 합법적으로 마실 수가 있으니 내게는 그리 나쁘지 않았다.

나는 천 병 정도의 작은 샘플을 4명의 시음관에게 각기 300개의 위스키를 식별한 맛을 입력할 수 있도록 점수표와 함께 제시했다(『다이렉토리』에는 265개의 테스트 위스키가 포함되었으며 나머지는 컨트롤 샘플이었다. 결과 데이터 분석에서 컨트롤 샘플들은 놀라운 일관성을 보여주어 나는 매우 기뻤다). 그들이 모든 위스키를 맛본 후, 점수표를 내게 돌려주었고, Scotch Whisky Research Institute(SWRI, 스카치위스키 연구소)는 친절하게도 데이터(data)를 취합하여 각 위스키 맛의 평균 수치를 산출하는 데 큰 역할을 했다.

결과는 때로는 예측 가능했고 때로는 전혀 기대와 다른 놀라운 결과를 보여주었지만, 여기서 그것을 논평할 일은 아니라고 생각한다(실망스러운 일이었지만, 책은 재출판되지 않았기에 관심이 있다면 중고 사본을 찾아볼 수도 있을 것이다). 그 책은 성공적이었고 내가 존경하는 사람들의 인증을 받을 수 있었으며 즐겁게 작업을 했기에 그 책이 백만 부까지 팔리지 않았다고 해도 내게는 그리 중요하지 않다.

이 모든 일은 내가 협회에서 제명된 이후에 일어났기 때문에 이 작업을 마무리하기 위한 베이스가 필요했다. 몇 년 전, 그랜턴에서 아이들에게 항해 훈련을 시키기 위한 작은 요트 클럽을 만들기 위해 어떤 단체로부터 기금을 받았다. 그 돈의 일부로 두 개의 포타캐빈(portacabins)을 구매했다. 그것을 클럽 마당에 하나씩 포개서 놓아두었는데, 그 앞에는 계단이 있었다. 위쪽 캐빈은 수년간 사용되지 않았기 때문에 『다이렉토리』를 편집하는 동안, 보트 클럽은 내가 그것을 사용할 수 있도록 해주었다. 나는 그렇게 하여 300병의 위스키와 내 배가 정박 중인 그랜턴 부두의 높은 곳에 자리를 잡고 매우 행복한 한 해를 보냈다. 당시 나는 인기도 많았고, 찾아오는 사람도 많았다.

『다이렉토리』의 출판과 함께 나는 스카치위스키에 관해 내가 말해야 할 모든 것을 말했었다. 그것이 무엇인지 알고 싶다면 사본을 참조하길 바란다. 하지만 그 결과를 해석하는 데는 약간의 주의가 필요하다. 이 책은 2005년에 출판되었으며 모든 것이 시간이 지남에 따라 변하고 위스키도 예외는 아니기에 『다이렉토리』의 맛 차트는 오늘날 블렌디드 위스키의 맛을 평가하는 데 지침으로 사용하는 것은 신뢰할 수 없다. 내 생각에는 일관성을 가장 중요하게 생각하는 블렌디드 위스키 제품들이 가장 변하지 않았을 것이다. 그리고 그 책에 대한 소비자의 반응으로 보아 업데이트 본이 나올 것 같지는 않다.

나는 이 시점에서 스카치위스키의 현재 상태에 대한 협회의 영향력이 어떻게 나타나고 있는지에 대해 이야기해 달라는 제안을 받았다. 『다이렉토리』가 최근에 출판된 만큼 그 주제에 관한 객관적인 평가가 어려울 것 같아 무척 이 논제를 꺼렸지만, 다음에 언급하는 내용은 나의 주관적인 해석이라는 것을 확실히 밝히고 이야기하도록 하겠다.

작년 크리스마스에 누군가 내게 몰트위스키 한 병을 주었다. 기분을 상하게 하지 않고 내가 말하고 싶은 것을 거리낌 없이 말할 수 있도록 그 증류 업체의 이름을 밝히지는 않겠다. 병에는 많은 설명과 함께 높은 품질을 암시하는 것으로 보이는 라벨들이 있었다. 투명한 유리병에 증류소 이름과 작은 로고와 증류한 섬이 표기되어 있었고, 알코올 함량이 거의 60퍼센트였으며, 냉각 여과되지 않았다는 정보 또한 있어 매우 적절해 보였다. 그들은 원래 협회를 모방하려고 노력했던 버번 생산자들이 사용한 텀 '스몰 배치(Small Batch)'라고 적혀 있었는데, 내가 아는 한 위스키에 이런 텀이 적용된 적이 없었다. 뒷면 라벨에는 이전에 토스카나 레드 와인을 담았던 토스카나(Tuscan) 와인 캐스크에서 숙성되었다고 했다. 어떤 유명한 소매업체가 특별히 선택한 제품이지만, 어디서 생산되었는지 생산지 명시가 없었다. 색깔은 연한 붉은색을 띠고 있었지만, 숙성 연도 표기 또한 없었다. 단지, 증류 마스터로 명명된 사람의 서명만 있었다.

위스키는 우리 집 선반에 오래 머물지 않는다. 그런데 이 병은 몇 달 동안 선반 위에 진열되어 있었다고 말하면 소위 '위스키'라고 말하는 이것의 품질 관련 우수성이나 기타 사항의 가치가 어떠했을지 대충 짐작할 것이다. 이것은 위스키를 만들고 판매하는 사람들이 반드시 주목해서 살펴봐야 한다는 사실을 입증해 주고 있다. 시장의 흐름이 스카치 위스키에 유리하게 흘러가는 동안은 이와 같은 불확실성을 가진 위스키의 판매가 가능할 수도 있겠지만, 시장 상황이 바뀌면 이런 것들은 금방 사라진다. 나의 우려는 이런 불량 제품들이 다른 양질의 위스키 운명까지도 좌초시킬 것이라는 데 있다.

스카치 싱글 몰트위스키의 확장은 19세기 후반에 포도원에 치명적 해충인 필록세라(Phylloxera) 전염병이 유럽 포도원을 황폐화시킨 이후, 코냑 시장이 붕괴되므로 싱글 몰트가 그 자리를 대신하게 되었다는 것을 기억해야 한다. 오늘날까지도 우수한 품질의 코냑은 구매자를 찾을 수 없어 재고가 대규모로 남아 있다.

위의 유사 몰트위스키 병에서 언급된 것과 되지 않은 내용들을 좀 더 자세히 살펴보겠다. 연도 표기가 되지 않았다는 것은 심각한 문제이다. 위스키가 원하는 맛을 얻으려면 수년 동안 캐스크에서 숙성되어야 한다는 것을 알고 있는데, 이 경우 상대적으로 신생 증류 업체가 그런 제품들을 규정된 법에 비해 아주 미숙성한 증류주를 시장에 내놓고 있다는 것을 말한다. 의심할 바 없이 투자 수익을 빨리 얻으려고 그렇게 하는 것이다. 이것으로 알 수 있듯이, 위스키의 숙성도에 따라서 판매에 영향을 미친다.

나는 이전에 토스카나 레드 와인을 담았던 캐스크에서 몇 년을 보낸 위스키가 필연적으로 좋은 위스키라는 사실이 흥미로웠다. 뒷면 라벨에는 좋은 토스카나 와인이라고 적혀 있어 그나마 다행이었다(나는 토스카나 와인을 많이 마셔봐서 아는데, 품질이 매우 다양하다). 그런데 여기서 우리가 알 수 없는 것은 위스키가 토스카나 와인 캐스크에 담겨 있으면 좋은 위스키가 되는지의 여부이다. 그럴 수도 있겠지만, '식초병'일 수도 있으며 충분한 기간을 거쳤다는 숙성 과정을 입증할 만한 자료도 없다. 셰리(Sherry)와 같은 포티파이드 와인(Fortified wines)은 보통 와인에는 없는 강화된 특성을 갖고 있기에 위스키를 담기에 적합하다. 내가 선물받은 그 크리스마스 위스키가 이런 셰리 캐스크의 바람직한 특성을 보여준다고는 절대로 생각되지 않는다. 뿐만 아니라 그 색깔은 결코 매력적이라 할 수 없었다.

스몰 캐스크 숙성이라고 하는 말은, 사실 사용된 캐스크의 사이즈가 쿼터(quarter, 50리터) 또는 펀천(puncheon, 304리터)이라는 정확한 정보 없이는 아무 의미가 없다. 후자는 숙성이 좀 더 느리기 때문에 이 두 사이즈 위스키 숙성도에는 큰 차이가 있다. 당연히 그 소매업체 스스로는 그런 식으로 밖에 추천하지 못했을 것이기에 더욱 믿을 수가 없다는 것이다. 또한 당국으로부터 인정된 보증서도 없이 증류 업체가 그런 제품을 판매할 사람을 찾고 있다면 당연히 의심해 보아야 한다.

내가 끝도 없이 계속 이야기할 수 있겠지만, 점점 지루해지기 시작했다. 결론적으로 이 위스키가 제공한 정보는 무지한 사람, 더 나쁘게는 위스키에 대해 교육을 제대로 받지 못한 사람, 즉 설명서를 읽어도 이해하지 못하는 소비자들을 대상으로 하고 있다는 것을 알 수 있다. 하지만 나의 관심은 이런 위스키를 만드는 사람들이 아니라 그런 상황들을 정확하게 이해하고 이런 것들 때문에 더욱 훌륭한 위스키를 만드는 데 노력하고 있는 정말 많은 증류 업체들에 관한 것이다. 또한 이는 협회가 처음으로 숙성 연도 표기를 시장에 도입한 목적에 대한 잘못된 이해 때문이다. 애초에 그런 일에 대중의 관심을 주목시키게 한 데는 어느 정도 협회가 책임이 있다고 말할 수도 있겠지만, 이는 교통사고가 난 것에 대한 책임으로 자동차 바퀴 발명가를 비난하는 것과 같은 격이 될 것이다.

우리가 시도한 일 중 또 다른 명백하고 악의적인 결과는 대형 공항 면세점에서 발견할 수 있다. 그곳에서 아무것도 모르는 고객들은 매우 비싼 위스키를 구입하도록 유도되는데, 이는 대부분의 경우 바로 인접한 향수 판매대 옆이라는 것이다. 위스키 중 일부는 그들이 말하는 대로 매우 훌륭하며 세상에 몇 개 없는 희소성으로 인해 당연히 비싸고 귀하다. 그러나 대부분의 많은 위스키는 병에 표기된 암시적인 정보와 다르며, 안목 있는 고객이라면 실망할 수밖에 없다. 더욱이 브랜드 오너라면 진열대에 나열된 비슷한 코냑 병 몇 개를 살펴보고도 당연히 교훈을 얻을 수 있어야 한다.

사실 어떤 사람들은 당장 돈을 벌 수 있는 일이라면 무엇이든 할 것이다. 종종 내일 또 돈을 벌 수 있을지에 대해서는 거의 생각하지 못하기 때문에 지금 카우보이(판매원)가 만든 이익은 훌륭하고 신중한 위스키 브랜드의 장기적인 희생으로 돌아갈 수도 있다. 스카치위스키라고 정의되기 위해 들어가는 재료들과 캐스크 숙성의 필요성을 규정한 법안이 부도덕한 운영자들에 의해 업계 전체에 해를 끼치며 확대되고 있는 현재 상황에, 스코틀랜드 정부는 반드시 관심을 기울여야 할 것이다. 다른 산업들과 마찬가지로 스카치위스키 또한 이익 창출이 주된 목적이겠지만, 이런 현실적인 목적이 미래의 전망을 침해하지 않도록 규제하는 것은 정부의 확실한 임무가 되어야 한다.

CHAPTER 26

브링잉 잇 홈
Bringing It Home

이제는 우리가 에든버러를 떠나야 할 때가 온 것 같아 그러기로 결정했다. 애버딘(Aberdeen)에서 멀지 않은 남쪽 마을에서 우연히 아담하고 예쁜 집을 발견했다. 집은 완벽했다. 사무실뿐만 아니라 그 외에도 숲, 개울, 연못이 있었고, 늪지대 바닥에는 픽트(Pictish) 교회의 유적이 있었으며, 나의 작업장으로 사용할 마구간도 있었다. 스코틀랜드의 석유 관련 일을 하고 있는 마기의 직장과도 가까웠다. 내게는 항구 관리인이 내 친구인 근처 어촌 마을에서 마음이 맞는 친구들과 오래된 보트, 디젤 엔진, 독한 술 및 철학적 담론을 즐길 수 있는 완벽한 장소였다. 후각과 관련된 나의 관심은 이 모든 주제와 잘 어울렸지만, 동료들에게는 다소 익숙하지 않은 분야였다. 그렇지만 스카치위스키의 풍미에 대해 이야기할 때, 특히 내가 위스키를 대접할 때 그들은 내가 하는 말을 확실히 들어줄 준비가 되어 있었다.

'향의 인식'에 관해서는 아메바(amoeboid)라는 가장 원시적인 감각 기관을 가진 대부분의 우리에게는 선천적이다. 이런 향의 인식은 어린 시절에 가장 강렬하기 때문에 초기 기억을 가장 효과적으로 소환할 수 있는 것은 냄새이다. 그러나 대부분의 사람들은 나이가 들어가면서 감소한다. 이런 감소는 두 가지 원인, 즉 우리 몸의 자연적인 퇴화와 운동 부족의 결과인데, 후자가 더 중요하다. 더 많이 사용할수록 보유될 가능성이 높아진다. 어떤 일이 있었는데, 그 일은 내게 깊은 인상을 남겼고, 몇 년이 지난 지금도 여전히 그 일에 대해 궁금해한다. 냄새의 후각은 몇 년이 지난 후에도 여전히 연결되며, 그 과정은 매우 설명하기 어렵고 신비롭다. 그것을 설명하기 위해 세팅을 해보면 이야기는 이렇다.

스코틀랜드 동부 해안에는 천연 항구가 거의 없으며 수백 년 동안 오직 네덜란드 사람들만이 우리 연안 해역에 서식하는 물고기에 관심을 가져왔다. 그래서인지 항구가 없다는 것은 그다지 문제가 되지 않았다. 그러나 19세기에 여러 가지 이유로 청어와 대구 떼를 대량으로 잡기 시작하면서 보트의 피난처가 심각하게 부족해졌다. 1848년 여름에 큰 폭풍이 발생하여 어선의 절반이 손실되었고, 이에 대해 빅토리아 여왕 정부는 어떤 조치를 취해야만 했다. 신자유주의 경제학자들이 말하는 그 무엇은 정부 자금으로 영국 수산협회를 통해 항구 건설을 하는 것으로 결정되었다. 수천 명의 사람들을 고용하므로 수백만 명을 먹여 살리는 중요한 산업이 탄생했다.

이런 개입의 결과는 오늘날에도 강력한 석재 항구벽과 방파제의 형태로 남아 있어 대부분은 아직도 사용된다. 존스헤이븐(JohnsHaven) 항구가 그래서 생겨났다. 바위가 많은 해안의 작은 갈라진 틈 주변에 작은 정박지가 있는데, 그 위로 작은 배를 끌 수 있었다. 갈라진 틈을 폭파하여 좁은 수로를 형성하고 폭풍 해일로부터 보호하기 위한 수문을 갖춘 완전한 피난항을 건설했던 것이다. 꽤 시간이 지나면서 항구 뒤에는 철도노선이 건설될 만큼 마을은 크게 발전해 나갔다. 원양 어업의 대형 보트 기술이 발전하면서 해안 함대가 쇠퇴하고, 마을의 작은 집들은 출퇴근자와 은퇴자들의 보금자리가 되어 마을은 100년 이상 번영기를 가졌다. 지금도 항구는 여전히 남아 있고 항구는 관리인이 필요한데, 바로 내 친구 리처드가 그 일을 했다.

우리는 서로의 관심사들에 이끌려 모이게 되었다. 그 관심사는 그다지 흔한 것은 아니었다. 왜냐하면 우리는 이 나라에서 세계적으로 오래된 켈빈(Kelvin) 디젤 엔진을 경외하는 몇 안 되는 사람들 중 하나였기 때문이다. 내가 클란고든을 재건하기 위해 J4의 부속품을 찾으러 전국을 뒤지고 있을 때 리처드를 만났다.

트룬(Troon)에서 내가 아는 몇몇 사람들이 그에 대해 말해주었고, 나는 존스헤이븐을 방문하게 되었다. 항구 바로 아래서 항구 관리인의 행방을 물었는데, 아마도 그는 항구벽 아래 20미터 떨어진 앵커(Anchor)라는 술집에 있을 것이라고 전해 들었다. 나는 그를 찾아갔다. 그는 왜소하고 구부정하며 대머리였다. 재활용 가게에서도 받아주지 않을 정도로 낡은 옷을 입고 있었고, 심하게 기침까지 했다. 옛날 같았으면 사람들은 그를 폐병 환자로 간주했을 것이다.

술집에서는 분쟁 해결이 한창 진행 중이었다. 누가 배를 어디에 정박시켜야 하는지에 대해 의견 차이가 있었고, 논쟁자들은 그 문제를 지정된 '최종 결정권자'에게 제기한 것 같았다. 갈등 관리에 대해 확실히 알고 있는 그 최종 결정권자는 불만 사항을 술 한 잔 돌리는 것으로 시작했다. 그는 그들의 말을 엄숙하게 경청하고 나서 소크라테스가 부러워했을 만큼 엄중한 목소리로 판단을 내렸다. "예, 여러분, 확실히 문제가 있긴 하지만, 그것은 별문제가 아닙니다. 그냥 당신들 스스로 정리하면 됩니다."

이것은 최종 결정권자가 책임을 포기하는 것이 아니라 논쟁자들 스스로 해결하도록 민주적으로 책임을 부여해 주는 것 같았다. 그는 그렇게 함으로써 권위를 훼손하기보다 강화해 나갔다. 내가 아는 한 상황은 안정되었고 나쁜 감정은 없었다. 그 후에 분쟁자들은 각자의 집을 방문하면서 서로의 상황을 살펴주고 충분히 상호 협조해 나가며 상황은 정리되었던 것으로 기억한다. 리처드는 항구의 관리인이었을 뿐만 아니라 배를 만드는 사람이기도 했기 때문에 마을에 없어서는 안 될 아주 중요한 사람이었다.

해안가의 언덕 기슭에 작은 교회가 있었다. 한때 경건했던 마을은 아주 이국적인 다양한 종교들을 갖게 되면서 몇 년 전에 교회를 버렸다. 리처드가 그것을 아주 헐값에 샀고 그 본당은 보트 창고가 되었다. 내가 처음 그를 알게 되었을 당시 이미 10~20년 동안 그 목적으로 사용되고 있었다. 목공 기계는 벽을 따라 배열되어 있었는데, 언젠가는 유용하게 쓰일 수도 있는 해양성 기능을 갖춘 엄청나게 많은 잡다한 물품들 사이에 있었다. 어떤 기계에나 어떤 종류의 안전장치도 없는 것 같았다. 긴 벽의 하나를 잘라낸 문 앞에는 거대한 밴드 톱이 서 있었다. 바닥은 현재 사용되지 않는 모든 기계와 마찬가지로 나무 부스러기와 톱밥으로 덮여 있어 거의 맨바닥은 눈에 드러나지 않았다. 해당 건물은 직원이 없는 개인 소유이기 때문에 당국의 보건 및 안전검사를 받지 않았다. 아마도 그것은 공무원의 건강과 안전을 위해서는 더 나았을지도 모른다고 여겨진다.

두 벽을 따라 다양한 디자인의 중앙난방 라디에이터가 달려 있었는데, 이는 지역 주택 개량업자들이 설치한 것으로 보였다(해안은 겨울에 춥고 바람이 많이 부는 곳이라서 찬바람에 얼어붙은 손가락은 날카로운 도구와 잘 어울리지 않는다). 하지만 중앙난방 시스템의 최고는 바로 보일러였다. 그것은 증기 기관의 수직 보일러로 100여 년 전부터 사용되기 시작했으며, 높이는 3미터 정도 되었고 굴뚝은 지붕을 뚫고 올라갔다. 모든 것은 연철로 거대하게 만들어졌으며 맨 아랫부분에 있는 철문을 통해 연료들이 공급되었다. 연료는 가연성이 조금이라도 있는 것은 어떤 것이라도 사용될 수 있었고, 여기 바닥은 모두 가연성이 높은 나무 부스러기, 톱밥 같은 것으로 가득했으니 이 공간에는 보일러가 최적이었다. 방화문 옆에는 경고 기호가 표시된 큰 상자가 놓여 있다. 리처드가 하루 일과를 시작했을 때쯤 나는 우연히 작업장에 들렀다. 추운 그날 아침까지 그 상자가 있는지 조차 몰랐다. 매우 추웠다. 몸을 떨며 담배꽁초를 부스러기 사이에 떨어뜨린 다음 다른 담배꽁초에 불을 붙이고 상자 안으로 손을 뻗었다. 그곳에서 그는 두 개의 큰 낙하산 조명탄을 꺼냈다(이것은 조난 구조 조명탄으로 밤에는 이런 조명탄이 더욱 절실히 필요하다. 오른손에 조명탄을 잡고 왼손으로 바닥에 있는 태그를 당기면 몇 초 후에 윙윙거리다가 붉은 불꽃 공이 발사되는데, 그렇게 몇 분 동안 타오른다). 리처드는 두 조명탄의 태그를 당겨서 보일러의 화실에 던지고 문을 쾅 닫았다. 잠시 후, 둔탁하지만 거대한 소리가 두어 번 울리고 보일러 전체가 흔들렸다. 그는 태연하게 "괜찮아요. 곧 따뜻해질 거예요."라고 했다. 그는 그런 물건을 공급하는 회사에서 1, 2년 정도 일했는데, 유통기한이 지난 제품들을 폐기하는 데 비용이 많이 들기 때문에 그가 그런 방식으로 폐기했다. 그래서 유효 기간이 지난 조명탄이 없어졌을 때도 아무도 경보를 울리지 않았다.

일 년에 한 번씩 리처드는 보트를 만들었고, 옛 교회 건물의 크기 때문에 배의 길이는 10미터 정도로 제한했다. 그 외 어떻게 보트를 만들 것인가에 대한 구상에는 제한이 거의 없었다. 배를 만들기 전까지는 손님이 없었기 때문에 배의 디자인에 관해서는 스스로 만족하며 할 수 있었다(그에게 보트를 의뢰하는 것은 좋은 생각이 아닐 수도 있다. 리처드는 선불금이 술값으로 몽땅 바닥이 날 때까지 보트 작업을 시작하지 않기로 소문이 나 있기 때문이다). 보트는 느릅나무나 참나무로 만든 용골, 참나무 틀과 낙엽송 판자로 만든 판자, 카벨(carvel)이거나 클링커(clinker)로 만든 판자 등 전통적인 구조를 취하는 경향이 있었다. 리처드는 더 정밀한 기술이 요구되는 클링커(판자를 겹쳐서 만듦, 선체의 수밀성은 겹치는 정도에 따라 다름)를 선호했다. 기술에 대한 그의 자부심 때문이라고 생각한다. 냄새에 관심이 있는 사람에게 그 작업 공간은 아주 경이로운 곳이 될 수 있다. 각각의 목재들에서는 그 특유의 냄새가 났다. 그 외에도 기름 냄새, 타르 냄새, 밧줄 냄새, 페인트 냄새, 물고기 냄새 등등이 있다.

어느 날, 나는 우연히 보트 창고에 들어갔다. 리처드는 그의 친구 로이드(Lloyd)와 나이 많은 남자와 함께 거기에 있었다. 세 사람은 길이가 2피트, 깊이가 1피트인 나무판자를 열심히 바라보며 한 명은 연필로 나무에 표시를 했고, 이야기가 계속되면서 또 다른 한 사람이 연필로 다른 표시를 했다. 나는 그들을 방해하지 않고 무슨 일이 일어나고 있는지를 파악하기 위해 주위를 둘러보았다. 그들은 배의 윤곽을 그리고 있었다. 디자인을 달리하므로 보트가 어떻게 다양한 바다 조건에 반응할지를 논의하고 있었던 것이다. 세 사람 모두 평생의 경험을 바탕으로 날씨에 잘 맞고 바다에 친화적인 선체를 설계했다. 토론이 끝났을 때 리처드는 보드를 벽에 못으로 박았고, 그 보드는 새 보트의 청사진이 되었다. '후각 인식'이라는 주제로 들어가는 데 시간이 좀 걸리고 있으니, 잠시만 더 양해해 주길 바란다.

리처드는 그의 오두막에 사용하지 않는 오래된 디젤 엔진 컬렉션을 갖고 있는데, 이는 모두 켈빈(Kelvins) 등급들이었다. 그는 그것들을 발견할 때마다 가져와서 모았다. 당시에는 그런 것을 원하는 사람이 없었고 현금 가치로는 고철 가격일 뿐이었다. 리처드가 제작하는 각 보트에는 켈빈 엔진에 맞는 엔진 지지대를 장착한 다음 보트가 완성될 때쯤에 사용 가능한 부품으로 엔진을 조립한다. 엔진은 항상 작동했지만, 리처드의 기술은 그 엔지니어링에 적용시킬 만큼 정밀하지 못했다. 다행히도 이 문제에 관련해서는 친구 그레이엄(Graham)이 그를 돕고 있었다. 그는 글래스고 출신으로 작고 강인하며 잘 웃고 재미있는 성격이었다. 그가 입만 열면 어디 출신인지 금방 알 수 있는데, 글래스고 사람들은 그들 특유의 하일랜드(Highlands) 조상들에게서 물려받은 경쾌한 음색을 아직도 갖고 있기 때문이다. 그레이엄의 쾌활한 미소는 그의 전반적인 기질과 동료들의 행동에서 유머를 찾는 그의 성향을 모두 보여준다. 리처드는 독보적인 엔지니어였으며 일에 대한 통찰력 또한 실무 능력만큼이나 예리하기에 리처드와 더불어 그레이엄과 같은 사람을 알게 되어 내 인생의 한 측면을 넓힐 수 있어서 무척 행운이라 생각한다.

내가 그 지역으로 이사할 때 맥스웰과 나는 현재 타고 있는 배, 클란고든을 타고 갔다. 항해 중 날씨는 온화했으며 배는 엔진 소음 없이 시동이 걸렸고, 필요할 때 가벼운 바람을 타고 거대한 돛이 아름답게 그려지면서 완벽하게 항해를 해냈다. 늦은 시간, 썰물과 남풍 속에 항구 입구로 통하는 수로를 찾고 있을 때는 부두 머리에서 리처드와 그레이엄이 우리에게 어느 방향으로 키를 잡아야 할지 신호를 보내왔다.

클란고든은 서해안 보트형이었다. 그 배는 흘수(draught)가 깊어 조수 간만의 차이가 큰 동해안에서는 썰물 때 물이 빠지게 되면 하루에 두 번 좌초(배가 육지에 드러나게 되는 현상)되기 때문에 그 지형에는 적합하지 않았다. 어느 날, 어떤 멍청이가 똑바로 정박시켜 둔 굴레를 떼어버려 배가 뒤집혔고 선체가 큰 돌을 관통하여 그 위에 얹힌 채로 발견되었다. 그것은 우리에게 아주 중대하고 긴급한 상황이었고, 한밤중에 리처드와 그레이엄이 진흙이 무릎까지 차오르는 물속에서 그 배를 구조하려고 애쓰던 기억은 정말 아슬아슬했다. 투명등과 경찰, 해안경비대 그리고 에피소드를 기꺼이 목격하고 싶어 하는 많은 마을 주민들도 있었다. 딱 한 번 우리는 불평을 받았는데, 그것은 멋진 해안 별장에 거주하는 결코 행복해 보이지 않는 커플이 기어 내려와 새벽 3시에 발생한 시끄러운 비상소음에 징징거리며 어필했다. 그들은 경찰을 부르겠다고 위협하여 나는 그들을 지역 상사에게 데려갔다. 상사는 항구에는 보트가 정박되어 있기에 어쩔 수 없이 이런 일이 종종 일어나기도 한다며 부드럽게 설명했지만, 그들은 결코 물러나려 하지 않았다. 아마도 그들은 이것 때문에 다른 곳으로 이사를 가야겠다고 생각했을 것이다. 반면에 다른 오두막집 사람, 영국 남부 어딘가에서 최근 많은 돈을 벌어 부자가 되었다는 사람이 우리와 합류했다. 그들은 징징거리기는커녕 보온병에 따뜻한 차와 배고플 때 먹으라고 샌드위치까지 만들어 왔다. 결국, 보트는 가라앉아 버렸다. 다음날, 거대한 주행용 크레인을 가진 어떤 마을 주민이, 재미난 듯 구경하고 있는 마을 전체 '관객'들이 보는 앞에서 자기 크레인으로 그 배를 끌어올려 주었다. 몇 시간 안에 그레이엄은 엔진을 비우고 오일을 다시 채워서 시동을 걸었다. 대대적인 수리를 통해 비로소 보트는 복구되었다.

리처드와 그레이엄이 함께하는 동맹은 아주 탄탄했다. 그들의 열정은 아무도 말릴 수 없었으므로 프로젝트가 진행되기 시작하면 마을 전체가 그 사실을 알게 되었다. 그들은 같은 종류의 자동차를 운전했는데, 시장에서 가장 작은 디젤 엔진 자동차인 작은 복스홀(Vauxhall)이었다. 몇 년 전, 어떤 악랄한 멍청이들이 모든 디젤 엔지니어들이 다 알고 있는 사실인, 점도와 인화점이라는 필수 특성을 가진 어떤 오일이라도 디젤 엔진 연료로 사용할 수 있다는 것을 공표했다. 이런 기준과 몇 가지 다른 사항을 충족한다면 디젤에 공급하는 오일은 꼭 주유소 펌프에서 나올 필요 없이 어디서나 공급받을 수 있다고 했던 것이다. 도로에서 그런 연료를 사용하는 것이 합법적인지 어떤지는 또 다른 문제였지만, 한동안 아무도 그것에 대해서는 크게 걱정하지 않았다.

그레이엄과 리처드는 연료 1갤런당 80마일을 주행했고 그렇게 운전을 많이 하지 않기 때문에 그런 것에는 관심이 없을 것이라 생각할 수도 있다. 그러나 그 판단은 잘못되었다. 그들은 기뻐하며 아이디어를 활용하기로 마음먹고, 해안 옆 마을에 피시앤칩스(fish & chips) 가게를 운영하는 친구에게 사용하고 남은 튀김용 기름을 무료로 얻을 수 있는지 문의했다. 그 친구는 오래되어 더 이상 사용할 수 없는 기름을 처리하기 위해서는 비용이 들었기 때문에 그들의 제안을 흔쾌히 받아주었다. 그들은 그 재료를 대량으로 구입했고, 필터를 고안했다. 그레이엄은 인젝터와 펌프에 적절하다고 생각되는 모든 것들을 재조정했다. 당연히 마을 전체가 그 사실을 알고 있었다.

자, 친애하는 독자 여러분, 참을성 있는 독자 여러분! 이것이 후각 인식과 어떤 관계가 있는지 무척 궁금할 것이다. 그것은 이 두 사람이 그 차를 타고 마을을 지나갈 때 모든 사람들이 피시앤칩스 냄새를 맡을 수 있다는 것이다. 디젤 엔진의 실린더 내에서 먼저 기화시키고 고압에서 연소된 후라면 몇 달 전에 사용한 감자튀김 기름 냄새는 결코 나지 말아야 하는데, 그렇지 않았던 것이다. 이 현상을 화학적으로는 설명할 수 없었지만, 냄새가 났다는 것은 확실하다. 그런데 더 큰 미스터리는 그들이 차를 몰고 지나갈 때 '식초 냄새' 또한 풍겼다는 것이다. 참고로 영국과 스코틀랜드에서는 통상적으로 피시앤칩스 위에 식초를 뿌려 먹는 식습관이 있다.

환향
Coming in from the Cold

잘된 일인지 어떤지는 모르겠지만, 아주 오래전에 시작했고 오랫동안 부재했던 협회의 일원으로 나는 다시 자리매김하게 되었다. 협회의 '선한' 관리자들이 떠났다가 돌아온 소감이 어떤지에 대해 글을 써 달라고 요청했다. 나는 친절을 베풀어 준 사람들의 부탁을 기꺼이 들어 주기로 했다.

통상적인 삶의 염원인 것처럼 스코틀랜드 사람들도 약간의 즐거움이 있으면 삶이 훨씬 더 나을 것이라 생각해 왔다. 스코틀랜드를 생각할 때 대부분의 사람들이 가장 먼저 생각하는 것이 '재미가 없다'라면 그것은 아마도 스코틀랜드가 '재미'를 싫어하는 고리타분한 종류의 종교에 휩싸여 있었거나 그 종교가 쇠퇴하기 시작했을 때쯤 국가적인 경제 수익은 향상되었겠지만 대영제국의 후배가 되기 위해 지불해야 했던 거액의 대가 때문이었을 것이다. 그런 스코틀랜드인들의 삶에 재미를 불어넣어 주므로 삶을 견딜 만하게 해주었던 것은 오랫동안 기대하지도 않고 별맛도 없는 곡류를 완벽하고 행복한 술로 제조하는 방법을 발견한 것이었다. 자신들의 모국어인 게일어(Gaelic)로 '생명수'라는 뜻의 우스크-비트바(Usque-beatba, 영어로 the water of life), 그 한 방울의 물로 인해 삶이 더욱 즐거워졌고 사람들은 그에 따라 기뻐했다. 물론, 종교는 그런 걸 반대했다. 사람들이 현재의 재미에 몰입한다면 미래에 대해 걱정하지 않을 것이고, 미래에 대해 걱정하지 않는다면 재미없는 종교를 참지 않을 것임을 깨달았기 때문이다. 나중에 빅토리아 시대의 위엄 있는 세력은 위스키에 대한 대중의 인식을 그들만의 이미지로 형성했다. 물론, 일부는 아주 교묘하게 위스키에 좋지 않은 술을 섞어서 유사품을 만들어 판매하여 사람들의 즐거움을 상당히 혼탁하게 했던 반면에 그들만의 도덕적 우월성을 유지하며 더 많은 돈을 벌었다.

간단히 말해 1980년대 초 스카치위스키의 역사적 상황은 나와 함께 몇몇 친구들이 스카치 몰트위스키 협회를 설립하면서 그 재미를 재발견했으며 즐거움을 누렸다. 당시 대부분의 스카치위스키 산업은 매우 진부했으며 위스키도 그리 대단하지 않았다(몇 가지 명예로운 예외가 있지만, 많지는 않았다). 위스키를 중심으로 한 대중의 삶과 가정과 세계적으로 술 애호가들은 점점 재미를 잃어가고, 아마 다른 곳에서 더 좋은 마실 거리를 찾아야겠다고 생각하기 시작했을 것이다. 스카치위스키의 판매가 감소하기 시작했기에 보수가 좋고 대우받는 위스키 회사의 이사들은 대책을 강구하기 위해 머리를 싸매가며 고민하는 중이었다.

이 책의 대부분은 우리가 어떻게 스카치 몰트위스키 협회를 시작했는지에 관한 것이기 때문에 반복하지 않겠다. 다만, 우리가 했던 일의 효과는 사람들의 태도를 바꾸는 것이었고, 그래서 그들은 몰트위스키의 가치를 인지하기 시작했다는 점만 말하고 싶다. 애주가들은 그들

Maverick : The Founder's Tale

이 익숙해 있던 블렌디드 위스키의 일관성 뒤에 감춰져 있었던 다양하고 흥미롭고 월등하게 맛이 훌륭한 마실 거리에 눈을 뜨기 시작했고, 우리가 하는 일을 대중들에게 보여줄 수 있었기에 정말 즐거웠다.

수천 명의 사람이 재미를 나누고 위스키를 손에 넣기 위해 협회에 가입했으며, 인류의 행복은 아주 조금씩 향상되어 가고 있는 것 같았다. 대형 위스키 회사의 마케팅 이사들은 이런 우리의 상황을 못마땅하게 생각했다. 왜냐하면 회장들은 이름도 들어본 적 없는 사람들이 자기 회사에서 증류하여 값싸게 팔았던(다른 방법으로는 그것을 처리할 방법이 없었기 때문) 많은 양의 위스키를 갖고 어떻게 붐을 일으키고 있는지를 알지 못해 마케팅 관련자들을 질타하곤 했기 때문이다.

나는 선한 즐거움의 종달새 같은 마음으로 이런 모든 일을 시작했다. 즐거움, 명예, 존경 등을 원하는 사람들에게 그것을 운영하도록 기꺼이 맡겨두었다. 처음에 이것은 축복받은 앤 다나의 관리하에 매우 잘 진행되었다. 그러나 시간이 흐르면서 회사가 성장하자 경영이 더욱 복잡해져 갔고, 협회는 가장 비정통적인 성격을 가진 회사가 되어 버렸다. 상황은 점점 어려워졌고 앤 다나가 우리에게 물려준 건강한 잉여금은 은행의 당좌 대월까지 갔다. 전무이사가 몇 번 바뀌었고, 나는 바쁘고 너무 부주의해서 그런 경제적인 상황을 알아차리지 못했다. 어느 날, 은행은 재정적 신중함을 과시하며(하지만 정작 자신들이 하는 일에는 그 원칙을 적용하지 않음) 우리의 대출금을 회수하기로 결정했다. 위기가 있었고 나의 머리(해고)는 상황 구제의 대가였다.

그 결과, 나는 1995년에 협회를 떠나야만 했다. 나는 이것 때문에 마음이 아팠고, 10년 넘게 보수를 받지 못했으므로 훨씬 더 가난해졌다. 가볍게 어깨를 한 번 으쓱한 후, 책을 쓰고 출판을 하며 보트를 만들고 항해를 하는 등 힘써 많은 다른 일을 계속했다. 지금 뒤돌아보면 정말 즐거운 시간을 보냈고, 누가 삶에서 이보다 더 많은 것을 바랄 수 있을까 하는 뿌듯한 생각이 든다.

나를 회장에서 해고한 신중한 새 협회 경영진은 내게 회사 운영 방식에 관여하지 않는다는 조건으로 순전히 명예와 의례적인 자격으로 머무는 옵션을 제공했다. 그것은 내가 반대 노선을 따라가야 한다는 것이기 때문에 실체적이든 은유적이든, 심각하게 고려할 옵션은 아니라 생각하고 거절했다(돌이켜보면 이것은 실수였을지 모른다는 생각도 가끔 들었다. 수락했다면 내 인생에서 많은 수고를 덜 수도 있었을 텐데 싶었다).

그래서 나는 나가서 배를 만들었고, 스카치위스키 연구소와 일부 주요 전문가들의 도움을 받아 위스키의 다양한 맛을 분석하고 시각적으로 표현할 수 있는 완벽하고 객관적이고 이해하기 쉬운 방법을 찾기 위해 여러 가지 아이디어를 고안했다. 그 결과, 그랜턴 항구 위의 오두막에서 300병의 위스키와 많은 방문객을 맞으면서 일 년을 보낸 뒤 드디어 책이 출판되었다. 하지만 그 책은 객관적으로는 위스키를 마시는 사람들이 원하는 것이 아니었기 때문에 큰 성공을 거두지 못했다. 내게 많은 돈을 벌어주지는 않았지만, 친구들은 그 책을 좋아했고 나를 아끼는 곳에서는 인정을 받았다.

놀랄 만큼 빠른 속도로 세월이 흘렀음을 알았다. 나는 거리를 두면서 협회에 관심을 가져왔고 들려오는 소식들은 내용이 별로 마음에 들지 않았다. 사람들이 그것에 대해 내게 말했을 때 놀랍게도 자주 그랬지만, 결론은 항상 "당신이 떠난 이후로 그다지 재미가 없다."였다. 나는 더 볼츠(협회 건물) 근처에 가본 적이 없기에 논평할 수 없었다(과거의 영광스러운 현장을 다시 방문할 동기가 거의 없었으며, 그곳에서 일하는 사람들에 대한 예의로 지나간 크리스마스의 유령처럼 가끔씩 나타나 보이는 것은 불공평하다고 생각했다). 20년이 넘는 기간 동안, 단 한 번 무슨 일로 인해 그 건물 앞 계단을 올라간 적이 있었는데, 그 이유는 잊어버렸다. 나는 제복을 입은 나이 든 남자 도어맨의 인사를 받았다. 그 사람은 런던의 고급 신사 클럽 입구에서나 하는 짓을 하고 있었다. 그는 내게 이름과 회원 카드를 요구했고, 그렇게 함으로써 회원 카드가 없으면 입장이 거부될 것임을 암시했다. 카드는 분실했지만, 회원 번호는 알고 있다고 했더니, 그는 미심쩍어하는 눈치였다(물론, 나는 배를 만들다 그대로 나온 사람이었기 때문에 외모가 별로 참신하지 못했을 것이다). 그리고 그는 내 회원 번호가 무엇인지 물었다. "아~, 내게 그건 아주 쉽죠."라고 말했다. "하나." 그는 내게 좀 무뚝뚝하게 기다리라고 한 뒤 건물 안으로 사라졌다. 그가 돌아왔을 때 직원 중 한 명이 깜짝 놀랐다는 표정을 지으며 나를 들여보내 주었다. 그 후, 무슨 일이 있었는지 잊어버렸지만 또 방문할 생각은 없었다. 나는 친근함이 없는 런던 신사클럽같이 변해 버린 협회에 별로 관심을 두지 않았다. 새로 단장한 그곳은 단지 건물이 웅장하다는 이유만으로도 방문할 가치가 있다는 것은 인정했지만, 우리는 아테네움(Athenaeum)에서 즐거운 위스키 시음회를 가졌다.

내 생각에 마기와 내가 몬트로즈로 이사한 후, 코비드 팬데믹이 닥

처 우리 모두가 겨울잠에 들어가기 얼마 전인 2018년 어느 날 아침, 리처드 고슬란(Richard Goslan)이라는 사람이 서명한 편지가 도착했다. 그것은 미팅을 요청하는 간단한 편지였는데, 협회 회원들이 협회 창립자에게 무슨 일이 일어났었는지 듣고 싶어 한다는, 약간 긴장감이 느껴지는 말투였지만 진솔함이 느껴졌다. 어쩌면 이런 선견적인 해석은 향후 어떤 이벤트를 바라고 있는 나의 기대감에서 기인되는 비현실적인 생각일 수도 있었다. 어쨌든 리처드는 일류 전문 사진작가인 마이크(Mike)를 대동하고 나를 만나러 왔고, 그 사진작가는 카메라를 가져오는 것을 잊어버렸다. 나는 사진 찍히는 걸 그다지 좋아하지 않았기 때문에 다소 공식적인 인터뷰가 될 것이라고 미리 언질을 받았음에도 가벼운 차림으로 있었다. 그가 카메라를 잊고 왔다는 것에 오히려 안도감이 들었다. 마이크는 나중에 내 애완견 헥터(Hector)의 사진을 여러 장 찍기로 약속을 했기 때문에 나는 매우 기뻤다. 지금 그는 죽고 없지만, '사랑하는 나의 헥터, 넌 내게 최고였어!'

리처드는 협회가 창립 35주년을 앞두고 있으며 이로 인해 회원들이 처음에 협회가 어떻게 시작되었는지 궁금해한다고 말했다(회원 중 상당수는 대부분 젊었고, 40세 미만의 사람들에게는 35년 인생이 평생 같으니까). 협회의 시작과 회원들의 행적, 주로 이제는 반전설적인 초기 시절의 나에 관한 이야기가 많이 돌았다. 그는 내가 도시와 유럽 전역을 운전했던 차는 어찌 되었는지 알고 싶어 했다. 그 차는 그 자체로 전설이 되었다(그것은 충분히 현실적이었다. 1937년에 제작된 4.5리터 라곤다의 길이는 16피트였고, 그랜드 투어러 차체와 디젤과 이소프로필 질산염(isopropyl nitrate), 액체 폭발물 종류 같은 것을 혼합하여 작동하는 가드너 4리터 디젤 엔진을 갖춘 차였다). 그것은 아마도 현재까지 가동되고 있는 가장 오래된 디젤 자동차였을 것이다. 그 자동차는 그 당시 내가 했던 모든 일에 함께 등장하는 '인물'적인 존재였다. 외풍이 있고 때로는 비도 들어오지만, 이스트로디언(East Lothian)에 살고 있었던 한 농부에게서 500파운드에 구매한 아주 멋지고 쓸모 있는 자동차였다.

리처드는 현재 떠돌고 있는 이야기에 대해 알고 싶어 했고, 그 중 일부에 대해 내게 물었다. 그것은 대부분 말도 안 되는 쓰레기 같은 소문들이었다. 지루한 삶을 사는 사람들이 그렇지 않은 사람들에 대해 만들어 내는 종류의 이야기 같은 것이었다. 하지만 주로 그는 협회의 시작과 이후의 활동에 관한 이야기가 얼마만큼의 진실이 담겨 있는지를 알고 싶어 했다. 나는 그 이야기를 할 기회가 있어서 기뻤다. 협회의 가장 큰 장점 중 하나는 재미있는 이야기를 만들어 내는 능력이었다. 문제는 이야기가 말하는 사람의 창의력과 듣는 사람의 믿음에 따라 달라진다는 것이다(그리고 이것은 모든 듣는 작업 또는 청각 전달에 공통적으로 적용된다). 협회 초창기에 관한 유일한 정보는 최근에 전 경영자가 의뢰하여 직원 중 한 명이 작성한 호기심 많은 소책자였다. 제목은 *An Honest Tale*(솔직한 이야기)이었다. 내 생각에는 아주 많이 의심스러웠다. 리처드가 내게 사본을 가져다주었다.

그 제목 *An Honest Tale* 자체에서는 배경 어딘가에 부정직함을 내포하고 있다는 강한 전제가 느껴지는데, 제목을 그렇게 선정한 이유를 이해할 수 없었다. 그래서 관심을 갖고 읽었다. 그것은 기이한 혼합이다. 하이 징크(High Jinks)에 대한 이야기가 있었는데, 그 중 대부분은 명백한 거짓이었다. 일방적이긴 하지만, 협회 창립에 대한 설명은 대부분 정확했다. 그리고 나에 대한 많은 이야기는 내가 어떻게 그 아슬아슬한 위험의 경지까지 협회를 끌고 가서, 그 결과로 그런 해고를 당해야만 했는지에 관한 이야기만 있었다. "우리는 보이는 것만큼 지루하지도 않고 옛날에는 정말 거칠었지(We're not at all as dull as we seem and once upon a time we were really wild)."라고 말하는 분위기가 있다. 문제는 우리의 '거친 행동'에 대한 작가의 정의는 협회의 청소부였던 수지(Susie)로부터 전해 들은 것이라 했다. 그래서 필연적으로 수지와 같은 어떤 누군가가 그녀가 있지도 않았을 때 일어난 일을 전해 듣고 그 이야기에 거창한 옷을 입힌 것이었다. 나는 수지를 잘 알고 그녀를 좋아했지만, 그녀를 십자가 처형의 증인으로 채택할 만큼은 아니다. 나는 협회가 타락하기 전 시대에 수지를 깜짝 놀라게 했을 만한 사건이 있었다는 것을 부정하지는 않지만, 굳이 언급하지도 않겠다. 나는 그 *An Honest Tale* 이 충분히 정직하다 생각한다. 왜냐하면 정직은 의도의 문제이기 때문이다. 그러나 그 정직이 모든 사람이 인정하는 사실이라는 것을 의미하지는 않기에 그 이야기는 의심할 바 없이 '유죄'이다.

어쨌든 *An Honest Tale*은 매우 투명하게 쓰여서 행간(between lines)을 읽기 위해 철학적 분석이나 포스트모던(post-modern) 문학비평 기술이 필요하지는 않았다. 저자가 서두에 미국 투자 은행가 그룹을 위해 협회의 시음장에서 위스키 시음회를 개최하는 방법을 설명하고 있는 것으로 보아 이 책이 누구를 위해 쓰인 것인지는 금방 알 수 있다. 그들의 목적이 단지 위스키를 비싼 가격에 파는 것이라면 미국 투자 은행가들은 누구 못지않은 적격자일 것이라고 확신한다. 그러나 그들이 그 위스키를 갖고 어떤 재미난 이야깃거리를 만들어 낸다는 것은 들어본 적이 없을 것이다. 또한 상업적 목적에만 눈이 어두운 그런 종류의 사람들이 몇 년 후에 탐욕으로 세계 경제를 재앙의 위기에 빠뜨릴 사람들이라는 것 또한 확실히 안다.

전체적으로 이 책은 나에 대해 전적으로 부정적인 측면에서 쓰여 있는 것은 아니라는 점을 인정한다. 하지만 이 책은 나의 재능이 이제는 신중한 경영진의 재능과 얼마나 어울리지 않는지를 어필하고 있었다. 내가 기억하기로 유능한 관리자를 찾으려고 수년을 보냈지만, 결국 나의 퇴출에 공모할 인재를 내가 고용했다는 것은 부끄러운 일인 것 같다. *An Honest Tale*의 저자는 이 문제에 대해 나와 만나서 이야기를 나눴으며, 내가 말한 내용을 최대한 충실하게 전달했을 것으로 기대한다. 유감스럽게도 그 인터뷰에 대해 기억나는 것이 전혀 없어 논평할 수가 없다. 나는 그녀가 옛날 재미로 점철되었던 보헤미안 시대와 존경은 받지만 지루한 현재의 협회 상황을 상호 조화시키는 데 성공했을지 또는 협회에 속하는 것이 더 많은 순수한 재미를 창출해낼 수 있는 지름길이라는 인상을 그들에게 심어주었을지에 대해서는 다소 의문스럽다.

협회의 새로운 일원인 리처드가 인터뷰에 대해 약간 긴장한 이유를 그가 나중에 내게 이야기한 사실에 근거해 말하자면 다음과 같다. 그가 동료들에게 핍을 만나야겠다고 제안했을 때 모두가 움츠러들며 마치 내가 무슨 뿔 달린 악마나 되는 것처럼 "그 사람하고 이야기하지 마세요."라고 말했다 한다. 그는 또한 그런 말을 한 사람 중 누구도 나를 만난 적이 없다는 사실을 알아냈다. 내가 그를 최고 품질의 커피로 대접해 주었을 때 약간의 신선한 놀라움을 보였지만, 오래전 있었던 일에 대해 서로 이야기를 나누며 즐거워했다. 리처드는 협회 잡지에 인터뷰 내용을 실었고, 매우 친절하게도 내게 사본을 보내주었다. 그의 설명은 정확하고 솔직했을 뿐만 아니라 세심했다. 나는 그것을 읽고 그에게 감사의 편지를 보냈다.

신중한 경영진들로 구성된 '포스트 핍 협회(post-Pip Society)'가 지불 능력이 없게 되자 글렌모란지가 주주들에게 협회 인수를 제의했고, 그 제안이 받아들여졌다는 것을 알게 되었다. 협회는 주로 나의 인맥, 즉 팝(pop) 그룹, 서덜랜드(Sutherland)에 있는 나의 별장, 인디언이라고 불리는 고풍식 미국 오토바이를 운전하는 일부 독일 바이커들을 통해 글렌모란지와 가까워졌다. 또한 그 가운데 윌리(Willie, 거대한 허버트 선반 앞에서 금속을 가공하면서 마리화나를 피웠음)라는 뛰어난 엔지니어와 유명한 리큐어 위스키 회사 드람부이(Drambuie)도 있었다. 그것은 부와 지위만을 중시하는 사람들에게는 이해하기 힘든, 완전히 성향이 다른 사람들의 상호 보완 관계로 구성된 흥미로운 그룹이었다. 이는 또한 스카치 몰트위스키 협회의 많은 회원이 그들과 관련된 이야기를 즐겨 들었고, 실제로 참여하고 싶어 했던 종류의 그룹이기도 했다. 그러고 보면 몰트위스키 협회 또한 일종의 그런 성향을 가진 모임일 것이라는 기대감에 가입했던 사람들이 많았다.

글렌모란지가 협회를 인수하게 되면 양측 모두에게 이익이 될 것

이라는 이론이 성립되었고, 그렇게 될 것이라 예상하고 있었다. 글렌모
란지 자체가 사람들에게 아주 고가의 브랜드 상품을 판매하는 대기업
LVMH(Moët Hennessy Louis Vuitton)에 병합되면서부터는 그 적합성이
점점 희박해져 갔다. 그들은 스스로를 '세계 최고 명품 그룹'이라고 표
현한다. 그러니 스카치 몰트위스키 협회가 왜 마음에 들지 않는 동료일
수밖에 없었는지 쉽게 알 수 있다. 제품을 비판적으로 평가할 것을 기
대하는 회사로부터 물건을 구매하는 소비자들은, 상품의 품질과는 무
관하게 일반적인 거대한 광고로 인식된 브랜드 가치를 쉽사리 받아들
이지 않을 것이기 때문이다.

금융계에서는 협회와 '양부모(LVMH)'의 관계가 좋지 않다는 소문
이 퍼졌다. 그런 일이 일어나고 있을 무렵, 협회로 인해 숙성된 양질의
몰트위스키 시장이 성장했기 때문에 최고급 위스키 재고를 가진 회사
를 매입해서 해체할 목적으로 사들이는 투기 회사들이 나타나기 시작
했다. 이것은 아마도 협회 생활에서 가장 위험한 시기였을 것이다. 그
위험은 협회가 은행에 저당잡혔을 때보다 훨씬 더 컸다. 금융계의 흡혈
귀인 자산 탈취자들이 배회하고 있었다. 그런데 흥미롭게도 자산 탈취
자들은 협회의 위스키를 다른 곳에서 구입했을 때보다 훨씬 더 저렴한
가격으로 회원들에게 제공했다는 사실이었다.

이런 상황에서 협회가 어떻게 구성되었는지는 관련 인물들이 원하
지 않았기 때문에 대중에게는 알려지지 않았지만, 내 생각으로는 반드
시 언급되어야 한다고 말했다. 협회의 복지와 원초의 가치를 회복하기
위해 에든버러와 런던 협회 회원 그룹이 함께 모여 2015년에 글렌모란

지로부터 협회 매수 절차를 도모했다. 그들은 이름 밝히는 것을 원하지 않았지만, 현재 전 세계 약 37,000명의 회원이 그들에게 감사의 빚을 지고 있다.

　새로운 경영진의 변화로 협회는 놀랄 만큼 많이 변화되어 갔고, 조직은 예전의 특정적 가치를 추구하는 방향으로 나아갔다. 자신이 하는 일에 대담함과 스타일로 고취된 밝고 참신한 젊은 직원들이 대거 참여하고 있다.

　소멸되지 않았던 '재미'의 감각이 완전히 되살아났고, 회원들은 이에 호응을 보여 왔다. 그 이후로 협회는 국내 및 해외에서도 점점 더 성장해 나갔다. 일등급 주류인 위스키에 대한 민주적 감상과 재미라는 감각의 결합은 여러 문화권에 강력한 매력을 지닌 것으로 보인다. 사실 이것은 그리 놀라운 일이 아니다. 왜냐하면 모든 구성원이 최소한 한 가지 공통점을 갖고 있는데, 그것은 바로 인간성이기 때문이다.

　협회의 성장이 이상한 일은 아니었지만, 심각한 영향을 미치는 또 다른 문제를 초래했다. 기억하겠지만 초창기에는 스카치위스키 산업이 쇠퇴하고 있었다. 숙성된 증류주가 담긴 캐스크는 스코틀랜드 전역의 창고에서 상품성 없이 그대로 방치되어 있었다. 때문에 단지 알코올 함량에 대한 비용만 지불하고도 구입이 가능했다. 그 캐스크의 소유자들은 다른 시장에서 고객을 찾을 수 없어서 기꺼이 협회에 그들 스스로를 떠맡기다시피 했다. 그러나 협회의 조직으로 인해 싱글 몰트의 인기가 높아지자 양질의 캐스크에 담긴 위스키는 구하기 어려워졌고 가격도 비싸졌다. 여기에 피할 수 없는 현실적인 문제가 추가된다. 숙성된 위스키는 단순히 공급 업체에 가서 새 제품을 그냥 주문해서 받아오는 그런 제품이 아니라는 것이다. 물론, 새로운 증류주를 기꺼이 공급하는 많은 증류소가 있었고 쉽게 새 캐스크는 조달할 수 있지만, 위스키 원액은 마시기에 적합할 때까지 10년 이상 아무것도 하지 않고 그대로 보존되어 있어야 한다. 비즈니스 모델로서는 결코 이상적일 수가 없다. 구매 비용과 기타 비용들을 충족시키는 판매 수익이 발생하기까지는 10년 이상이 소요되기 때문이다. 회사의 성장이 빠를수록 자금 조달 문제는 더 심각해진다. 내년의 수요뿐만 아니라 10~20년 후의 예상 수요에 대비해 주식을 준비해야 하기 때문이다.

몇 년 만에 새로운 경영진이 이룩한 변화의 결과는 눈에 띄게 나타났고 모두 좋았다. 성장이 계속되는 만큼 미래 수요를 충족시킬 수 있는 숙성된 위스키의 확보량을 늘리기 위해 새로운 자금이 필요하다는 사실 또한 명백해졌다.

이에 따라 2021년에 협회는 증권거래소에 주식이 상장된 공개 유한회사가 되었다. 모금된 자금은 회원을 위한 지속적인 서비스 확장과 주로 고급 캐스크 보유 및 새 위스키 구입에 사용되었다. 주식회사들은 스카치위스키 업계뿐만 아니라 대부분 소유주와 관리자에 대한 수익 극대화에만 관심을 두기 때문에 평판이 아주 나쁘다. 이런 상황은 스카치위스키 산업에서도 흔히 찾아볼 수 있다. 이런 운명이 협회를 기다리고 있는지 어떤지는 말하기에는 너무 이르겠지만, 글을 쓰고 있는 이 시점에는 아직 희망적으로 보이긴 한다. 협회만이 갖고 있는 특유의 가치와 이상의 조합이 21세기 상업의 압력으로부터 협회를 보호할 수도 있을 것이라 믿는다.

2018년 리처드가 나를 만나자 했을 때 나는 이런 사실을 간파하지 못하고 있었다. 그 몇 년 동안, 나는 협회에서 일어나는 일들을 간헐적으로 들어왔지만, 더 이상 나와는 상관없는 것으로 여겨 신경 쓰지 않았다. 당시 나는 200년 전 스코틀랜드의 어느 젊은 목사가 발명했던 놀라운 엔진에 관한 책을 쓰고 있었다. 그의 이름은 로버트 스털링(Robert Stirling)이었다. 그는 좋은 사람이었으며 목사임에도 불구하고 모든 면에서 재미를 싫어하는 사람은 아니었다. 그가 위스키를 마셨는지는 알 수 없지만, 만일 오늘날까지 살아 있었다면 분명 협회에 가입했을 것이라 생각한다. 그는 고향 스코틀랜드에서는 잘 알려지지 않았지만, NASA(나사)가 그의 엔진을 기초로 미래의 화성기지와 우주선의 동력원을 개발해냈기 때문에 미국에서는 잘 알려져 있다.

리처드는 내게 협회를 방문하여 사람들을 만나지 않겠느냐 제의했고, 나는 어느 화창한 아침, 그 건물 앞 계단으로 다시 발을 내딛어 올라갔다. 그 계단을 처음 올라갔던 때부터 지금까지 일어난 모든 일들을 떠올리지 않으려면 지금보다 훨씬 더 냉정해져야 한다고 다짐했다. 하지만 감상주의는 나의 결점 중 하나로 그 다짐은 오래가지 못했다.

화려하지 않으면서도 세련된 입구와 무엇보다 도어맨이 없어서 나는 기뻤다. 그리고 왼쪽 편에 있는 시음실을 지나가면서 흘깃 봤는데, 30년 전과 크게 달라 보이지 않았다. 리처드는 내게 데이브를 소개시켜 주었다. 그는 전무이사이며 전체 조직의 책임자라 했다. 데이브는 친절하고 말씨가 조용한 호주인이었으며, 나의 많지 않은 경험으로도 그는 다른 이전의 전무이사들과 많이 다르다는 것을 느꼈다. 그는 나를 회원실로 안내했다.

나는 회원실에 대해서는 설명하지 않겠다. 이 글을 읽고 있다면 아마 그곳에 가보았거나 적어도 온라인에서 사진을 보았을 것이기 때문이다. 가장 먼저 느낀 것은 지난 25년 동안 전혀 변하지 않았다는 것이다. 똑같은 카펫, 참나무 테이블과 의자 그리고 커다랗고 오래된 가죽 소파들. 물론, 사실 마치 거대한 뱀이 주기적으로 허물을 벗는 것처럼 그것들이 물리적으로는 변했다는 것을 안다. 낡은 껍질은 벗겨져 나가고 더 잘 맞게 약간의 흔적들은 남아 있겠지만, 여전히 그대로였으며 조금은 밝은 껍질로 변한 것 같기도 했다.

그리고 바는 내가 떠날 즈음에 필요했었던 사이즈, 방의 왼쪽 구석으로 좀 더 넓게 바뀌었다. 바의 서쪽 뒤편 벽에는 협회의 병들이 줄지어 있었는데, 내가 있던 시절에는 생각지 못했던 일이었다. 병 자체를 장식을 중심으로 진열한 것이 아주 참신했다. 현재 전 세계 대부분의 회원실이 그렇게 장식되는 것은 단순히 보이기 위한 차원만이 아닌, 협회의 강력한 정체성을 주장하는 일종의 역사성 있는 작품이 되었다.

데이브는 주변에 자연스럽게 모여 서 있던 모든 직원에게 나를 소개했다. 그것은 여러 가지 면에서 이상한 경험이었다. 내게는 아주 흥미로운 일이었지만, 아마 일반인인 당신들에게는 그렇지 않을 것이다. 나는 또한 사람들이 내게 각별한 흥미를 갖고 있다는 것이 눈에 보였다. 지금 여기에 협회를 거의 파괴한 악마적인 전설에 가까운 창립자가 서 있다. 그들이 나에 대해 어떻게 생각했는지는 모르겠지만, 나는 그들이 모두 괜찮게 느껴졌다. 아마도 그들 모두는 아주 젊은 반면에 나는 매우 나이가 들어 해를 끼치지 못할 만큼 무해한 상대로 보였을 것이다. 그런 첫 만남이 있었고 몇 년이 지났지만, 그들에 대한 나의 첫인상은 잘못되지 않았다. 그들은 훌륭한 사람들이며 똑똑하고 지적이며 헌신적이다. 그들은 판매하는 물건에 대해 엄청나게 많은 지식을 갖고 있었다. 그것을 기꺼이 전수하는 데 거만해하는 흔적도 없이 잘 해냈다. 그들은 스카치 몰트위스키 협회의 근원적인 가치와 태도의 화신이라 할 만했다. 이를 보며 아마 독자들이 눈치 챌 수 있겠지만, 그들을 보고 있는 나는 말할 수 없이 기뻤다.

협회를 방문한 이후로 나는 에든버러의 퀸 스트리트(Queen Street), 글래스고의 배스 스트리트(Bath Street), 런던의 블리딩 하트 레인(Bleeding Heart Lane)에 있는 협회의 회원실도 방문했다. 그곳의 직원들 역시 내가 앞서 언급한 자질을 갖추고 있다는 것을 알게 되어 기뻤다. 또한 협회의 병을 벽면에 나열해 둔 실내 장식이 동일한 효과를 보여주고 있었다.

글래스고 룸을 처음 방문한 일화를 말해야겠다. 올해 초에 있었던 일이다. 몇 년 만에 아주 오래되고 소중한 친구를 다시 만나면서 우연히 그를 알게 되었다. 토니(Tony)는 배우, 극작가, 극장 사업가이며 스코틀랜드에서는 유명한 텔레비전 인물이다. 만일 글래스고 시가 사랑하는 사람을 꼽으라면 토니는 서열 1위일 것이다. 글래스고의 모든 사람은 그를 알고 사랑한다. 그와 함께 시가지를 걸을 때면 사람들이 아주 자연스럽게 "안녕, 토니."라고 말하기 때문에 나는 괜스레 기분이 으쓱해지기도 한다.

나는 글래스고 대학의 헌터리언(Hunterian) 박물관을 방문하기로 약속을 잡았는데, 거기에는 앞서 언급한 스털링 박사(Dr. Stirling)의 엔진 중 하나의 모형이 있다. 스털링 박사는 1816년경에 자신의 작은 작업장에서 이것을 직접 만들었고, 글래스고 대학의 윌리엄 톰슨(William Thomson)이 열역학 제2 법칙을 설명하는 데 사용하고 있다고 했다. 이것은 쉽게 이해할 수 있는 주제가 아니기 때문에 토니가 내가 설명한 이것과 NASA의 화성기지 계획의 연관성을 제대로 이해했는지는 잘 모르겠다. 너무 많은 것을 설명한 듯한 쯤에서 점심을 먹으러 가자고 제안했다. 나는 "스카치 몰트위스키 협회의 새로운 회원실로 가서 점심을 서빙하는지 물어보는 건 어떨까?"라고 의향을 물어보았다. 토니는 그곳은 회원 클럽이기 때문에 회원증 같은 종류의 것이 필요하지 않겠느냐고 했다. 나는 그들이 틀림없이 우리를 들여보내 줄 것이라고 자신 있게 말해주었다.

그들은 그렇게 했다. 그들 중 누군가가 최근에 웹사이트에 올라온 내 사진을 보았기에 나를 알아봤던 것 같다. 무엇보다 그들은 토니를 확실히 알아봤기에 괜찮은 점심과 훌륭한 맥주를 마셨다. 그곳에는 꽤 많은 사람들이 있었는데, 몇몇은 중국인인 듯 싶었다. 점심을 마쳤을 때 중국인으로 보이는 두 사람이 휴대전화를 손에 들고 와서 그 중 한 명이 매우 정중하게 같이 사진을 찍어도 되겠느냐고 물었다. 그러고 나서 그들은 서로 자리를 바꾸어 가며 찍었고 매우 열광적으로 어떤 말을 한 뒤 떠났다. 토니는 매우 즐거운 어조로 글래스고(Glasgow)에는 사진을 찍어달라고 부탁받지 않고 들어갈 수 있는 술집이 거의 없다고 했다. 그런데 그는 이런 일이 자기 고향 바닥에서 자기가 아닌 다른 사람에게도 일어났다는 사실에 놀라고 말았다. "이 친구야, 단지 글래스고 안에서만 그렇지!"

최근 발전 동향 중 하나는 협회의 '파트너 바'의 등장이다. 협회는 위스키를 판매하는 어떤 매체가 아니기에 회원들은 협회에 함께 모여 협회 위스키를 병으로 마시는 행위 자체를 즐긴다. 각국 여러 곳에서 그렇게 하고 있다. 하지만 세계적으로 37,000명의 회원이 있다 하더라도 전 세계 인구와 비교하면 그 수가 아주 적다는 것은 분명하다. 이 글을 쓸 당시에는 회원실이 4개뿐이고, 그 모든 시설이 영국에만 있기에 협회 위스키가 공급 영역을 확장시키기 위해서는 파트너 바의 등장이 불가피하게 되었다.

지난 40년 동안의 변화를 기억하겠지만, 자체 병입과 개별 병입을 하는 업체들이 늘어나므로 스카치위스키의 수요가 엄청나게 증가되었다. 또한 전 세계적으로 위스키 전문 바가 생겨났다. 그런 바들 중 다수는 스카치위스키뿐만 아니라 다른 곳에서 생산된 다양한 위스키를 보유하고 있다. 이런 바는 위스키에 관심 있는 모든 사람이 자연스럽게 집중되는 곳이며, 협회 회원은 전반적으로 위스키에 대해 포괄적이기 때문에 이런 일반 바들을 자주 방문했다. 이곳에서 가끔씩 협회 위스키를 비축해 달라는 제안을 받으므로 협회 회원 국가 중 운영이 잘되는 특정 바와 계약을 맺어 선택된 협회 위스키를 회원 고객들에게만 판매하도록 했다.

이것은 아주 간단한 체제이지만, 정말 훌륭한 아이디어였다. 협회 위스키는 회원이나 그의 친구(물론, 회원이 음료를 사야 함)에게만 제공된다는 원칙을 유지하면서 입소문이 퍼져나갔다. 이 책을 쓰는 현재 프랑스, 스페인, 네덜란드, 독일, 덴마크, 스웨덴, 일본, 미국, 중국에 파트너 바가 있다.

십 년이 넘도록 협회 세계와 접촉하지 않고 있었으므로 이런 사실들을 알게 되었을 때 나는 놀라움을 금할 수가 없었다. 위스키의 맛과 전혀 관련 없는 것들을 연관시켜 브랜드 이미지를 홍보하는 일은 지금도 계속되지만, 예전만큼은 아닌 것 같다. 이것은 브랜드 소유자들이 40년 전에 협회가 창출한 혁신을 많이 받아들였기 때문일 것이다.

우리의 근본적인 아이디어는 위스키에 있어서는 그 맛이 가장 중요하다는 것과 일반 소비자는 위스키 맛을 구별할 수 있는 능력을 갖추고 있다는 것이다. 이것은 브랜드를 기반으로 한 홍보로부터 매우 큰 변화이다. 이런 개념은 블렌디드 위스키보다 몰트위스키에 더 적합하다. 블렌딩하는 주목적은 다양한 맛을 동일하게 통상적인 맛으로 만들어 내기 위함이다. 그렇다고 해서 소비자가 '이게 맛이 있는가?'라고 스스로에게 물어볼 수 없다는 것은 아니다. 하지만 여러 세대에 걸쳐 블렌딩은 현명한 노인들이 보통 사람들이 이해할 수 없는 일을 해왔던 신비롭고 미스터리한 작업이었다. 위스키 소비자들이 전통과 브랜드 홍보의 무게 때문에 좋아하지도 않은 위스키를 고정관념으로 그냥 마시는 것보다는, 맛이라는 질적인 문제에 대해 의문을 갖고 질문할 수 있어야 한다고 홍보하는 그 자체가 혁명적인 것이다.

약 50~60년 전에 싱글 몰트가 등장하기 전까지는, 위스키 맛이 스코틀랜드의 낭만적인 생각과 연관이 있는지, 과음으로 고갈되어 가는 위스키가 스코틀랜드에 대한 영국제국의 강력한 파워와 연관이 있는지에 대해서는 거의 언급된 사항이 없었다(이것은 1950년대까지 위스키 광고를 회고해 보면 분명하게 알 수 있다). 위스키 맛의 중요성은 맥캘란이나 글렌모란지와 같은 싱글 몰트에 대한 광고가 거의 없다는 것과도 상통하지만, 그것에 대해 크게 생각하지 않았다. 그래서 1983년에 협회가 등장하여 "이거 정말 맛있어요."라고 말했을 때 그것은 아주 참신한 혁신 같은 것이었다. 맛있는 이유에 대해 권위 있는 설명이 뒷받침해 주었을 때 우리가 한 말은 인정을 받게 되었다. 풍미를 설명하기 위해 와인 시음가의 용어를 사용했기 때문에 그 과정은 더욱 용이했다.

협회가 설립된 지 얼마 안 되어서 새 회원 몇 명을 협회로 초대해서 새로운 병들을 같이 시음했다. 그때마다 항상 즐거웠기 때문에 그 재미를 바깥세상과 나누는 것이 어떨까 생각했다. 그래서 지금 흔히 볼 수 있는 '재미난 모임', '위스키 시음'이라는 개념이 시작되었다. 함께하는 무고한(때로는 취한) 재미도 위스키와 연관되었고, 그것은 아주 새로운 일의 시작이었다.

이런 아이디어가 더 넓은 위스키 시장에서 인기를 얻기까지는 10년 가까이 걸렸다. 그러면서 몇몇 진보적인 브랜드 매니저들이 자신들도 캐스크에 대해 언급하는 것이 브랜드 홍보에 도움이 된다는 것을 깨닫게 되었다. 이것은 더 오랜 시간이 걸렸는데, 그 주장을 입증하려면 오래 숙성된 캐스크를 찾거나 새 캐스크를 구입해 위스키를 채우고 숙성되기를 기다려야 했기 때문이다. 또한 일부는 숙성된 위스키를 캐스크 알코올 강도로 판매하면서 그 위스키 맛의 이점을 설명하기도 했다.

이 모든 것이 진부하고 지루했던 스카치위스키의 현주소에 다양성을 더해가면서 사업은 점점 흥미로워 갔다. 특별하게 맛이 구별되지도 않는 위스키의 판매이익, 마진을 알기에 와인을 취급하는 상인이나 슈퍼마켓에서 싱글 몰트가 받는 가격에 대해서는 동의할 수 없었다. 사실 개인적으로 항의하기도 하면서 몇 년 동안 나는 우리 동네 슈퍼마켓에서 아르마냐크(Armagnac)를 구입했다. 다소 지루한 라벨로 표기되긴 했지만, 완벽하고 훌륭하게 숙성된 아르마냐크 70센티리터 한 병이 겨우 22파운드(약 3만 7천 원)에 판매되고 있었다.

위스키 산업이 우리가 선도한 길을 따라가는 것은 놀라운 일이 아니었다. 더 놀라운 것은 외부에서 어떤 일이 일어나고 있느냐는 것이다. 1995년에 협회 일로 미국을 방문했을 때 그 마지막 일정 중에 맨해튼의 한 주류 상인이 싱글 배럴 버번을 홍보하고 있어서 "어디서 싱글 배럴을 판매하는 아이디어를 갖게 되셨어요?"라고 물었다. 그는 스코틀랜드에 있는 어떤 사람이 "싱글 캐스크에 담긴 스카치 몰트위스키가 브랜드 이름으로 판매하는 것보다 더 우수하다고 해서 버번 생산자들도 그 아이디어를 채택하고 있어요."라고 말했다. 그는 열정적이었으며 나는 그의 버번을 맛보고 좋은 평을 해주었지만, 솔직히 말하면 거짓말을 했다. 나는 버번을 그렇게 좋아하지 않기 때문이다.

여기서 주의가 필요하다. 우리가 한 일의 부수적인 후속 관행이 하나 있다. 몰트위스키의 맛을 개선하기 위해 피니시(finishes)를 사용하는데, 놀랍게도 때로는 블렌디드 위스키도 사용한다. 이것은 원액을 다른 캐스크로 옮긴 후, 1~2년 숙성된 다른 위스키를 첨가하므로 맛을 더 향상시키는 과정을 포함한다. 이런 과정은 널리 퍼진 관행이지만, 남용될 가능성이 있어 시간이 지날수록 전체 위스키 산업에 존재적 위험을 초래할 수도 있다. 그러므로 위스키 업체에서는 코냑 시장에서 일어났던 사례를 살펴보고 주의를 기울여야 한다.

이제 거의 이 책의 마무리에 왔다. 나는 마기와 점심을 함께하기로 했다. 하지만 지난주에 있었던 일을 먼저 언급하는 것이 좋을 것 같다. 몇 년 전에 스카치위스키 분야와 관련하여, 뛰어난 사람과 제품에 매년 상을 수여하는 조직이 생겼다. '스코틀랜드 위스키 상(Scottish Whisky Awards)'이라고 불리며, 지금은 에든버러 국제 컨퍼런스 센터에서 호사스러운 파티를 열고 매년 한 번씩 열린다. 몇 달 전에 크리스틴(Kristen)이라는 사람이 다가와서 올해는 내게 상을 수여할 예정이라고 알려주었을 때 나는 그녀가 바보 같은 생각을 한다고 여기며 그녀의 말을 더 이상 듣고 싶어 하지 않았다. 그녀는 내게 올해의 가장 큰 상을 주려고 하는데, 그것은 최근에 세상을 떠난 짐 스완(Jim Swan)의 것이라고 말했다. 나는 그 말에 주의를 기울였다. 짐은 내 친구였기 때문이다. 그는 스카치위스키의 생산 및 숙성과 관련된 모든 문제에 대한 선도적인 위스키 화학자였지만, 업계와는 연계 없이 독립적으로 일했다. 업계는 자주 그에게 도움을 요청했었다. 짐은 협회 초기에 우리에게 매우 중요했고, 심지어 시음위원회의 초기 회원이기도 했다. 그래서 나는 그러겠다고 수락했다. 하지만 그것은 그런 행사에 요구되는 여러 차례의 저녁을 견뎌내야 하고, 강단에서 많은 감사를 표해야 한다는 것을 의미한다(사실 나는 훨씬 더 많은 말을 할 계획으로 준비했지만, 마기가 어쩌면 그것이 많은 사람을 불쾌하게 할지도 모른다는 이유로 만류했으므로 나는 그 연설을 포기했다).

오랜 역사를 가진 스카치위스키 산업에서 수상 후보가 상당히 많았지만, 비교적 새로운 증류소에서 온, 주로 젊은 사람들이 참석한 가운데 한 가지 눈에 띄는 점이 있었다. 스카치 몰트위스키 협회 전체와 특히 내게 엄청난 호의가 있었다는 사실이다. 나는 스카치위스키의 부활에 있어서 협회의 역할이 오래전에 잊혔다고 생각했는데, 딱히 그렇지 않다는 인상을 받았다.

킬트, 타탄 그리고 위스키
Kilts, Tartans and Whisky

여러분이 협회 회원이고 이 책을 여기까지 읽었다면 스코틀랜드를 세계에 소개하는 다른 많은 사람들과 달리 왜 협회가 스코틀랜드의 상징물인 킬트와 타탄 같은 것을 언급하지 않는지 궁금할 것이다. 위스키를 언급할 때를 제외하고는 왜 일반적으로 스카치 대신 '스코티시'라는 단어를 사용하는지 또한 궁금할 것이다.

여기에는 이유가 있는데, 위의 두 가지 의문들을 모두 설명해 주고, 아마 다른 문제들도 밝혀줄 것이다.

협회 시작부터 나는 그런 이슈에 관심을 갖고 있었다. 협회 초창기의 흥분이 가라앉고, 우리가 정말 특별한 것을 손에 넣었다는 것을 깨닫기 시작했을 때 나와 친구는 어떻게 이 나라에서 가장 두드러지고 오래되고 자금이 많이 지원되는 이 위스키 사업을 우리 손에 넣을 수 있을까를 생각하기 시작했다. 우리 중 누구도 부유하거나 강력하지 않았고 높은 지위에 있는 인맥도 없었다. 하지만 스카치위스키 산업에 종사하고 있는 수천 명의 사람이 있었고, 그들 중 많은 사람이 매우 부유하고 강력했다. 그래서 우리는 그들의 최고 제품인 스카치위스키를 싼 가격으로 매입하여 그것을 정말로 감사하는 사람들에게 매우 적은 이익을 남기고 팔았다. 그들은 우리가 무엇을 하고 있는지 알 수 없었고, 알았다 하더라도 우리를 막을 방법을 생각해내지 못했을 것이다. 그 중 어떤 이는 정말 가만히 보고만 있지 않을 것이라 말로 위협하기도 했지만, 그뿐이었던 것은 우리가 하는 일이 그들에게 큰 위협이 되기에는 충분하지 않다고 생각했기 때문이다.

협회는 당시의 특정 시기의 특별한 사고와 감정 또는 취향의 일반적인 추세를 앞질러 가는 시대정신(zeitgeist)을 확실히 앞질러 가고 있다고 말할 수 있었지만, 스카치위스키 업체들은 그렇지 못했다. 설령 위스키 업체들이 그렇다 하더라도 상관없었다. 왜냐하면 모든 사람이 시대정신을 인지하며 사는 것은 아니기 때문이다. 나는 먼지 낀 에든버러 골동품 상가의 뒷골목 가게에 일 년 동안 앉아서 독일 관념주의 철학을 공부했기 때문에 시대정신에 관심이 많았다. 그것은 반세기 전의 일이었기에 그것이 현실에 적용될 것이라 생각하지 못했지만, 그런 내 생각은 잘못되었다.

질문에 대한 답은 역사에서 찾을 수 있었다. 당시 나는 전문 역사가 친구를 많이 갖고 있었음에도 스코틀랜드 역사에 대한 지식은 턱없이 부족했다. 나는 때때로 역사를 읽었지만 체계 없이 읽었고, 서로 관련이 없는 단편들만 많이 모았다. 그 중 일부는 매우 재미있었고, 다른 일부는 놀라웠고, 또 다른 일부는 끔찍했다. 나는 스코틀랜드인들 사이에서 스코틀랜드인으로 자랐고, 스코틀랜드 역사에서 무슨 일이 일어났는지에 대해서는 어렴풋한 생각들만 갖고 있었다. 내 시대 사람들 사이에는 스코틀랜드인이라는 것에 자부심을 가져야 한다는 믿음이 널리 퍼져 있었는데, 나는 왜 자랑스러워해야 하는지에 대해서는 그다지 명확한 개념이 없었다. 스코틀랜드인이 자랑스러워해야 할 것들, 즉 킬트, 씨족, 조선업, 하일랜드 연대 이런 것들은 우리와 그다지 관련이 없는 것처럼 보였기 때문이다.

그리고 지금은 우리가 자랑스러워해야 할 많은 것들이 10대 시절에는 꽤나 형편없는 것처럼 보였다. 우스꽝스러운 제복을 입은 군인, 하일랜드에서 즐거운 시간을 보내는 어린 소녀들, 해리 로더(Harry Lauder)와 같은 스카치 만화가들. 우리는 이들에 대한 이름이 없지만, 100년 전 독일인들은 그것을 키치(kitsch)라고 불렀다. 하지만 그것이 특정 스코틀랜드 정체성의 중심이 되었고, 많은 사람이 그것으로 돈을 벌었기 때문에 아무도 그것의 정체성에 대해 논하지는 않았다. 지금도 여전히 그들은 그렇고, 그 외 많은 것들이 더 있다. 그렇다면 우리는 어떻게 여기까지 왔을까? 그리고 그런 것들이 위스키와 무슨 관련이 있을까? 순서대로 살펴보겠다. 킬트, 타탄, 위스키-그 과정에서 '스카치'에 대해서도 언급할 것이다.

'킬트'는 스코틀랜드 하일랜드(남성)의 정통 고대 복장으로 널리 알려져 있다. 어떤 의미에서는 사실이지만, 고대 킬트는 드레스 대여점이나 세인트 앤드루(St. Andrew)의 저녁 식사에서 재킷을 입은 남자들의 허디(hurdies, 엉덩이 또는 허벅지)에서 볼 수 있는 종류의 것만이 아니었다. 킬트는 16세기와 17세기에 아마도 그보다 더 일찍, 착용자가 원하는 방식으로 몸을 감싼 큰 단일 모직 천으로 구성된 의류로부터 발전되었다. 악천후에 언덕을 여행하기에 적합했고, 전투에서 거의 방해가 되지 않았다. 남자는 그냥 벗어던지고 셔츠만 입고 싸울 수 있었기 때문이다 (살아남는다면 의심할 여지 없이 그것뿐만 아니라 다른 사람들 것까지도 되찾고 싶었을 것이다). 하지만 종종 불편했는데, 무엇보다도 그것을 입으려면 한쪽을 주름잡은 채로 바닥에 펼쳐야 했고, 그 위에 누워서 몸을 말아야 했기 때문이다. 주름이 있는 아랫부분은 허리에 두르고, 나머지는 어깨에 걸쳐 핀으로 고정했다. 상상할 수 있겠지만, 이 모든 것에는 시간이 걸린다. 그러나 일반적으로 시간은 두 가지 이유로 문제가 되지 않았다. 하일랜드에는 시계가 거의 없었고, 어느 시계도 다른 어떤 시계와 같은 시간을 알려주지는 않았다. 여성들이 대부분의 힘든 일을 하는 동안, 남성들은 전투를 치르거나 '피브록(pibroch)'이라고 불리는 상상할 수 없을 정도로 복잡한 백파이프 숫자의 새로운 디자인에 대해 고민했다. 이것은 묵인되어 내려오는 일종의 관습이었다.

페일리드-모르(feileadh-mòr)는 바쁜 남성들을 위한 옷차림은 결코 아니었다. 부자들 역시 불편한 복장으로 많이 고생해야 했다. 씨족 수장들은 옷차림이나 다른 면에서 지나칠 정도로 과시하기를 좋아했고, 화려한 재킷은 그레이트 킬트와는 어울리지 않았다. 그 모든 여분의 천을 어떻게든 처리해야 했기 때문이다. 허리둘레 부분은 괜찮았지만, 나머지는 일반적으로 매우 보기 흉한 방식으로 늘어뜨리거나 둘둘 뭉쳐서 처리해야 했다. 그런 '휘장'에 둘러싸여 어쩐지 불편해 보이는 듯한 호사스러운 수장의 멋진 초상화들이 있는데, 이는 언뜻 먼고 머리 경(Lord Mungo Murray)을 연상시킨다.

이 모든 것은 감사하게도 영국 랭커셔(Lancashire) 출신의 사업가 존

롤린슨(John Rawlinson) 덕분에 18세기 초에 끝나게 되었다. 그는 퀘이커(Quaker, 1650년대 조지 폭스가 창설한 엄격한 평화주의, 비국교도 개신교 종파) 교도이자 참나무 목탄 용광로를 사용하여 철광석을 제련하는 주철 장인이었다. 1720년경에 영국 정부가 군함 건조에 필요한 영국산 참나무가 부족할 것을 우려하여 목탄을 만들기 위한 참나무 베는 것을 금지했기 때문에 사업이 어려워졌다. 이 금지령은 스코틀랜드에서는 실제로 시행되지 않았고 법적으로도 강행되지 않았다. 그래서 롤린슨은 그레이트 글렌(Great Glen)에서 서쪽 바다인 노이다트(Knoydart)까지 모든 맥도날드 가문의 악랄한 수장인 알래스데어 루아드 맥도널(Alasdair Ruadh Macdonell)과 거래를 했다. 맥도널은 현금을 받는 대가로 자신의 씨족 땅에서 자란 참나무 숲과 그의 씨족 사람들이 나무를 베어 만든 목탄과 노동력 서비스를 함께 팔았다. 하지만 문제가 하나 있었는데, 씨족 사람이 페일리드-모르를 입고 숲속에서 작업해야 할 때는 그 옷의 주름에 걸려 넘어졌다.

롤린슨은 계획을 세웠다. 그에게는 그레이트 글렌 북쪽 끝 포트 조지(Fort George)에 있는 영국 수비대에 재단사 친구가 있었다. 그 재단사를 남쪽으로 데려와서 일족들은 (비공개적으로) 그들의 커다란 킬트를 반으로 잘라 아랫부분을 벨트로 허리에 두르고 윗부분을 플레이드(a plaid)로 입도록 허락했다. 이 혁신은 큰 성공을 거두었다. 약 30년 만에 페일리드-비그(feileadh-beag)가 스코틀랜드 일족의 제복으로 채택되었다. 유일하게 유감스러운 점은 그것이 유행하자마자 컬로든 무어(Culloden Moor)에서 발생한 재난 이후, 1746년 무장해제법(Disarming Act)에 따라 모든 하일랜드의 복장들과 함께 금지되었다는 것이다.

1786년에 그 법률이 폐지되어 킬트를 입는 것이 허용되기까지는 40년이 걸렸다. 하지만 그때쯤에 사람들은 바지에 익숙해졌고 선호했기 때문에 결코 다시는 입지 않았다. 부활한 현대적 형태의 킬트는 페일리드-비그를 기반으로 했으며 오늘날과 마찬가지로 주로 장식용이었다. 1787년 에든버러 「가제트」에 실린 유쾌한 편지에는 알래스데어 루아드(Alasdair Ruadh)의 친구이자 브리스틀(Bristol)의 전 노예 상인인 이반 베일리(Ivan Baillie)가 쓴 편지가 있는데, 이 편지에는 이에 관한 온갖 야담들이 담겨 있다.

그렇다. 잘 알려진 킬트는 우리가 생각했던 것과 다르다. 그러면 '타탄'은 어떨까? 모든 킬트 제조업체가 말해줄 여러 가지 색상의 직사각형 패턴이 반복되는 것은 씨족 구성원의 고대적 표식이다. 나는 스코틀랜드 북부의 작은 마을에 살고 있었는데, 작지만 지역 주민들에게 멋진 행사를 위해 킬트 의상을 판매하거나 임대하는 두 개의 상점이 있을 만큼 컸다. 제조업체에 이름을 말하면 그는 책을 찾아서 어느 씨족의 구성원 권리를 주장할지를 권위에 찬 확신으로 알려준다. 그저 변덕스러운 마음에 어느 날 가게에 가서 그 상점 주인에게 어떤 킬트를 주문해야 할지를 물었다. 그는 내 이름을 적고 큰 직물 샘플 책을 참고한 후, 내가 어떤 씨족 구성원 자격을 주장할 수 있는지를 알려주었고 그 씨족의 타탄을 보여주었다. 내가 어떤 근거로 그렇게 말하는지에 대해 물었다. 그는 샘플 책을 보여주었는데, 그것은 영국 요크셔(Yorkshire)에 있는 타탄 직조 회사를 위해 상업적인 목적으로 제작된 것이었다.

이 모든 것은 조작된 것이었다. 인정하건대 그것은 유물에 대한 약간의 조작이긴 하지만, 그것은 클란 타탄(Clan Tartan)이 만들어지기까지는 그리 오래되지 않았다는 사실을 입증한다. 글쎄, 어쨌든 과거이다. 그 과거가 얼마나 오래되었는지를 결정하는 것은 당신에게 달려 있다.

위대한 '무장해제법'은 최근에 편성된 영국군 연대를 제외한 스코틀랜드 영역, 즉 영어를 사용하지 않는 지역인 '가이델타흐드(Gaidhealtachd, 게일어를 사용)' 전역에서 무기와 하일랜드 의상을 소유하는 것을 금지했다. 하위 계급은 대부분 필리벡(philibegs)을 입었지만, 장교들은 적어도 최소한 한 세대 동안은 그 위대한 킬트를 유지했다. 타탄 옷은 하일랜드 의상의 일부로 간주되어 이 법 이후 일반 서민에게는 금지되었다. 당신이 충분히 부유했다면 이 법은 아무 문제없이 무시할 수도 있었기 때문이다. 이 법은 영국이 아닌 스코틀랜드 지경에서만 적용되었으므로 그렇게 차려입고 싶다면 국경 남쪽(영국) 땅에서는 처벌받지 않고 생활할 수 있었다.

당시와 마찬가지로 많은 스코틀랜드 사람들이 더 밝은 미래가 있어 보이는 런던에 매료되어 내려갔고, 그들 중 상당수가 오늘날에는 부정부패로 간주되는 정부 관행을 행하므로 매우 부자가 되었다. 그리고 1700년대 후반에 그들 중 일부는 고국(스코틀랜드)에 대한 향수를 느꼈고, 하일랜드 사회의 독특한 가치를 홍보하고자 런던 하일랜드 협회를 결성했다. 그것의 가치는 주로 화려한 옷을 입고 뽐내며 서로를 과시하는 것이었다. 그들은 어떻게 사용하는지도 모르면서 하일랜드 무기를 좋아했고, 하일랜드 게임을 조직했고, 모두 킬트를 입고 모임을 가졌다. 그 킬트의 타탄 무늬는 종종 스스로 결정해서 지어낸 것들이었다.

말할 것도 없이 런던 사람들은 그들을 완전한 바보로 여겼지만, 그들은 그것에 개의치 않았다.

1800년경에 에든버러와 런던에는 씨족마다 고유한 타탄 무늬가 존재했으며, 그 씨족에 속하지 않은 사람은 입을 권리가 없다는 주장이 생겨났다. 당연히 런던의 모든 씨족 지망생들은 자신의 씨족 정통 타탄 무늬 킬트를 원했다(물론, 이것은 모두 헛소리였다). 그들에게는 고유의 태곳적부터 존재했던 씨족 배지가 있었다. 모자에 달고 다니는 '코케이드(cockade, 제복의 일부로 모자에 착용하는 장식)'가 그것이다. 하지만 맥도날드 가계의 배지인 몇 가지의 헤더(heather) 꽃가지는 런던 하일랜드 협회 회원들에게 하일랜드를 대표하기에는 충분하지 않다는 이유로 무시되기도 했다.

하일랜드 협회 회원들의 문제는 어떤 타탄이 어느 씨족의 것인지 누가 권위 있게 말할 수 있느냐는 것이었다. 하일랜드 출신인 그들은 알 것이라 생각할 수도 있지만, 사실은 그렇지 않았다. 하일랜드 연대는 특정 타탄을 갖고 있었지만, 도움이 되지 않았다. 당시는 여러 씨족의 사람들로 구성되어 있었기 때문이다. 1816년경에 누군가가 스코틀랜드에서 이런 것에 대해 아는 사람을 찾아냈다.

그의 이름은 데이브 스튜어트(David Stewart)로 그는 전체 중에서 가장 유력한 이야기를 주장하는 인물 중 한 명이었다. 그는 하일랜드 신사이자 지주였다. 따라서 퍼스셔(Perthshire)에 있는 그의 영지인 가스(Garth)의 이름을 따서 자신이 멋지게 불릴 자격이 있는 흠잡을 데 없는 혈통이었다. 그는 얼마 전 군대에서 은퇴했는데, 용맹성과 군사적 모험심에서 가장 뛰어난 기록으로 중장 직위를 받았다. 그의 연대원들은 그에 대해 존경을 넘어서 숭배할 지경이었다.

이 모든 것은 충분히 놀라운 일이었을 것이다. 하지만 이보다 더 놀라운 사실은 그가 용감한 하일랜드 군인과 정반대의 인상을 가진 평범한 작은 챕(chap, 남자 녀석)이라는 사실이다. 킬트를 입고 서서 클레이모어(claymore, 전통적으로 스코틀랜드 고지대 사람들이 사용했던 양날의 큰 검)를 손에 들고, 뒤로 살짝 벗겨진 곱슬곱슬한 흰 머리카락과 반달 모양의 안경, 큐피드 활 모양의 입과 우스꽝스러운 코로 그를 표현한 래번(Raeburn)이 그린 그의 멋진 초상화가 있다. 데이브는 하일랜드 경계선 북쪽에 있는 모든 사람을 알았고, 그들 모두는 그를 좋아했다.

어느 시점에 데이브는 씨족 타탄 바이러스에 감염되었다. 런던의 하일랜드 협회가 그에게 접근했을 때 그는 씨족 타탄에 대한 문의를 받게 되어 매우 기뻤다. 그는 모든 씨족 추장에게 편지를 써 그들이 현재 알고 있는 자신들의 씨족의 정착지(setts), 색깔 및 색상 분포에 대한 자세한 정보를 요청했다. 추장 중 일부는 그의 편지에 답장하기도 했다. 요청에 따라 자세한 정보를 제공한 사람은 극소수였고, 대부분은 씨족 타탄에 대해 들어본 적이 없으며, 씨족 사람들은 아내가 만든 타탄을 입었다는 실망스러운 말들을 했다. 물론, 그렇다고 이것 때문에 포기하지 않았다. 데이브는 어떤 아이디어에 사로잡혀 있었기 때문이다. 이상하게도 그는 스털링셔(Stirlingshire)의 반녹번(Bannockburn)에 있는 직조회사인 윌리엄 윌슨 앤 선스(William Wilson & Sons)의 가족에게서 더 많은 성공을 거두었다. 그들은 여러 세대에 걸쳐 다양한 씨족들에게 킬트 등의 직물을 공급해 왔으며, 모두 윌슨이 발명한 밝은 색상의 타탄으로

짜였다고 말했다. 분명 하일랜드 씨족의 타탄이 로우랜드에서 유래했다는 암시는 받아들이기에 어색한 것이지만, 그의 설득력 있는 생각을 무너뜨릴 만큼은 아니었던 것 같다. 어쨌든 런던의 하일랜드 신사들은 그들의 씨족이 그들만의 고유 타탄을 가졌고, 또 영원히 그럴 것이라는 것을 알고 있었기에 데이브는 끈기 있게 주장해 나갔다.

몇 년 후, 스코틀랜드는 1745년의 자코바이트 반란(Jacobite Rebellion) 이후 가장 흥미로운 사건에 휘말리게 되었다. 스캔들 많았던 새로운 영국 국왕 조지 4세(George IV)가 스코틀랜드 공식 방문과 관광을 겸하여 찾아왔다. 그는 평범한 사람들이 회색이나 갈색의 홈스펀을 입고 자질구레한 일상적인 일을 하는 것을 보고 싶어 하지 않았다. 킬트만을 입고 곳곳에 타탄 체크무늬가 새겨진 군사 대열의 클란들을 보기를 원했다. 모든 곳은 보여주기 위한 관광 패키지로 차려진 방문이었다. 그것을 위해 누가 최고 책임자가 될지는 의심의 여지가 없었다. 월터 스콧(Walter Scott), 그 당시 스코틀랜드에서 가장 유명한 현존하는 시인이자 현재는 소설가로서 당시 익명으로 많은 베스트셀러를 낸 소설가였지만, 물론 모든 사람이 그가 쓴 책이라는 것을 안다. 그는 또한 저명한 역사가였고 아마도 스코틀랜드 역사와 문화에 대해 현존하는 누구보다 더 많이 잘 알고 있었다.

스콧은 자신에게 맡겨진 이 여행의 엄청난 규모의 임무와 이것이 스코틀랜드 사회와 문화에 중요한 영향을 미칠 것임을 잘 알고 있었다. 그래서 그는 도움을 줄 수 있는 전시될 문화에 대해 깊이 알고 있거나 또는 매력적인 버전의 문화 또한 개인적인 자료를 이용해서라도 원활하게 잘 감당할 수 있을 사람을 찾고 있었다. 다행히도 이 모든 것은 스코틀랜드에서 가장 존경받고 사랑받는 사람 중 한 명인 그의 절친 데이브 스튜어트(David Stewart)에게서 찾을 수 있었다.

그들은 스코틀랜드에서 본 적 없는 가장 웅장한 광경을 만들어 냈다. 그리고 모든 씨족 수장들은 요청에 의해 무장했지만, 완벽하게 평화를 지키는 타탄 킬트를 입은 하일랜드의 수행원들과 함께 왔다. 데이브에게 그들과 그의 사람들이 어떤 타탄을 입어야 할지 묻는 수장들은 윌슨 씨에게 안내되었다. 왕이 타탄을 입었기에, 물론 그의 친구이자 런던 시장인 윌리엄 커티스 경(Sir William Curtis)도 마찬가지로 그랬다. 그가 직접 고안한 멋진 녹색 타탄을 입었으며 뚱뚱해 보였음에도 불구하고 그것은 매우 잘 어울렸다.

두말할 것도 없이 킬트와 씨족 타탄의 진정성에 인장을 찍었고 아무도 씨족의 타탄 문양에 대해 더 이상 가타부타하지 못하게 되었다. 이 둘은 런던에서 엄청나게 유행했고, 하일랜드 협회는 매우 기뻐했다. 작가인 로건(Logan)과 그의 배우 친구 맥란(Mclan)은 일자리를 찾고 있었다. 이로 인해 두 사람은 씨족 타탄에 관한 책을 만들어서 1830년경에 출판했다. 이것은 술집과 호텔 벽에서 보는 전사같이 차려입은 씨족의 사진을 출처로 했기 때문에 그 책에 보이는 타탄은 순전히 상상적이었다. 훨씬 더 놀라운 것은 알런(Allan) 형제였다. 두 명의 매력적인 젊은 영국인은 1820년대에 많은 스코틀랜드 귀족들에게 보니 프린스 찰리(Bonnie Prince Charlie)의 손자가 소비에스키 스튜어츠(Sobieski Stuarts)라고 스스로를 속였다. 그들은 그들이 소유한 『베스티아리움 스코티쿰

〈Vestiarium Scotticum〉』이라는 제목의 16세기 사본을 근거로 하일랜드 타탄에 대한 궁극적인 권위자라 주장했다. 물론, 가짜였지만 1842년에 *The Costume of the Clans*라는 제목의 많은 분량의 책을 출판하는 것을 아무도 막지 못했다. 그 책에는 킬트를 입은 남자들의 컬러 사진이 실려 있었기에 의심하고 있던 많은 사람의 입을 다물게 했다. 월터 스콧은 이 시기 이미 죽어버렸기 때문에 그를 침묵시키기 위해 애쓸 필요는 없었다. 스콧의 신뢰성을 잘 알건대, 그는 이 모든 것이 올바른 주장이 아니라 단순한 사기라는 것을 알고 있었을 것이다.

내가 이 모든 것에 대해 말하는 것이 위스키와 어떤 관련이 있을까? 그 이유는 그렇게 왜곡되었던 하일랜드 정체성이 세기가 지나면서 스코틀랜드의 정체성으로 세상에 받아들여졌기 때문이다. 더욱 어처구니없는 것은 스코티시라고 자처하는 사람 중에 어떤 이는 옛 수도인 스털링(Stirling) 근처에 가본 적도 없는 사람도 있다는 것을 안다. 다시 말하면 하일랜드의 이미지는 스코틀랜드 인구의 대다수인 로우랜드 사람들에게는 매우 생소했으며, 킬트나 타탄을 입고 싸우다 죽은 사람들의 모습을 본 적도 없다. 그럼에도 불구하고 이 이미지는 대다수에게 스코틀랜드의 진정한 이미지로 받아들여졌다. 18세기 계몽주의 문학과 철학, 19세기 과학과 기술의 번성으로 인해 킬트, 타탄, 위스키는 스코틀랜드의 대중적 자부심의 상징으로 부각되었다. 그리고 대부분의 위스키들은 질이 나쁘긴 했지만, 삶의 좋은 동반자였으며, 특히 스카치 위스키는 얼음과 소다와 함께 마시면 마실 만했다.

조지 4세가 나라를 떠났을 때는 많은 포트 스틸들(pot-stills)로부터 다양한 등급의 위스키의 산업적 생산이 한창 진행 중이었다. 1800년대 무렵부터 거대한 특허 증류기(Patent stills)가 발명되면서 저가부터 고가에 이르기까지 다양한 품질의 곡물에서 만들어지는 매시(mashes)로 그레인위스키(grain whisky)가 대량생산되기 시작했다. 그런 그레인위스키의 대부분은 트위드(Tweed, 이 강은 주로 스코틀랜드의 동쪽에서 서쪽으로 통과하는 역사적인 경계를 형성하며, 영국에서 유일하게 환경청의 낚시 허가증 없이도 연어 낚시를 할 수 있음) 남쪽 지역에서 판매되었다. 몰트위스키는 주춤 뒤로 물러나고 몰트와 그레인위스키를 혼합하여 만든 '블렌디드'라는 용어가 사용되면서 '해가 지지 않는 제국'으로 확장될 기반이 갖추어지기 시작했다(그렇게 되었을 때 우리는 종종 위스키에 얼음과 소다를 넣어 마시는 사람들을 볼 수 있게 되었다).

19세기 후반, 대부분의 사람들은 무역과 산업의 확장과 함께 영국 제국의 이런 엄청난 확장을 선한 일로 받아들였다. 국내 시장에서 소비세를 부과하고 몇몇 자선가들이 주목하게 된 석탄 광산에서 어린아이를 고용하는 악랄한 관행에 대한 가끔의 제한을 제외하면 무역 규제는 거의 없었다. 그래서 마켓은 마켓이 하는 일을 했고, 기회를 지적으로 활용하는 것에 대한 보상을 받았다.

스카치위스키 업체들은 가장 질 낮은 종류의 위스키를 팔아서 큰 이익을 얻었다. 주로 가장 값싼 재료로 만든 매시에서 생산되는 그레인위스키가 특허 증류기에서 끊임없이 증류되어 나왔기 때문이다. 이 증류주는 맛이나 향과는 무관하여 풍미에 대해서는 거의 언급하지 않는 광고를 타고 판매되었다. 몰트위스키는 대중의 의식에서 사라졌기에 오늘날 '스카치'는 일반적으로 품질이 좋지 않은 블렌디드 위스키로 간주되었다.

　20세기 초부터 위스키의 품질이 극단적으로 낮아지므로 일부 사람들은 우려하기 시작했다. 싱글 몰트위스키는 스코틀랜드에서뿐만 아니라 다른 곳에서도 거의 사라진 상태였으며 블렌디드 위스키만 강세였다. 하지만 위스키의 품질을 중시하는 기업들이 있었고, 그들은 바닥으로 치닫고 있는 추세에 그들의 무역이 더 큰 타격을 받기 전에 정부에 조치를 취해 달라고 요청했다. 몰트위스키 업체는 품질 면을 주장하고 나섰고, 그레인위스키 회사는 그 반대였다. 블렌더들은 전반적으로 그레인위스키 생산자를 지지했다. 이 모든 것은 1905년에 정점에 달했다. 이슬링턴(Islington) 자치구 의회가 스카치위스키가 아닌 위스키를 스카치위스키로 명하여 판매한 두 증류주 상인을 기소하게 되므로 1908년에 왕립위원회가 생겨났다. 그레인위스키와 몰트위스키를 모두 '스카치위스키'라고 부를 수 있다는 결론을 내렸다. 1915년이 되어서야 로이드 조지(Lloyd George) 정부는 최소 3년 동안 캐스크에서 숙성해야 한다는 조건을 스카치위스키의 정의 중 하나로 포함시켰다.

　'스카치'는 위스키를 의미하며, 킬트와 타탄과 함께 스코틀랜드 민족 정체성의 상징이 되었다(여태까지는 스코틀랜드인들 사이에 정체성에 대한 별도의 의식이 있었다면, 그것은 세상 사람들이 자신을 약간 열등한 영국인으로 여기는 것에 만족하는 정도였다). 스코틀랜드인들은 사람들로부터 약간의 웃음거리 대상이 되고 있었다. 이는 당시 터무니없이 대부분의 스코틀랜드인을 타탄과 킬트를 입은, 빨간 코를 가진 술 취한 모습으로 묘사한 컬러 그림엽서가 널리 퍼진 데서 입증된다. 스코틀랜드의 대중적인 뮤직홀 또한 그다지 도움이 되지 않았다. 왜냐하면 그들은 터무니없는 우스꽝스러운 모습을 보이며, 많은 사람들을 웃기기에 바빴다. 그렇게 하여 돈벌이하는 사람들도 적지 않았다. 어떤 관점에서 보든 스코틀랜드의 남성이나 여성은 사회적 지위가 동등한 영국인보다 확실히 낮게 평가되고 있다는 것을 알 수 있다. 그리고 스카치가 형용사로 사용된 '스카치 미스트(Scotch mist, 애매하여 찾기 힘든 것 또는 존재하지 않거나 상상의 어떤 것을 유머러스하게 표현하고 있음)'처럼 경멸적 의미를 갖게 되었다.

그 결과, 많은 스코틀랜드 국적을 가진 좀 생각한다는 사람들은 스카치라는 단어를 불편하게 느끼기 시작했다. 1920년대까지는 스코틀랜드 교육부에서 사용되고 있었지만, 점차 스코틀랜드로 대체되므로 그 차이점을 확실하게 했다. 영국 국가와의 분리를 지지하는 정치운동은 스스로를 스코틀랜드 국민당(SNP, Scottish National Party)이라 부르고 있다. 스코틀랜드의 위임 정부는 이제 스코틀랜드 정부라고 불리며, 스카치라는 경멸적 표현은 거의 모든 곳에서 사용되지 않는다.

이 모든 것은 1945년 전쟁 이후, 스코틀랜드 역사학에 대한 관심의 부활과 민속 문화에 대한 관심이 급증하면서 놀랍도록 병행하여 함께 이루어졌다. 이는 대부분의 사람들이 역사라고 알고 있던 왕과 여왕의 담론과 다른 대조적인 개념이었다. '스코틀랜드 민속 부흥'이라 불리는 것이 여기서 중요한 역할을 했다. 포크송은 역사학 정보의 진정한 매개체로 인식되었기 때문이다. 이는 150년 전, 로버트 번스, 월터 스콧 등이 공유했던 관심들이 전승되어 가고 있었던 것이다. 그것은 강력한 조합이었고, 1960년대 초에 영국 전역에서 음식과 음료에 대한 대중의 관심이 높아지면서 스카치위스키 또한 예외가 아니었다.

스코틀랜드에 사는 사람들 중 어떤 이, 이름은 표기할 수 없지만, 병에 담겨 있는 스카치위스키가 진짜인지 의심하기 시작했고, 그에 따라 싱글 몰트에 대한 수요가 늘어나기 시작했다. 그 수요는 위대한 블렌디드 위스키 산업에 비하면 미미했지만, 몇몇 회사가 싱글 몰트를 병에 담아 소매업체에 공급하기 시작했다. 이것이 발전하기까지는 시간이 걸렸다. 1960년대까지도 몰트위스키 증류소를 소유한 일부 사람들조차도 자신들이 만든 몰트위스키 그 자체로서의 가치가 그레인위스키와 혼합하여 만들어진 블렌디드 위스키보다 월등할 수 있다는 것을 생각지 못했다. 데이브 다이체스는 이에 대해 이야기한 것으로 유명하다.

1970년대쯤에 점차적으로 싱글 몰트위스키에 대한 관심이 커졌다. 1세기 전에 주어졌던 기대 수준에 의존하고 있던 블렌디드 위스키는 소비자들의 변화 속도를 따라가지 못했다. 1980년대 초반에 업계는 어려움에 처했고, 전 세계적으로 매출이 감소했다. 스카치위스키는 근본적으로 지루하고 멋지지 않고 구식으로 여겨지기 시작했다. 이는 크게 틀린 것이 아니었다. 이를 운영하는 사람들이 대부분 구식이고 지루하고 멋지지 않았기 때문이다.

이에 대한 예외는 맥캘란, 글렌파클라스, 글렌모란지 그리고 몇몇 다른 회사들이었다. 이들은 몰트를 병에 담아 블렌디드보다 맛이 훨씬 더 좋다는 단순한 명제로 판매했지만, 왜 더 맛이 좋은지에 대한 배경이나 이유를 설명하지 못했다. 그들 중 몇몇은 이전에는 언급할 가치가 없다고 생각했던, 몰트위스키의 '숙성 과정'을 광고의 큰 부분으로 활용할 준비는 하고 있었지만, 실제로 그러지는 못했다. 그들은 소수였고, 그 과정에 대한 지식을 가진 사람도 많지 않았기 때문이다.

이것이 우리의 스카치 몰트위스키 협회가 만들어진 배경이었으며, 귀담아들을 준비가 되어 있는 모든 사람에게 몰트위스키가 '더 우수하며 흥미롭고 재미있으며 멋지다.'고 말하기 시작했을 당시의 상황이었다. 우리의 말을 들었던 많은 사람들은 몰트위스키를 시음했고 동의했다. 그리고 이 정신을 위임받은 스코틀랜드의 젊은이들은 킬트와 타탄을 그들의 '남쪽 이웃(영국)'으로부터의 문화적, 정치적 독립의 상징으로 받아들이게 되었다. 더 이상 자신들이 어떤 면에서도 열등하다고 여기지 않는다.

하지만 축구경기에서 만큼은 스코틀랜드가 영국을 이긴 지는 꽤 오래된 것 같다는 생각이 든다.

매버릭 : SMWS 창립자의 숨은 이야기
Maverick : The Founder's Tale

초판 인쇄	2026년 3월 20일
초판 발행	2026년 3월 25일
지 은 이	핍 힐즈(Pip Hills)
옮 긴 이	모니카리(K-Y Monica Lee)
펴 낸 곳	코람데오
등 록	제300-2009-169호
주 소	서울시 종로구 세종대로 23길 54, 1006호
전 화	02-2264-3650, 010-5415-3650
팩 스	02-2264-3652
E-mail	soho3650@naver.com

ISBN 979-11-92191-60-7 13590

값 20,000원

※ 잘못된 책은 바꾸어 드립니다.